科学史译丛

希腊科学

〔英〕杰弗里·劳埃德 著

张卜天 译

G. E. R. LLOYD
EARLY GREEK SCIENCE：THALES TO ARISTOTLE
Copyright © 1970 G. E. R. Lloyd
and
G. E. R. LLOYD
GREEK SCIENCE AFTER ARISTOTLE
Copyright © 1973 G. E. R. Lloyd
All right reserved.
Published by Chatto &. Windus an imprint of Vintage.
Vintage is a part of the Penguin Random House group of companies.
This edition arranged with RANDOM HOUSE UK
Through Big Apple Agency, Inc., Labuan, Malaysia.

本书上下两篇分别根据查托 &. 温都斯书局 1970 年、1973 年版译出

资助单位：

《科学史译丛》总序

现代科学的兴起堪称世界现代史上最重大的事件,对人类现代文明的塑造起着极为关键的作用,许多新观念的产生都与科学变革有着直接关系。可以说,后世建立的一切人文社会学科都蕴含着一种基本动机:要么迎合科学,要么对抗科学。在不少人眼中,科学已然成为历史的中心,是最独特、最重要的人类成就,是人类进步的唯一体现。不深入了解科学的发展,就很难看清楚人类思想发展的契机和原动力。对中国而言,现代科学的传入乃是数千年未有之大变局的中枢,它打破了中国传统学术的基本框架,彻底改变了中国思想文化的面貌,极大地冲击了中国的政治、经济、文化和社会生活,导致了中华文明全方位的重构。如今,科学作为一种新的"意识形态"和"世界观",业已融入中国人的主流文化血脉。

科学首先是一个西方概念,脱胎于西方文明这一母体。通过科学来认识西方文明的特质、思索人类的未来,是我们这个时代的迫切需要,也是科学史研究最重要的意义。明末以降,西学东渐,西方科技著作陆续被译成汉语。20世纪80年代以来,更有一批西方传统科学哲学著作陆续得到译介。然而在此过程中,一个关键环节始终阙如,那就是对西方科学之起源的深入理解和反思。应该说直到20世纪末,中国学者才开始有意识地在西方文明的背景下研究科学的孕育和发展过程,着手系统译介早已蔚为大观的西方科学思想史著作。时至今日,在科学史这个重要领域,中国的学术研究依然严重滞后,以致间接制约了其他相关学术领域的发展。长期以来,我们对作为西方文化组成部分的科学缺乏深入认识,对科学的看法过于简单粗陋,比如至今仍然意识不到基督教神学对现代科学的兴起产生了莫大的推动作用,误以为科学从一开始就在寻找客观"自然规律",等等。此外,科学史在国家学科分类体系中从属于理学,也导致这门学科难以起到沟通科学与人文的作用。

有鉴于此,在整个 20 世纪于西学传播厥功至伟的商务印书馆决定推出《科学史译丛》,继续深化这场虽已持续数百年但还远未结束的西学东渐运动。西方科学史著作汗牛充栋,限于编者对科学史价值的理解,本译丛的著作遴选会侧重于以下几个方面:

一、将科学现象置于西方文明的大背景中,从思想史和观念史角度切入,探讨人、神和自然的关系变迁背后折射出的世界观转变以及现代世界观的形成,着力揭示科学所植根的哲学、宗教及文化等思想渊源。

二、注重科学与人类终极意义和道德价值的关系。在现代以前,对人生意义和价值的思考很少脱离对宇宙本性的理解,但后来科学领域与道德、宗教领域逐渐分离。研究这种分离过程如何发生,必将启发对当代各种问题的思考。

三、注重对科学技术和现代工业文明的反思和批判。在西方历史上,科学技术绝非只受到赞美和弘扬,对其弊端的认识和警惕其实一直贯穿西方思想发展进程始终。中国对这一深厚的批判传统仍不甚了解，它对当代中国的意义也毋庸讳言。

四、注重西方神秘学（esotericism）传统。这个鱼龙混杂的领域类似于中国的术数或玄学，包含魔法、巫术、炼金术、占星学、灵知主义、赫尔墨斯主义及其他许多内容，中国人对它十分陌生。事实上，神秘学传统可谓西方思想文化中足以与"理性"、"信仰"三足鼎立的重要传统，与科学尤其是技术传统有密切的关系。不了解神秘学传统，我们对西方科学、技术、宗教、文学、艺术等的理解就无法真正深入。

五、借西方科学史研究来促进对中国文化的理解和反思。从某种角度来说，中国的科学"思想史"研究才刚刚开始，中国"科"、"技"背后的"术"、"道"层面值得深究。在什么意义上能在中国语境下谈论和使用"科学"、"技术"、"宗教"、"自然"等一系列来自西方的概念，都是亟待界定和深思的论题。只有本着"求异存同"而非"求同存异"的精神来比较中西方的科技与文明，才能更好地认识中西方各自的特质。

在科技文明主宰一切的当代世界，人们常常悲叹人文精神的丧失。然而，口号式地呼吁人文、空洞地强调精神的重要性显得苍白无力。若非基于理解，简单地推崇或拒斥均属无益，真正需要的是深远的思考和探索。回到西方文明的母体，正本清源地揭示西方科学技术的孕育和发展过程，是中国学术研究的必由之路。愿本译丛能为此目标贡献一份力量。

张卜天
2016 年 4 月 8 日

中译本序

读者在这里看到的我对希腊科学的研究，最初是应摩西·芬利(Moses Finley)教授之邀为他主编的"古代文化与社会"丛书而撰写的两本小册子——《早期希腊科学——从泰勒斯到亚里士多德》和《亚里士多德之后的希腊科学》，张卜天教授对它们做了出色的翻译，并且合二为一。这套丛书旨在让青年学生接触到希腊罗马世界那些最重要的方面，包括一些备受忽视的方面。其重点不在于描述，而在于解释。举例来说，它们所关注的问题不是雅典卫城上的帕台农神庙是什么，而是它作何用途。当时，无论是哪种欧洲语言，希腊科学都是最薄弱的学术领域之一。欧几里得、阿基米德和盖伦虽然都是最重要和最具影响力的古希腊学者，但可以说几乎被古典学家完全忽视。比如我所在的剑桥大学，当时没有开设关于他们的任何课程。他们根本没有出现于古典学课程，而只是在科学史与科学哲学系的工作中略微出现了一下。

因此，要想对主要希腊科学家的成就进行令人满意的综合，的确需要做大量基础性的研究。兹举一例，为了撰写"希腊化时期的生物学和医学"这短短一章，我实际上不得不亲自收集原始文献，因为希罗菲洛斯(Herophilus)和埃拉西斯特拉托斯(Erasistratus)这两位极为重要的人物（最早进行人体解剖的希腊人），在当时都没有著作的学术版。

现在情况已经有了很大变化，这不仅因为缺乏适当版本的问题在很多情况下已经得到解决，还因为有新的方法和解释可资利用。如今，学者们已经学会避免在西方科学史早期研究中经常出现的一个缺陷，即总是在古代世界中寻求对现代科学的预示。如果说阿里斯塔克的确提出了一种日心说，即位于太阳系中心的是太阳而不是地球，我们就不仅要理解他是如何提出这一观点的，还要理解为什么除他之外，所有同时代人和后继者都拒绝接受这一观点。如果说盖伦对静脉与动脉之间的区别有清楚的认识，我们就应弄清楚他是如何认为以及为何认为两个系统是经由室间隔中的孔眼相连的。换句话说，我们必须重构他们所认为的古代研究者的问题处境，时刻谨记他们无法预见到西方科学的未来，即使那种传统在很大程度上应当归功于他们。

如今，对希腊-罗马科学的认识已是世界范围内一个广泛、严格而卓有成效的研究主题。倘若在2020年的今天重新综合这种认识，我所采取的进路将会有一个重大差异。为了得出关于希腊-罗马科学典型特征的结论，我会更多地利用一种重要资源，即与巴比伦、埃及、印度尤其是中国等伟大的古代文明进行比较。我希望这个新的译本能够激励中国学者从事这样的比较研究，以阐明科学在不同的古代文化中如何以及为何以如此独特的方式发展。

杰弗里·劳埃德

2020年2月于剑桥

目　　录

早期希腊科学——从泰勒斯到亚里士多德

年表……………………………………………………… 3
序言……………………………………………………… 7
第一章　背景和开端…………………………………… 9
第二章　米利都学派的理论…………………………… 22
第三章　毕达哥拉斯学派……………………………… 29
第四章　变化问题……………………………………… 41
第五章　希波克拉底学派作者………………………… 55
第六章　柏拉图………………………………………… 70
第七章　公元前4世纪的天文学……………………… 84
第八章　亚里士多德…………………………………… 102
第九章　结论…………………………………………… 127
参考书目选编…………………………………………… 147
索引……………………………………………………… 153

亚里士多德之后的希腊科学

年表……………………………………………………… 163

目 录

序言……………………………………………………… 167
第一章 希腊化时期的科学:社会背景 ……………… 170
第二章 亚里士多德之后的吕克昂………………… 177
第三章 伊壁鸠鲁学派和斯多亚学派………………… 191
第四章 希腊化时期的数学………………………… 204
第五章 希腊化时期的天文学……………………… 225
第六章 希腊化时期的生物学和医学……………… 246
第七章 应用力学和技术…………………………… 264
第八章 托勒密……………………………………… 285
第九章 盖伦………………………………………… 307
第十章 古代科学的衰落…………………………… 326
参考书目选编………………………………………… 353
索引…………………………………………………… 361

译后记………………………………………………… 368

早期希腊科学
——从泰勒斯到亚里士多德

年　　表

在本书研究的科学史时期，重要思想家的生卒年大都不详。除了柏拉图和亚里士多德，左栏中的年份仅粗略地代表该思想家的"鼎盛年"，即做出其主要工作的时期。

科学家			同期大事
		约公元前 610 年	色拉西布洛斯（Thrasybulus），米利都的僭主
		公元前 594 年	梭伦（Solon）执政
米利都的泰勒斯（Thales of Miletus）	公元前 585 年		
米利都的阿那克西曼德（Anaximander of Miletus）	公元前 555 年		
		约公元前 545 年	皮西斯特拉托斯（Pisistratus）统治雅典
米利都的阿那克西美尼（Anaximenes of Miletus）	公元前 535 年		
萨摩斯的毕达哥拉斯（Pythagoras of Samos）	公元前 525 年		
		约公元前 523 年	萨摩斯的波利克拉特斯（Polycrates）去世
科洛丰的克塞诺芬尼（Xenophanes of Colophon）	公元前 520 年		
		公元前 510 年	锡巴里斯（Sybaris）与克罗顿（Croton）之战

续表

科学家			同期大事
		公元前 508 年	克利斯提尼（Cleisthenes）改革
以弗所的赫拉克利特（Heraclitus of Ephesus）	公元前 500 年		
		公元前 494 年	米利都被毁
		公元前 490 年	马拉松战役
埃利亚的巴门尼德（Parmenides of Elea）	公元前 480 年		
		公元前 478 年	提洛同盟（Delian League）形成
克罗顿的阿尔克迈翁（Alcmaeon of Croton）	公元前 450 年		
埃利亚的芝诺（Zeno of Elea）	公元前 445 年		
克拉左美奈的阿那克萨戈拉（Anaxagoras of Clazomenae）			
阿克拉加斯的恩培多克勒（Empedocles of Acragas）			
萨摩斯的麦里梭（Melissus of Samos）	公元前 440 年		
米利都的留基伯（Leucippus of Miletus）	公元前 435 年		
		公元前 431 年	伯罗奔尼撒（Peloponnesian）战争开始
雅典的默冬（Meton of Athens）	公元前 430 年		
雅典的欧克泰蒙（Euctemon of Athens）			
希俄斯的希波克拉底（Hippocrates of Chios）			
科斯岛的希波克拉底（Hippocrates of Cos）①	公元前 425 年		

续表

科学家			同期大事
阿波罗尼亚的第欧根尼（Diogenes of Apollonia）	公元前 425 年		
		公元前 421 年	《尼基阿斯和约》（Peace of Nicias）
		公元前 415 年	雅典人远征西西里岛
阿布德拉的德谟克利特（Democritus of Abdera）	公元前 410 年		
克罗顿的菲洛劳斯（Philolaus of Croton）	公元前 410 年		
昔兰尼的西奥多罗斯（Theodorus of Cyrene）	公元前 405 年		
		公元前 404 年	伯罗奔尼撒战争结束
		公元前 399 年	苏格拉底去世
塔兰托的阿基塔斯（Archytas of Tarentum）	公元前 385 年		
洛克里的菲利斯蒂翁（Philistion of Locri）	公元前 385 年		
雅典的柏拉图	生于公元前 428 年，卒于公元前 347 年		
尼多斯的欧多克索（Eudoxus of Cnidus）	公元前 365 年		
		公元前 338 年	奇罗尼亚（Chaeronea）战役
		公元前 336 年	腓力二世被刺杀；亚历山大大帝继位
基齐库斯的卡利普斯（Callippus of Cyzicus）	公元前 330 年		
斯塔吉拉（Stagira）的亚里士多德	生于公元前 384 年，卒于公元前 322 年		
庞托斯的赫拉克利德（Heraclides of Pontus）	公元前 330 年		
		公元前 323 年	亚历山大大帝去世

科学家			同期大事
伊勒苏斯的塞奥弗拉斯特 (Theophrastus of Eresus)	公元前 320 年		
兰萨库斯的斯特拉托 (Strato of Lampsacus)	公元前 290 年		

①《希波克拉底文集》中各篇论文的年代无法精确确定。本书中提到的论文可分为三组：(1)约公元前 430 年—公元前 380 年——《论气、水、处所》《论古代医学》《论呼吸》《流行病》第一卷和第三卷、《论骨折》《论人的本性》《预后》《论急性病的养生法》《论圣病》。(2)约公元前 400 年—公元前 350 年——《论疾病》第四卷、《论繁殖》、《论孩子的本性》。(3)公元前 330 年以后——《论心脏》《准则》。

序　言

本书的研究主题是从开端到亚里士多德的希腊科学。这里需要对"希腊科学"和本书的研究范围做一番说明。科学是一个现代范畴，而不是古代范畴：希腊语中没有一个词能够完全等价于我们所说的"科学"。*philosophiā*（爱智慧，哲学）、*epistēmē*（知识）、*theōriā*（沉思、思辨）与 *peri physeōs historiā*（自然研究）等术语都是在特定的语境下使用的，此时将它们译成"科学"是自然的，不大会产生误导。然而，尽管这些术语可以用来指我们所谓的某些科学学科，但它们都意指与我们的"科学"完全不同的某种东西。于是，"希腊科学"在这里只被用作一种速记表达，用来指古代作者的某些思想和理论，而并不预设关于这些思想和理论的任何特定看法。正如我们将要看到的，被我们宽泛地称为"科学家"的不同古代作者对他们所从事研究的性质有着不同的看法。事实上，对早期希腊科学的研究既是对所提出理论内容的研究，又是对关于研究性质的看法的发展和互动的研究。

我们所要讨论的主题首先是引起希腊人注意的各个科学分支的问题、理论和方法，其次是相关作者对所从事研究性质的看法。但在这两种情况下都只能讨论一小部分材料：我选择的主题主要来自于天文学、物理学和生物学，只有在与这些学科有关或与一般科学方法的发展有关时,我才把数学包括在内。

我们的资料主要是文学上的,而且它们提供的信息并不均衡。在我们讨论的这个时期,有关技术以及科学与技术之间互动的证据尤其缺乏。我们关于许多重要作者的信息,特别是在这一时期的早期阶段,来自于后世评注者的论述,这些论述往往模糊不清、前后矛盾或带有偏见。另一方面,我们不仅拥有柏拉图的哲学对话和亚里士多德的大部分论著,还拥有公元前5—公元前4世纪的大量医学文献。在某些地方,我们不得不承认自己的资料不足。但总的情况大致是清楚的,我们可望确立一些观点,对希腊科学发展的任何评价都必须以这些观点为基础。

这本小书得益于若干位著名学者关于早期希腊科学的研究,这里无法一一致谢。简短的参考书目中也只能提及对我来说最重要的少数书籍和论文,旨在为进一步的阅读提供指导。不过应当指出,和大多数研究希腊科学的学者一样,我要特别感谢克拉盖特(Clagett)、法林顿(Farrington)、诺伊格鲍尔(Neugebauer)和桑伯斯基(Sambursky)教授这四位学者的著作。还要感谢摩西·芬利(Moses Finley)教授和约翰·罗伯茨(John Roberts)先生。从本书写作伊始,我便得益于芬利教授耐心而富有建设性的批评和建议。他和罗伯茨先生阅读了本书初稿,在风格和内容上做了许多改进。

杰弗里·劳埃德

第一章 背景和开端

人们常说,科学起源于希腊人。这样说是什么意思呢?事实上,说科学有一个起源,这又是什么意思?克劳瑟(Crowther)将科学定义为"人据以控制其环境的行为体系",根据这种看法,任何人类社会都不会没有初级形态的科学。但更常见的情况是,科学被更狭窄地定义为一个知识体系,而不是行为体系。例如,克拉盖特曾说,科学首先是"对自然现象有序和有系统的理解、描述和(或)解释",其次是"从事这项活动所需的工具",尤其包括逻辑和数学。[1]

但至少就西方世界而言,这样构想的科学始于某个特定的时间和地点吗?[2] 大多数论述古代科学的人都这样认为。亚里士多德最早提出,对事物原因的探究始于米利都的泰勒斯(Thales of Miletus)。泰勒斯和其他米利都哲学家——阿那克西曼德(Anaximander)和阿那克西美尼(Anaximenes)——无疑大大得益于早先的

---

[1] 参见 J. G. Crowther, *The Social Relations of Science*, revised ed. (London, The Cresset Press, 1967), p. 1 和 M. Clagett, *Greek Science in Antiquity* (London, Abelard-Schuman, 1957), p. 4.

[2] 在古代中国独立发生的类似发展的本质和程度是一个复杂的问题,李约瑟的研究(*Science and Civilisation in China*, Cambridge, University Press)非常有助于我们理解这个问题。在本书中,我只关注西方科学传统的发展。

思想和信念，无论是希腊的还是非希腊的。但一般认为，他们的思辨明显不同于过去，这使我们有理由说，我们今天知道的哲学和科学都起源于他们。要对这种解释思路做出评价，就必须考察米利都学者的贡献有多么原创和独特。但我们必须先从另一方面思考问题。泰勒斯的世界远非原始，米利都所接触的近东文明的一些成就与我们的问题直接相关。

首先是技术。公元前三四千年，尼罗河流域和美索不达米亚出现了一系列非常重要的技术发展，类似的变化也出现在印度河流域和中国。戈登·柴尔德（Gordon Childe）、福伯斯（Forbes）等学者对此有过论述。[①] 冶金史可以追溯到从矿石中提炼金属的方法被发现，甚至可以追溯到最早尝试用石制工具来加工天然金属。大约在公元前3000年以前，锻打、熔炼和铸造技术就已经为人所知。此后不久，铜合金被生产出来，起初不是通过熔炼两种纯金属，而是通过熔炼铜矿石与另一种矿石，后者包括锡、锑、砷、铅或锌中的某一种或某几种金属。纺织工艺也起源于史前时代。通过留存至今的作品可以判断出古埃及织工的技艺。人们发现，埃及第一王朝（约公元前3000年）阿比多斯（Abydos）王陵中的一些亚麻布，每英寸含有160股经纱和120股纬纱。陶器是第三项发明，对早期社会的经济产生了深远影响。起初是直接手工制陶，但陶轮的使用一般可以追溯到公元前3250年左右，而轮的原理似乎后来（可能在公元前3000年左右）才被用到车辆上。从城市文明发展的角度看，更重要的是农业的发展——培育各种谷物，发展灌溉

---

① 参见参考书目第二部分第2节列出的著作。

和动物驯养技术,以及发现了加工和保存食物的方法。最后,文字本身是公元前第四个千年中期左右的发明。

关于这些技术进展是如何实现的,我们只能做一些猜测。有理由认为,偶然事件对许多发现起了作用。比如制陶,可能有人注意到,落入火中的黏土获得了新的性质。即使如此,我们也不应低估,认识到新物质的潜在可能性以及如何加以利用需要多么大的想象力飞跃。让我们比较一下青霉素的情况。我们也许会问,在亚历山大·弗莱明(Alexander Fleming)发现青霉素之前,这种霉菌在培养皿上长出过多少次呢?尤其是冶金和纺织制造技术的发展,都包含着漫长而费力的试错学习过程。工匠们将不同矿石按照不同比例组合起来,观察所产生的不同效果,而且无疑经常有意改变那些比例,尝试不同的矿石熔炼技术。在"实验"一词一般的非专业意义上,他们是在做实验。他们设计实验不是为了检验某个理论,而是为了改进其最终产物,获得一种更强、更硬或者更精炼的合金。

但常有人说,无论技术发展对文明的演进有多么重要,它们绝不意味着科学,而只意味着猜测和运气。但技术发展即使不涉及有意识地建立理论,也仍然显示出高度发达的观察能力和从经验中学习的能力。这里可以用人类学证据来补充史前学家们的发现。特别是伟大的法国人类学家克劳德·列维-斯特劳斯(Claude Lévi-Strauss),使我们注意到原始社会中许多复杂而精细的分类体系。他在《野性的思维》(*The Savage Mind*)①中提到了一个菲

---

① London, Weidenfeld and Nicoison, 1966, p.4.

律宾哈努诺人（Hanunóo）的例子，他们区分了大约461种不同的动物种类，包括60种不同的鱼和85种不同的软体动物。即使区分这些种类的根据并不符合现代动物学家的观点，这些分类仍然需要很强的观察技能。

技术在公元前三四千年取得了非凡的进展。但古代近东文明的另外两个特征与早期希腊科学关系更为密切：第一是医学，第二是数学和天文学。诚然，埃及和美索不达米亚的医学都受魔法信念和迷信的支配。亚述和巴比伦的泥板医书显示，预断主要依靠占卜，而治疗主要通过驱除被认为引起了大多数疾病的邪魔。埃及的纸草医书表明，那里的治疗也通常依赖于把符咒和咒语与简单的植物药或矿物药结合起来。但在某些方面，至少埃及的医学已经超出了民间医学的水平。

著名的《史密斯纸草书》(Edwin Smith papyrus)写于公元前1600年左右，但收录了年代早得多的材料，其中包括对48个临床手术案例的叙述，涉及头部和上身的创伤。每一个案例报告都分为标题、检查、诊断、治疗和对疑难医学术语的解释。通篇语气非常冷静，所指定的治疗方法通常简单而直接，"将油脂涂于伤口"是典型的例子。在某些情况下，治愈被认为是不可能的。这是迄今流传下来的仅存的此类纸草书，但它表明，就像后来希波克拉底学派的医生那样，埃及人很早就开始尝试记录与特殊病例有关的经验材料。但即使在这个总体上因摆脱了魔法和迷信而引人注目的文本中，作者也一度求助于迷信。比如案例九既不包含诊断，也几乎不包含检查，最后描述了一个符咒，说背诵它可以确保治疗有效。

从长远来看，数学的发展及其在天文学中的应用甚至比医学更重要。在这方面,埃及人的主要成就是发明了被认为是人类历史上唯一的智能历法。① 他们把 1 年分成 365 天,即 12 个月,每月 30 天,再加额外的 5 天。这种安排远远优于巴比伦人使用的阴历,或者更确切地说是"阴阳合历",也远远优于各个希腊城邦使用的各种混乱的民用历。② 巴比伦和希腊的这些历法都旨在使月份与观察到的月相同步,但由于两个新月的间隔并不对应于整日数,所以月长不是 29 天就是 30 天。又因为 1 个太阳年不能分成整数个太阴月,这便产生了一个更加复杂的问题。通常 1 年由 12 个这样的月所组成,有些月份还要加上几天,但在某些年份,需要"置闰"1 6 个整月才能使历法与季节大致相符。到了公元前 5 世纪末,希腊天文学家已经较为准确地计算出 19 年周期中需要置闰的月数,大约在同一时间,巴比伦历法实际上是按照一种预定的方案来调整的。然而在希腊本土,尽管天文学知识有了很大进展,但雅典的历法和其他民用历仍然很不系统,闰日和闰月由地方行政官来决定。古代晚期的希腊天文学家在做计算时,还是更喜欢用埃及式的历法。

但总的说来,巴比伦人在天文学和数学方面都大大超越了埃及人。首先,巴比伦数制是以位值制为基础的。和罗马人一样,埃及人也用不同的符号来表示 1、10、100、1000 等,并且用 4 个代表 10 的符号加上 4 个单元符号来表示 44 这个数。我们可以拿自己

---

① O. Neugebauer, *The Exact Sciences in Antiquity*, second edition, Providence R. I., Brown University Press, 1957, p. 81. 儒略历和我们使用的格里高利历都保留了一年 365 天的原则,但与埃及历不同,它们包含着在"闰年"增加额外 1 天的规则,从而保证太阳年与历年有更接近的对应。

② 除了规范宗教节日的民用历,公元前 5 世纪的雅典人还用一种"部团期"(prytany)历来规定议事会十个部族的代表任期。

的数制与之相比较,在我们采用的位值制中,11这个图形不代表1加1,而是代表1的10倍再加1。巴比伦人使用的正是这种位值制,不过他们用60而不是10作为基数:单元符号后跟10的符号代表数70或(60+10),如此等等。处理分数时,位值制的一些好处就变得明显了。在位值制的记数法中,对运算 0.4×0.12 的处理方式与运算 4×12 相同,而如果采用普通分数,等价的运算就要更加复杂($\frac{2}{5}\times\frac{3}{25}$)。事实上,埃及人把事情搞得更为复杂,除了 $\frac{2}{3}$,他们把所有分数都归约为分子为1的分数。例如,他们不是把 0.4 当成 $\frac{2}{5}$,而是当成 $\frac{1}{3}+\frac{1}{15}$ 来处理。公元前第二个千年的大量楔形文字文本显示,巴比伦人不仅精通纯算术演算,而且精通代数,特别是二次方程的求解。

关于早期巴比伦天文学的证据要不完全得多。现存的天文学楔形文字文本写作年代为塞琉西王国时期(大约在公元前最后3个世纪)。但是对天界预兆的观察和记录却显然可以追溯到公元前第2个千年中期。关于金星出没的观察是最早的这种记录之一,是在阿米萨杜卡(Ammisaduqa)统治时期(公元前1600年左右)的若干年时间里完成的。到了公元前8世纪左右,对某些天象和气象的系统观察是为宫廷做出的。公元2世纪,伟大的希腊天文学家托勒密(Ptolemy)得以看到自巴比伦王纳巴那沙(Nabonassar)统治时期以来较为完整的食的记录,并以该统治时期的第一年(公元前747年)作为其所有天文计算的基线。起初做这些观测要么是出于占星学的目的(预言王国或国王的命运),要么是为了制定历法(这依赖于对月亮出没的观测)。

这些早期巴比伦天文观测的精确性不应过分夸大。他们感兴趣的许多现象发生在地平线附近，因此很难观测。系统的数学理论是何时被应用于天文学数据的，也无法精确确定。关于巴比伦天文学的主要现代权威奥托·诺伊格鲍尔（Otto Neugebauer）不确定这是否发生在大约公元前500年之前。不过可以得出两个肯定的结论。首先，早在希腊科学开始之前很久，巴比伦人就对有限范围的天象进行了大量观测。其次，随着记录的积累，他们能够预言某些天象。无论在任何时候，巴比伦人或古代的任何其他人都无法对可在地球表面上某一点看到的日食做出准确预测：在这方面，他们最多能说日食何时不可能发生，或者何时可能发生。另一方面，他们很可能已经能够预言月食，这种预测并非基于天体的某个几何模型，而是基于纯算术程序，即基于由过去的观测所编制的周期表来推算。

然而，尽管近东民族在医学、数学和天文学领域有所成就，但仍然有理由说，泰勒斯是第一位哲学家-科学家。现在我们必须思考这话是什么意思，以及在多大程度上能够得到辩护。首先，不要以为米利都学派达成了一个得到清楚表达的研究体系，包含着明确的方法论，而且涵盖了我们今天所谓的整个自然科学。他们的研究仅限于很少几个话题，并没有"科学方法"这种观念。如果不使用"物质"和"实体"这样的概念，甚至很难将他们感兴趣的问题表述出来，尽管相应的希腊术语直到公元前4世纪才被创造出来，更不用说得到清晰定义了。不过，的确有两个重要特征使米利都哲学家的思辨有别于此前希腊或非希腊思想家的思辨：首先是所谓"自然的发现"，其次则是从事理性的批评和辩论。

所谓"自然的发现",我指的是认识到区分"自然"与"超自然"的意义,即认识到自然现象并非任意影响的产物,而是有规则的,并且受制于可查明的因果序列。许多被归于米利都学派的观念都不由得让人想起更早的神话,但与神话解释不同,它们丝毫没有提及超自然的力量。最早的哲学家远非无神论者,据说泰勒斯曾经声称"万物充满了神"。① 然而,尽管神的观念常常出现在他们的宇宙论中,但超自然的东西在他们的解释中不起任何作用。

用一个例子就可以说明这一点:被归于泰勒斯的地震理论。泰勒斯似乎设想大地由水托浮,当水波的颤动使大地摇晃时,地震就发生了。大地浮于水上的想法可见于巴比伦和埃及的一些神话,但我们无需到希腊之外去寻找泰勒斯理论的神话前身,因为希腊人普遍相信,地震是海神波塞冬(Poseidon)造成的。虽然泰勒斯的地震理论很简单,但它是一种自然主义解释,根本没有提到波塞冬或任何其他神。于是首先,改写一下法林顿的说法,米利都学派"将神排除在外":荷马(Homer)或赫西俄德(Hesiod)在描写地震或闪电时,常常(虽然并非总是)将其归因于宙斯(Zeus)或波塞冬的愤怒,而哲学家却绝口不提神的意志、爱、恨、激情以及其他与人类似的动机。其次,荷马描写的通常是某一次特殊的地震或闪电,而米利都学派关注的则不是现象的特例,而是一般的地震或闪电。

---

① 这是亚里士多德说的(*On the Soul* 411a8),他对关于泰勒斯的所有说法都有意保持谨慎。我们不清楚泰勒斯是否写过什么东西——在亚里士多德的时代,他的著作肯定已经不复存在。因此,我们的信息都来自柏拉图、亚里士多德等人的转述,他们将某些说法或信念归于泰勒斯。关于后来的两位米利都哲学家,证据略有改进:他们肯定有过著述,而且我们引用的一些文献作者即使没有见过这些著作本身,也肯定见过其中一部分内容。

其研究所针对的乃是某些类型的自然现象,并且显示了科学的以下特征:科学研究普遍的、本质的东西,而不是特殊的、偶然的东西。

我所说的第二个显著特征是从事辩论。当然,这里我们要心存谨慎。关于前苏格拉底哲学家①的工作,我们的信息大都源于很晚的资料,其中许多资料都对早期希腊思辨思想的连续性给出了一幅过于简化的图像。显示为"A 教给 B,B 教给 C,C 教给 D"形式的简洁明快的哲学谱系尤其如此,它们频繁出现于哲学家意见汇编者(doxographer)的论述中。即使是亚里士多德的判断也要谨慎对待。例如,当亚里士多德指出,大多数前苏格拉底哲学家都在研究他所谓的事物的质料因问题时,我们必须记住,他在解释而不是描述前人的思想。

不过,有可靠的证据表明,许多早期希腊哲学家了解彼此的思想并且相互批评。在许多情况下,这可由哲学家自己的说法表现出来,后世作者的引述为我们保存了这些说法。例如,巴门尼德(Parmenides)之后的哲学家阿克拉加斯的恩培多克勒(Empedocles of Acragas)和克拉左美奈的阿那克萨戈拉(Anaxagoras of Clazomenae)都接受了巴门尼德的原理,即从非存在中不能产生任何东西,并以类似于巴门尼德本人的方式对它作了重新表述。在那之前,以弗所的赫拉克利特(Heraclitus of Ephesus)曾数次提到他的前辈和同时代人,特别是在残篇 40② 中愠怒地指出:"博学并

---

① 这个词通常被用来指包括德谟克利特(Democritus)在内的他之前的所有哲学家,尽管严格说来,德谟克利特是苏格拉底的同时代人。

② 前苏格拉底哲学家的原始引文是按照第尔斯-克兰茨(Diels-Kranz)版的"残篇"编号来引用的(见参考书目第一部分第 2 节)。

不能教会智识,否则它便教会了赫西俄德和毕达哥拉斯,或者因此教会了克塞诺芬尼(Xenophanes)和赫卡泰奥斯(Hecataeus)。"再早一些,克塞诺芬尼的一首诗显然是在取笑毕达哥拉斯学派的灵魂转世学说,即相信人或动物死的时候,其灵魂会在另一个活着的动物中重生。在这第七首诗中,克塞诺芬尼说毕达哥拉斯曾经阻止一个人打一条狗,毕达哥拉斯说:"住手,别打了。它是我一个朋友的灵魂,我听出了他的声音。"

医学作者也为公元前 5 世纪末的思想交流提供了重要的补充证据。《论古代医学》(On Ancient Medicine)的作者反对那些将时髦的宇宙论学说纳入医学的医学作者,并且在第二十章明确提到了恩培多克勒的工作。《论人的本性》(On the Nature of Man)甚至描述了关于人的最终组成问题的某些辩论。"当同一些人在同样的听众面前彼此辩论时,"这位作者写道(第一章),"同一位发言者从不会连续三次获胜。"在另一处,他明确提到了哲学家麦里梭(Melissus)的名字。

我们一手材料的年代大都在公元前 5 世纪或以后,但可以确信,这种批评和辩论的传统可以直接追溯到米利都学派本身。这显见于他们就为什么(如他们所认为的)地球是静止的等具体话题以及一般意义上事物的起源这个重大问题(见第二章)所提出的相互对立的理论。但这种批评的传统与科学的发展有什么关系呢?我们可以再次把米利都学派与早期思想家们相比较。古代近东神话或早期希腊神话所涉及的主题包括世界如何起源、太阳如何绕地运转或者天如何被支撑起来等问题,但讨论其中任何一个主题的每一则神话都与其他主题无关。例如,关于天是如何被支撑起来的,埃及人有着不同的信念:一种信念认为,天由柱子支撑着;另一种认为,天由某个神托着;第三种认为,天靠在墙上;第四种认为,天是一个手脚抵地的母牛或女神。但讲故事的人在讲述任何一个这样的神话时,并不需要关注关于天的其他信念,而且这些信念之间的不一致几乎不会让他感到苦恼。可以设想,他也不会感到自己的说法会在谁更正确或者谁的依据更可靠的意义上与其他说法产生竞争。

而在早期希腊哲学家那里,存在着一个根本区别。他们中有许多人都在处理同样的问题,研究同样的自然现象,但大家默认,他们提出的各种理论和解释就是直接相互竞争的。大家迫切需要找到最佳的解释和最恰当的理论,因此他们不得不思考其思想的根据、对自己有利的证据和论证,以及对手理论的弱点。诚然,前苏格拉底哲学家仍然非常独断:他们不是把自己的理论当成尝试性的或临时的解释,而是当成对相关问题的最终解决。但他们常常意识到,有必要根据所引证的论据对理论进行考察和评价。可以说,该原则正是哲学和科学得以进步的必要前提。

然而,越是主张米利都学派贡献的原创性和重要性,就越需要思考这种发展为何发生在此时此地。这个问题极难回答,也极富争议。有人可能会乐于指出,这是由于个别哲学家的天才,他们谈到"希腊奇迹",然后止步于此。但这并非解释,而恰恰是我们试图解释的东西。另一方面,过于狭隘的经济解释也必定不能让人满意。在公元前494年被波斯人毁灭之前,米利都肯定是一个富庶的城邦:其财富部分来自工业(特别是毛纺织业),部分来自贸易,并因建立殖民地而闻名。然而,这也许是产生最早哲学家的必要条件，但很难说是充分条件。毕竟，与当时希腊和非希腊的许多城邦相比，米利都在物质上并不是最繁荣的。要想以本书篇幅对这个问题做出恰当的讨论未免过于轻率，但可以简要提及它的某些方面。

首先，我们必须明确重申需要解释的是什么。可以再次强调，米利都哲学家所取得的成就绝非得到清楚表达的知识体系。倘若他们做到了这一点，那倒真可以被视为"奇迹"了。事实上，他们的成就在于拒绝接受对自然现象做出超自然解释，并且在此背景下从事理性的批评和辩论。要想理解这一发展的背景，我们不仅要谈到经济因素，还要特别关注希腊当时的政治状况。正是在这里，希腊世界与伟大的近东文明之间的反差才最为突出。但这并不是说，希腊要比吕底亚、巴比伦和埃及更加和平稳定，恰恰相反，当时整个希腊世界正处于激烈的政治动荡之中。和其他许多希腊城邦一样，米利都本身也遭遇了激烈的党派纷争，并且断断续续受到暴君的统治。然而，在近东的超级大国，统治的变化通常只意味着王朝的更迭，而在希腊城邦则意味着政治社会结构的重大变化。公元前7、前6世纪，希腊城邦制度得以确立和巩固，一种新的政治意识得以出现，事实上是出现了从君主专制、寡头制到民主制的各种宪政形式。雅典、科林斯或米利都等城邦中的公民不仅经常参与治理国家，还要就什么是最好的统治形式这个问题展开积极辩论。

这仍然不能帮助我们解释，在所有正在兴起的希腊城邦中，为什么是米利都产生了最早的哲学家。事实上，就我们目前的知识状况而言，必须承认对这个问题还无法做出明确的回答。米利都政治经济状况的主要特征也或多或少出现在其他许多希腊城邦。

不过，尽管我们并不比之前更能解释这种现象，但我们现在至少可以把它看成更大发展的一部分。米利都哲学家对之前思想的自由质疑以及彼此之间的自由批评，类似于新兴城邦中公民关于最佳政体形式的辩论。

我们可以用一个具体例子来帮助理解这一点。虽然把泰勒斯与同时代的诗人及立法者梭伦(Solon)相比似乎有些牵强，但这样可以揭示出他们之间一些有趣的相似之处。首先应当注意，泰勒斯本人的活动并非仅限于思辨。据说他既经商又从政，比如希罗多德(Herodotus)说他建议其爱奥尼亚同胞建立一个市议会并结成同盟。泰勒斯和梭伦通常被归入希腊"七贤"，而"七贤"之中立法者和政治家居多。当然，梭伦本人主要以其在公元前594年施行的意义深远的宪政改革而闻名。特别幸运的是，他有一些诗流传下来，诗中谈到了他的一些指导目标和原则。这些诗表明，他愿意为自己的提议负责，其改革中的关键一条就是将法律公之于众，让所有雅典人都能看到。虽然哲学家泰勒斯与立法家梭伦的活动领域非常不同，但可以说他们至少有两个共同点。首先，两人都否认自己的思想有任何超自然的权威性；其次，两人都接受自由辩论和信息公开的原则，据此对人或思想进行评判。米利都学派贡献的本质在于把一种新的批评精神引入了人对自然世界的态度，但应当说，这是在当时整个希腊世界政治法律背景下进行自由辩论和公开讨论的对应物或产物。

第二章 米利都学派的理论

我在第一章讨论了米利都学派思辨的一般特征和意义,现在可以更详细地考察他们提出的一些具体理论和解释了。我们的资料可以分为两组,首先是讨论具体现象或问题的理论,比如雷电的本性,星辰是由什么构成的,或者地球为什么是静止的;其次是具有一般宇宙论意义的学说。之所以有众多第一类理论被记录下来,部分是因为我们所依赖的意见汇编文献的兴趣。但米利都学派显然非常关注罕见的或引人注目的自然现象。若问为何如此,也许部分答案在于他们渴望对通常被认为由诸神控制的现象提供自然主义解释,比如认为宙斯引起了雷电,波塞冬引起了地震,阿特拉斯以肩扛起地球,等等。对自然主义解释的评判,尤其要看它能否成功地解释通常被认为由超自然动因所产生的事件。例如,正如我们已经指出的,泰勒斯解释说,当托浮着大地的水使大地摇晃时,地震就发生了。类似地,阿那克西曼德认为雷电是由风引起的,闪电是云被分成两半时产生的。这些解释虽然幼稚,但其意义与其说在于它们包括的东西,不如说在于它们不包括的东西,即拟人化诸神的独断意志和准人性动机。

不仅如此,在某些情况下,米利都学派远不只是反对关于超自然事物的流行信念。阿那克西曼德的两个例子特别有意思。他先是尝试解释天体,将其描述成火环。火环本身因为被雾笼罩而无法看见,但它们有孔,天体透过孔显露出来:我们看到的星辰仿佛是一个巨大天轮上的小孔。他假定有3个这样的环,分别对应于太阳、月亮和恒星;3个环的直径分别为地球直径的27倍、18倍和9倍,地球本身则被描述成一个静止于环的中心的平顶圆柱体,宽是高的3倍。他指出,当显露太阳和月亮的孔被挡住时,便会发生日月食。还有许多难点有待解决:如何构想恒星的圆或球,这并不清楚;关于行星本身未置一词;最奇怪的是,恒星被认为处于太阳和月亮之下。不过,该理论的重要性在于,它是希腊天文学中最早尝试的所谓天体的机械模型。

我的第二个例子是阿那克西曼德提出的关于动物特别是人的起源的理论。关于这个话题,古希腊同样流行着几则神话。比如有故事说,大洪水毁灭人类之后,丢卡利翁(Deucalion)和皮拉(Pyrrha)将石块扔到身后,创造了更多男人和女人。在其他故事中,据说人类与诸神有亲缘关系并且来自诸神。可以预料,阿那克西曼德对这个主题的处理非常不同。根据公元3世纪的意见汇编者希波吕托斯(Hippolytus)的说法,阿那克西曼德认为,动物最初是太阳作用于"湿润"而产生的。和大多数希腊人一样,他无疑也相信,在某些情况下动物会从某些东西里自发产生出来,这种观念为解释所有动物的起源提供了基础。但他也认为,人最初诞生于一个不同的动物种类,似乎是某种鱼类。我们掌握的另一份资料,即普鲁塔克(Plutarch)的《席间闲谈》(*Table Talk*, VIII, 8, 4, 730e),在这种语境下提到了狗鲨(*galeoi*),它有一个种类被称为"滑鲨"(smooth shark),其引人注目的是,幼仔在母体子宫中经由脐带连接在一个胎盘状的东西上。许多学者曾认为，阿那克西曼德本人不大可能知道那个物种，但如果普鲁塔克的说法不无根据，那么很难怀疑阿那克西曼德对某种胎生的海洋动物有所了解。

然而，相比于阿那克西曼德的理论有什么（如果有的话）经验基础，更重要的是最初使他提出这种理论的推理。最初的促进因素似乎是他观察到，人出生之后要花很长时间才能变得自给自足。阿那克西曼德似乎意识到，这对那些认为人类是突然出现在地球上的人来说构成了严重的困难。他宁愿主张，人起初必定产生于另一种动物，这种动物能够哺育他们足够长的时间，使之变得自给自足。无论是阿那克西曼德还是任何其他希腊理论家，都没有提出一个关于整个自然物种演化的系统性理论，但正如这个例子所表明的，希腊哲学家们很早就开始思考人类的起源以及人从自然到文化的发展等问题了。

被归于米利都学派的三个主要理论是他们更一般的宇宙论学说，亚里士多德认为这些学说与事物的"质料因"有关。据说泰勒斯认为这个质料因是水，阿那克西曼德认为是"无定"（Boundless），阿那克西美尼则认为是气。但更有可能的是，他们关心的并不是同一个问题，而是同一问题的三个略为不同的版本。那么，泰勒斯提出的是什么类型的问题呢？肯定不是亚里士多德所提出的那个问题，至少没有用他在《形而上学》（*Metaphysics*, 983b6 *ff*）中作以下评论时所使用的术语：

> 大多数最早的哲学家……都认为，质料性的本原是万物的唯一本原。他们说，万物所由以构成的东西，万物最初由以

产生、最终又分解成的东西(实体持续存在,但会改变属性)乃是元素,是万物的本原。①

这些被译成"质料""实体""属性"和"元素"的术语都是在公元前4世纪第一次进入哲学的,无法设想有哪位米利都学派的哲学家使用过它们。

但另一方面,显然没有什么能够阻止泰勒斯追问,比如什么是万物的起源或开端。毕竟,诗人赫西俄德在《神谱》(Theogony, 116)中已经宣称,"首先产生的是混沌[即那个裂隙]",然后他描述了诸神和其他人格化形象是如何产生的,并且在一个庞大的家谱中将他们全部联系在一起。因此,泰勒斯可能已经在什么最先出现的意义上追问过万物的起源,但他的回答与赫西俄德有根本不同,因为他的回答并不涉及一个神话式的"裂隙",而是涉及水这种寻常的实体。

但如果这个问题泰勒斯可能思考过(事实上几乎肯定思考过),那么我们并不清楚他是否也追问过,我们周围世界中的实体是否或者在何种意义上仍然由水构成。他是否相信,他所坐的椅子以及吃的面包都由水构成?比泰勒斯稍晚的阿那克西美尼肯定持有这种信念,不过他的原初实体是气而不是水。但正如我们将要看到的,阿那克西美尼明确解释了气变成比如土或石头所发生

---

① 出自牛津英译本:*The Works of Aristotle translated into English*, edited by W. D. Ross(Oxford, Clarendon Press), *Metaphysics*, W. D. Ross(Vol. VIII, 2nd ed., 1928).

的变化。对于泰勒斯会如何解释这一点,我们的文献资料未置一词。我们无法肯定,这究竟是因为现有的信息不全,还是因为泰勒斯从未思考过这个问题。但是当我们把关于米利都学派思辨发展的零星证据,特别是与阿那克西曼德有关的证据拼凑起来时,就会发现后一种解释更有可能。虽然有亚里士多德的证言,但情况很可能是:虽然泰勒斯提出并且回答了什么东西最先产生这个问题,但这种原初实体如何或者在何种意义上存在于我们周围的物体中,这个问题只能源自更进一步的探究。

阿那克西曼德指出,最初的事物并非任何具体的实体,而是某种不明确的东西,他称之为"无定"。如果我们问他为什么选择这个,而不选择水那样的寻常实体,那么亚里士多德《物理学》(*Physics*, 204b24 *ff*)中的一段话有助于给出一个貌似合理的回答。阿那克西曼德也许意识到了像泰勒斯那样的理论必然会遇到的一个困难:倘若原初实体比如说是水,那么既然水火不相容,与水对立的火如何可能产生呢?如果这的确是阿那克西曼德的推理,那就为我之前说的理性批评活动提供了很好的例证。在其他地方,他的理论似乎也源于意识到对其前辈理论的可能反驳。第二个引人注目的例子涉及他关于大地由什么承载的理论。泰勒斯认为大地浮在水上,阿那克西曼德则认为大地"自由地悬着",正如希波吕托斯在《驳一切异端》(*Refutation of All Heresies*, I, 6, 3)中所说,"待在现有的地方,因为它与任何东西都等距离"。之所以能够提出这种如此老道的理论,同样可能是因为他意识到,泰勒斯的诸如此类的观点遇到了一个明显的困难:如果水承载着大地,那么什么承载着水呢?

但我们关于阿那克西曼德的证据也包含着关于无定如何发展的论述,这种论述很重要,因为它有助于我们理解阿那克西曼德与另外两位米利都哲学家的关系。据一份文献(被归于普鲁塔克的《杂录》[*Stromateis* 或 *Miscellanies*]第二章)所载,他指出,"这个宇宙诞生时,热和冷的种子从永恒[即无定]中分离出来,产生了一个火球,包裹着大地周围的气,就像树皮包裹着树"。我认为,泰勒斯可能没有思考过他的原初实体——水——发生了什么,但我们相当确信,阿那克西曼德提出了一种我们所谓的宇宙起源论(cosmogonical theory)。大致说来,他的主要说法是,宇宙如活物一般由种子生长而成。这个生物学模型的特别有趣之处在于,它可以使阿那克西曼德规避我们周围的实体与派生它们的原初实体是否相同这个问题。以植物生长为例,表面看来同质的种子却长出了叶、果、根、树皮等许多不同的东西。诚然,亚里士多德式的人在这里会像针对整个宇宙那样提出同样的问题:这些东西是新的实体,还是原初实体的性质变化?但如果阿那克西曼德相信,不同的东西可以由无定自然地产生出来,就像树木的各个部分可以由种子自然地生长出来一样,他可能就不会思考那个问题了。虽然他给出了关于宇宙发展的论述,就此而言似乎比泰勒斯更进了一步,但和泰勒斯一样,在这块木头或那片面包与无定在实体上是否相同这个问题上,他可能也没有明确看法。

如果这种解释是可靠的,那么只有在第三位米利都哲学家阿那克西美尼那里,这最后一个问题才会出现。他也缺乏专业术语来指称基础实体或"基体"(substratum)的"性质"变化,但这并不妨碍他提出关于原初实体变化的明确解释。在他看来,原初实体是气。初看起来,这似乎是一种倒退,在阿那克西曼德更富有想象力的假定之后,又回到了像泰勒斯的水那样的有形实体。但重要的是,阿那克西美尼将关于事物从何而来的理论与关于事物如何从它而来的明确说法(即通过稀释和凝结过程)结合了起来。降雨说明了"气"如何凝结成水,而水又凝结成固体的冰;反过来,水在蒸发或沸腾时又稀释成"气"。这些简单而明显的变化为阿那克西美尼的概括提供了基础,即通过稀释和凝结这个双向过程,万物皆来自同一种原初实体。阿那克西曼德认为世界从未分化的无定中生长而来,这种想法固然非凡,却也失之武断;与此不同,阿那克西美尼的理论所涉及的过程仍然能在自然现象中观察到其作用。

米利都哲学家关于原初实体看法的历史最引人注目的地方在于,他们的问题意识日益增长。阿那克西曼德认为,原初实体是未经分化的,这似乎回应了对泰勒斯关于水的假定的明显反驳——与水对立的火如何可能产生呢?与阿那克西曼德关于种子从无定中分离出来的想法相比,阿那克西美尼关于稀释与凝结的理论更清楚地解释了原初实体的变化。他们的实际理论在后人看来非常幼稚(在亚里士多德看来就已经如此),这在科学史上屡见不鲜,但其成就取决于在把握问题上取得了什么进展。他们拒绝接受超自然原因,认识到可以而且应当对大量现象做出自然主义解释,并且最早朝着理解变化问题迈出了尝试性的一步。

第三章　毕达哥拉斯学派

公元前6—公元前5世纪的思辨者们被统称为前苏格拉底哲学家。虽然我们把这些人都称为"哲学家",但这并不能掩盖他们之间的重要差别,因为他们有着非常不同的目标和兴趣,事实上扮演的社会角色也非常不同。米利都学派与我们接下来所要考察的所谓毕达哥拉斯学派之间有几点明显差异,毕达哥拉斯学派本身也远非同质的群体。

关于毕达哥拉斯本人,我们知之甚少。据推测,他于公元前6世纪中叶之前出生在萨摩斯,后为逃避波利克拉底(Polycrates)在萨摩斯的暴政而移居大希腊(Magna Graecia)①的克罗顿。出于虔敬,毕达哥拉斯的追随者们往往把自己的思想归功于这位创始人。当我们后来的文献也如法炮制时,对待它们要特别谨慎。不过有充分证据表明,毕达哥拉斯教导一种生活方式,因为柏拉图在《理想国》(*Republic*, 600ab)中正是这样说的。早期毕达哥拉斯学派不只(甚至主要不是)对自然研究感兴趣。这是一个通过宗教信仰和修行来维系的群体。他们相信永生和灵魂转世,施行某些仪式禁忌,比如禁食某些食物。此外,在公元前6世纪末大希腊的一些

---

① 这个词指今天的南意大利地区,公元前8世纪末以来被希腊人殖民和控制。

城邦里,他们还充当一支政治力量。

这是毕达哥拉斯学派与米利都学派的一个差异,另一个差异在于其中一些人提出的宇宙论类型。亚里士多德说米利都学派在思考事物的"质料因",而关于毕达哥拉斯学派的主要学说,他是这样说的(正如其开篇表明的,他指的是公元前5世纪的毕达哥拉斯学派,而不是毕达哥拉斯的同时代人):

> 与这些哲学家[阿那克萨戈拉、恩培多克勒和原子论者]同时代以及在他们之前有所谓的毕达哥拉斯学派,他们最早致力于数学,并且推进了这项研究。他们受过数学训练,认为数学的本原就是万物的本原。但在这些本原当中,数天然就是最先的,他们似乎从数当中看出了比火、土、水当中更多的与存在者和生成者的相似性……;他们还发现,音阶的改变和比例可以用数来表达。既然所有其他事物就其整个本性而言似乎在模仿数,而且数似乎是整个自然中最先的东西,因此他们认为,数元素是万物的元素,整个天是一个音阶和一个数(*Metaphysics*,985b23 *ff*)。①

根据亚里士多德的说法,毕达哥拉斯学派认为数是万物的本原。米利都学派选择物质实体作为原初事物(因为即使是阿那克

---

① 出自牛津英译本:*The Works of Aristotle translated into English*,edited by W. D. Ross(Oxford,Clarendon Press),*Metaphysics*,W. D. Ross(Vol. VIII, 2nd ed., 1928)。

第三章 毕达哥拉斯学派

西曼德的无定也像泰勒斯的水或阿那克西美尼的气一样是物质性的),而毕达哥拉斯学派则专注于现象的形式方面。无论是否是他们最先认识到了音乐和声的数字比率,这肯定为他们说明数的角色提供了一个主要例证。八度、五度和四度音程都可以用简单的数字比率1∶2、2∶3和3∶4来表达。这个惊人的例子表明,与数没有明显关联的现象显示出一种可以用数学来表达的结构。在毕达哥拉斯学派看来,如果这适用于音程,那么只要能够发现数学关系,它很可能也适用于其他事物。

像这样在事物中寻找数显然很重要。于是,毕达哥拉斯学派是最早有意尝试为自然知识提供定量数学基础的理论家,他们也因此引领了一种对科学至关重要的发展。但要想正确理解他们的成就,还需要补充两点。首先,毕达哥拉斯学派不仅主张现象的形式结构可以用数来表达,还主张事物由数构成:他们当中有许多人认为,事物就是由数构成的,数本身被视为具体的物质对象。

其次,毕达哥拉斯学派自称发现的事物与数之间的许多相似性都非常不切实际和随意。比如我们得知,他们把正义等同于数4(第一个平方数),把婚姻等同于数5(代表男性[等于数3]与女性[等于数2]的结合)。机会似乎被等同于数7,赋予这个数的特殊意义遭到亚里士多德的严厉批评:

> 为什么需要这些数作为原因呢?存在七个元音,音阶由七根弦组成,七姐妹星团有七颗星,动物七岁掉牙(至少有些是,有些不是),七英雄攻打忒拜。那么,英雄之所以有七位,

七姐妹星团之所以有七颗星,是因为这个数的本性使然吗? 英雄有七位,是因为有七座城门或者出于其他原因,七姐妹星团有七颗星,是因为我们数它有七颗,就像我们数大熊星座有十二颗,而别人可能数得更多一样。这些人就像研究荷马的旧式学者一样,看到了小的相似性,却忽视了大的相似性(《形而上学》,1093a13 ff)。①

显然,尽管事实表明,在对音乐和声和数学本身进行分析等领域,寻找数的比率是卓有成效的,但它也常常导致没有意义的胡言乱语和粗陋的数秘主义(number-mysticism)。

亚里士多德举出的毕达哥拉斯学派随意操纵数字的一个例子出自天文学,他们在这个领域所作的思辨值得更详细地考察。他们在这里也深受宗教和伦理动机的影响。他们认为,整个天是"一个音阶和一个数"。根据著名的天球和谐学说,②天体的运动引出了和谐但听不见的声音:之所以听不见这些声音,一种说法是我们自出生以来就习惯了它们。不仅如此,灵魂也被视为一种和谐,灵魂的幸福与世界秩序或宇宙本身一样,取决于灵魂的调节有序(kosmios)。

---

① 出自牛津英译本:*The Works of Aristotle translated into English*, edited by W. D. Ross(Oxford, Clarendon Press), *Metaphysics*, W. D. Ross(Vol. VIII, 2nd ed., 1928)。

② 毕达哥拉斯学派和许多后来的希腊天文学家都设想,可见的天体位于本身不可见的同心天球上,并且被其运动携带着旋转。每颗行星以及太阳、月亮各有一个天球,所有恒星只有一个天球(在希腊天文学中,恒星常被称为"固定的"星,从而与"漫游的"星或行星相对照)。

但这些学说肯定不会阻碍甚至可能促进了毕达哥拉斯学派关于天体之间关系的思辨。几种不同的理论被归于整个毕达哥拉斯学派或其中的不同群体或个人。比如在一个一般认为代表了早期毕达哥拉斯学派传统的学说中,地球位于宇宙的中心,并且包含着一个炽热的核——"赫斯提亚"(Hestia),即中心的"火炉"。但亚里士多德之后的一些文献还记载了一个理论,并特别把它归于公元前5世纪末的毕达哥拉斯主义者克罗顿的菲洛劳斯(Philolaus of Croton)。在这个理论中,中心火赫斯提亚不在地球之内,而是一个单独存在的物体,地球本身被设想为和行星、太阳、月亮等其他天体一样围绕它旋转。于是,该体系既不是地心的,也不是日心的,其中心是一个看不见的火体。使该学说更为复杂的是引入了另一个看不见的天体——"对地"(counter-earth),它在地球下方围绕中心火旋转。于是从中心往外首先是中心火,然后是对地,接着是地球本身,地球往外依次是月亮、太阳和诸行星。

该理论的主要依据来自于亚里士多德严厉批评这种理论基础的两段话。在《论天》(*On the Heavens*, 293a17 *ff*)中,亚里士多德说:

> 关于[地球]的位置有一些不同的看法。主张整个宇宙有限的人大都认为地球位于中心,但这遭到了意大利的毕达哥拉斯学派的反驳。后者断言,中心被火占据,地球是众星之一,在围绕中心旋转时产生了白天和夜晚。此外他们还发明了另一个地球,处于与我们的地球相对的位置,他们称之为"对地"。他们这样做并非为了寻求与现象相一致的说明和解

释,而是强行使现象与他们自己的说明和看法相一致。①

另一段对毕达哥拉斯学派理论的严厉批评见于《形而上学》(986a3 ff):

> 能够表明与天界的各种性质、各个部分和整个安排相一致的数和音阶的所有性质都被他们收集起来,纳入他们的方案;如果某处有一个缺口,他们会赶紧做出弥合,以使其整个理论协调一致。例说,由于十这个数被认为是完美的,它包含了数的全部本性,他们就说,在天上运行的星辰也是十个。但由于看得见的星辰只有九个[即恒星天球加上五大行星、太阳、月亮和地球],他们就发明了第十个星辰——"对地"以满足这个要求。②

亚里士多德将"对地"学说斥为异想天开的数秘主义,但《论天》中的另一段话(293b23 ff)表明,这还不是故事的全部,因为他在那里指出,该理论遇到了一个真正的困难,即为什么月食比日食出现得更频繁。虽然如果把地球看成一个整体,那么日食更常见,但只有其中少数几次日食才能在任何特定的位置观察到。平均而

---

① 出自 W. K. C. Guthrie(Cambridge,Mass.,Harvard University Press;London,Heinemann,1939)的 Loeb 译本。
② 出自牛津英译本:*The Works of Aristotle translated into English*,edited by W. D. Ross(Oxford,Clarendon Press),*Metaphysics*,W. D. Ross(Vol. VIII,2nd ed.,1928)。

言,在任一地点可见的月食数大约为日食数的两倍。为了解释这一点,毕达哥拉斯学派似乎暗示,介于月亮及其光源之间的不仅有地球,而且还有对地。然而,和他们天文学的其他许多内容一样,该理论的细节是模糊不清的,他们显然并不试图对天体之间的关系给出精确的数学说明。

我们方才概述的这个体系最有趣的特征无疑是,它把地球移出了宇宙的中心。这主要是出于象征的理由。根据亚里士多德的另一段话(《论天》,293a30 ff),地球被认为还没有高贵到足以占据宇宙中最重要的位置。在一些希腊理论家那里,虽然宗教上的考虑不利于把地球移出宇宙的中心,但他们可以而且有时的确支持这个结论。不论后来的天文学家怎么看,一些毕达哥拉斯主义者显然没有因为把地球移出中心、使之像行星一样运动而良心不安。

毕达哥拉斯学派还有两方面的工作有助于说明早期希腊科学的方法:(1)他们在声学上的经验研究证据,包括使用简单的实验;(2)数学中演绎法的发展。在这两个方面,从现有资料所能掌握的信息还很不够,而且主要与公元前5世纪末或公元前4世纪初的思想家有关。

毕达哥拉斯关于音乐和声比率的"发现"是许多古代传说的主题,据称其中一些传说描述了他如何通过观察或简单的实验而得出了结论,比如注意到敲击时发出不同音高的锤子重量之间的关系,或者用不同量的水注入水罐,然后记下水量与敲击水罐时发出音高之间的关系。这些传说大都不可信,因为它们描述的操作事实上并不能给出所说的结果。但并非所有说法都是臆想。关于他测量发出不同音高的弦长,或者类似地测量音管中气柱的那些传说听起来更加可信,而且很可能反映了毕达哥拉斯学派在公元前5世纪末和公元前4世纪初所做的那种经验研究。特别是塔兰托的阿基塔斯(Archytas of Tarentum)收集了各种证据,试图确立他关于音高与其"速度"之间关系的理论:在残篇1中,他的一个较为简单的例子提到了不同长度的长笛音管发出的不同音高。柏拉图也提到了早期的声学实验,此时他的证据更有说服力,因为他本人强烈反对这种处理问题的方法。在《理想国》(531a—c)中,柏拉图让苏格拉底轻蔑地谈到,那些人"将他们听到的和声和声音彼此度量","折腾琴轸上的琴弦",并且"在这些听到的和声中寻找数"。所有这些还远不足以表明毕达哥拉斯学派认识到了实验方法的一般价值,但它们的确暗示,其中有些人至少在声学这个领域做过一些简单的实验。当然,毋庸赘言,他们做那些实验的动机非常特别,那就是通过揭示现象背后的数值关系来支持"万物皆数"这一学说。

柏拉图之前那个时期的数学史是模糊不清的,可靠的一手证据非常缺乏。关于我们第一部重要的数学文本——欧几里得(Euclid)的《几何原本》(Elements,编于公元前300年左右)——在多大程度上基于更早的著作,存在着各种不同的看法。直到公元前5世纪中叶,毕达哥拉斯学派似乎主要对数论的某些方面感兴趣。把数分成奇数和偶数大概可以追溯到那个时期,将某些数与不同种类的几何图形联系起来也在此时。比如4和9是"正方形"数,6和12是"长方形"数(这里各个边长——即各个因数——相差1),等等(见图1)。

第三章 毕达哥拉斯学派

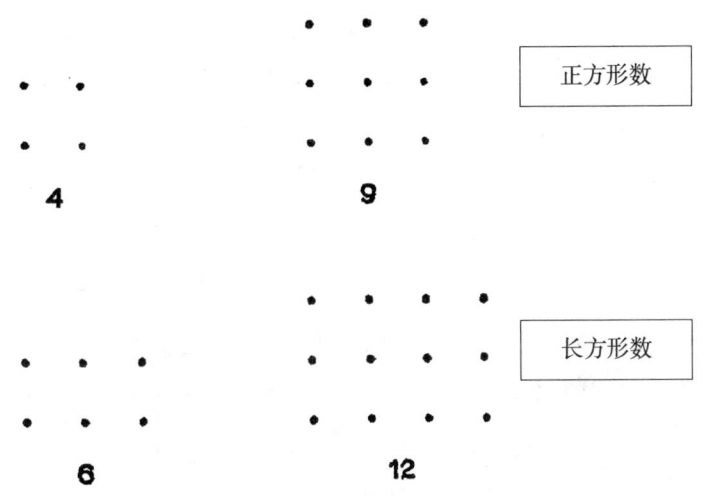

图 1 毕达哥拉斯学派的"正方形"数和"长方形"数

公元前 5 世纪初的数学家们无疑也知道一些简单的几何定理,包括以毕达哥拉斯本人命名的定理,即直角三角形斜边的平方等于两直角边的平方和。事实上,巴比伦人早就知道这条定理是正确的,因为公元前第 2 个千年的楔形文字文本中记录了一系列像 3、4、5 这样的"毕达哥拉斯"数。在这些情况下,希腊人的独特贡献与其说是发现了这条定理,不如说是证明了它。但我们不清楚这些证明是否或者在多大程度上作于公元前 5 世纪中叶之前。按照最可信的对证据的解释,数学证明方法是在公元前 5 世纪末或公元前 4 世纪初发展起来的,而且除了毕达哥拉斯学派,它无疑还与其他数学家有关。虽然这里无法讨论这一发展的详细历史,但可以简要提及两个例子来说明柏拉图之前希腊数学的问题和方法。

我的第一个例子说明,无论是关于希腊数学还是我所谓希腊人的一项独特贡献,两者的证据都不够确定。这与 $\sqrt{2}$ 的无理性有关,即它的值不能表示为两个整数之比,或如希腊人一般所做的那样,用几何方式来说就是,正方形的对角线与它的边是不可公度的。在巴比伦的数学文本中已经可以找到$\sqrt{2}$的近似值。希腊人在公元前5世纪末或公元前4世纪初的某个时候证明了$\sqrt{2}$的无理性。亚里士多德在《前分析篇》(*Prior Analytics*, 41a23 *ff*)中提到的传统证明是,先假定正方形的对角线与它的边可公度,然后表明该假定将导致同一个数既是偶数又是奇数这个不可能的推论(见本章结尾的附注)。不幸的是,我们无法确定这个证明是何时发现的,甚至也无法确定希腊人何时知道了$\sqrt{2}$是无理数。我们文献中所能找到的关于这一话题的故事多为后人杜撰,比如传说一位佚名的毕达哥拉斯主义者(通常认为是希帕索斯[Hippasus])因为泄露了这个秘密而被神惩罚淹死。我们甚至不知道,做出这个发现究竟是因为探索了毕达哥拉斯定理的应用,还是因为(最近被认为更有可能)受到了与无限可分性思想有关的哲学问题的激励。由现有证据所能得出的唯一可靠的结论是,$\sqrt{2}$的无理性在柏拉图之前就已被知晓。在《泰阿泰德篇》(*Theaetetus*, 147d)中,数学家昔兰尼的西奥多罗斯(Theodorus of Cyrene)据称"表明了3平方尺和5平方尺的正方形的边长[即根]与1尺长的线是不可公度的",并依次讨论到17平方尺的正方形的边长。有趣的是,无理数问题在这里尚未被当作一般问题来处理,而且是用几何方式而不是算术方式来处理的,但该文本明显暗示,关于2平方尺的正方形的边与对角线不可公度的某个证明是大家所熟知的,因为这个事实被认为无需证明。

在我的第二个例子中,证据要更为确定,一位毕达哥拉斯主义数学家所扮演的角色也更加明确。自公元前 5 世纪中叶以来,训练希腊数学家的一个问题是倍立方问题:给定一个立方体,如何构造一个体积为其二倍的立方体?根据现有的文献,希俄斯的希波克拉底(Hippocrates of Chios)——不应与和他同时代的同名者、科斯岛的那位伟大医生希波克拉底相混淆——认识到,这个问题等价于求两个给定长度(x,y)之间的两个比例中项(a,b),使 $x:a=a:b=b:y$。由此将给出解答,因为在 $y=2x$ 的特殊情形中,a 上的立方体将是 x 上的立方体的二倍。但最早解决这个问题即求出两个比例中项的人是毕达哥拉斯主义者阿基塔斯,我们已经提到他在声学方面的工作。他的解决方案是几何的,因其巧妙而引人注目,并通过一段关于阿基米德(Archimedes)的评论而流传下来。希思(Heath)论述的开篇可以帮助我们了解它。[①] 希思称它为:

> 一项大胆的三维构造,它将某一点确定为三个旋转面的交点:(1)正圆锥面,(2)圆柱面,(3)内直径为零的圆环面。(阿基塔斯说)后两个面的截线是某条曲线……所求的点是圆锥面与这条曲线的交点。

由此阿基塔斯证明了,如此确定的点如何能使我们求出所要找的两个比例中项。这个例子表明,几何学在公元前 4 世纪初已经有了进步:阿基塔斯卓越的三维运动学构造所预示的方法将会引出

---

① *A History Greek Mathematics*, Vol. I, Oxford, Clarendon Press, 1921, pp. 246 *ff*.

早期希腊科学最引人注目的成就之一——欧多克索（Eudoxus）的天文学模型。

附注

正方形的对角线与它的边不可公度，其"传统"证明可见于欧几里得《几何原本》第十卷的一个附录，这里可释义如下：

设 AC 是正方形的对角线，AB 是它的边。

假定 AC 与 AB 可公度，并且设 $a:b$ 是以最小项表达的它们的比。由于 AC>AB，所以 $a>1$。

于是，AC：AB$=a:b$。

因此，$AC^2:AB^2=a^2:b^2$。

但是（根据毕达哥拉斯定理），$AC^2=2AB^2$。

因此，$a^2=2b^2$。

于是 a^2 是偶数，因此 a 是偶数，由于 $a:b$ 是以最小项表达的它们的比，所以 b 是奇数。

由于 a 是偶数，设 $a=2c$，

于是，$4c^2=2b^2$。

于是，$2c^2=b^2$。

由此可得，b 是偶数。

由于假定 AC 与 AB 可公度导致了同一个数（b）既是奇数又是偶数这个不可能的推论，所以该假定必然为假。

第四章　变化问题

对变化问题的认识的开端可以追溯到第二章所概述的米利都哲学家关于原初实体的思辨。公元前5世纪初,这成了自然研究的主要问题。米利都哲学家认为变化的发生是理所当然的,感觉经验的世界并非幻觉。但此后不久,哲学家们就开始质疑我们关于外部世界知识的基础。我们能否信任感官,还是应当只依赖理性?变化似乎肯定发生了,但现象是否对应于背后的实在,抑或是一种误导?一旦这些问题被提出来,任何希望解决物质最终组成问题的人,就必须首先思考某些预备性的但却基本的哲学问题。他不再能把常识看成理所当然,而是必须解释知识的基础(知识论问题)以及变化与生成的本性。

最早提出这些问题的哲学家是赫拉克利特和巴门尼德。赫拉克利特是以弗所的爱奥尼亚人,巴门尼德则是位于意大利西海岸、那不勒斯南部的希腊殖民地埃利亚本地人。我们不能确知这两位才华横溢且极富原创性的思想家是否有过相互影响,但有人认为,巴门尼德可能熟知赫拉克利特的著作。可以肯定的是,公元前5世纪初的某个时候,他们都敏锐地提出了变化问题,并且给出了截然相反的回答。赫拉克利特宣称一切事物都在变化,而巴门尼德则否认变化可以发生。

对赫拉克利特立场的解释是有争议的。从柏拉图和亚里士多德开始,古代评注者大都认为,他相信世界中的任何一个事物都在持续变化,但许多现代评论者认为,他所提出的论点要弱得多,即整个世界在不断变化——每一个个体事物则在某个时候发生变化。现有证据尚不足以最终解决这个问题。那句著名的格言"一切皆流"(panta rhei)并不能被确定地归于赫拉克利特,即使可以,也不能解决这个问题,因为关键在于是否应对这句格言作字面的理解。不过大家都同意,赫拉克利特希望强调整个世界中发生的变化和相互作用。变化局限在一定的限度或"分寸"之内,以保证相互作用的事物之间取得平衡。但他的话明显包含一个重要的意思,那就是表面上的静止或平衡状态可能掩盖了隐藏在背后的对立面之间的张力或相互作用。在他的残篇中,这一点是以弦弓或竖琴这样的例子来说明的:它们看似静止,实则处于张力状态。

关于知识问题,赫拉克利特并不完全拒斥感官证据,但强调必须谨慎运用。残篇107警告说,"眼睛和耳朵是糟糕的见证,如果人的灵魂无法理解它们的语言"。而巴门尼德的哲学则基于一种关于知识基础的更为激进的观点。他在残篇7中说:"别让诞生于经验的习惯把你逼上这条路,迫使你粗率的眼睛、模仿性的耳朵或舌头神志昏乱,而要用你的理智来判断。"这里他超越了赫拉克利特或任何更早的哲学家,坚称只有理性才值得信赖,感官的证据是完全不可靠和使人误入歧途的。

第四章 变化问题

巴门尼德哲学诗[1]的第一部分旨在讨论他所谓的"真理之路"。他在这里探究了从单一陈述"它存在"(It is)所推出的东西。正如他在残篇2中所表达的,其论证的起点是"它存在而不可能不存在"。这句话的主语未被指明,而且根据我们的理解,该陈述至少表面上可以作若干种不同的解释。巴门尼德明显在断言某种东西的存在,但这种东西可能是(1)存在本身,或是(2)所有存在者意义上的"存在者",即所有存在的事物,或是(3)任何存在者意义上的"存在者",即任一存在的事物,或是(4)——如果把残篇2与巴门尼德的其他陈述结合起来的话——"可以言说或思考的东西"。然而,尽管其论证的出发点仍然模糊不清,但他在真理之路的尽头所得出的结论却非常明确。他从似乎只是否认事物可以从完全不存在的东西产生这一立场出发,进而否认任何事物可以在任何意义上产生。虽然其诗的第二部分"现象之路"包含着一种宇宙起源论,但这并不意味着他在真理之路中提出的立场有任何修改。恰恰相反,现象之路被认为是"欺骗性的"[残篇8,第52节],这无疑是因为它建立在巴门尼德已经表明是完全错误的关于存在和非存在的观点之上。真理之路宣称,任何种类的产生、消亡和变化都是不可能的。

在对变化概念进行这种毁灭性的攻击之后,任何希望提出一

---

[1] 虽然米利都哲学家阿那克西曼德和阿那克西米尼、以弗所的赫拉克利特以及大多数后来的前苏格拉底哲学家都选择散文作为其媒介(阿那克西曼德不仅是这样做的第一位哲学作家,而且可能是这样做的第一位希腊作家),但克塞诺芬尼、巴门尼德和恩培多克勒这三位重要的前苏格拉底思想家都用韵文写作。巴门尼德(残篇1)和恩培多克勒(残篇3)都声称自己的哲学受到了神的启示,说这仅仅是一种惯常做法未免草率。

种物理学说或宇宙论学说的理论家，都必须首先应对巴门尼德的论证及其所基于的知识论。公元前5世纪末的思辨思想史在很大程度上是支持巴门尼德的人和反对其结论的人之间的争论史。巴门尼德本人的追随者们，即所谓的埃利亚学派，埃利亚的芝诺（Zeno of Elea）和萨摩斯的麦里梭，都完全接受他的立场，并提出进一步的论证来反驳关于"多"和变化的思想。但在反对派阵营中，最重要的自然学家们（physicists）——即研究自然（*physis*）的哲学家们——也把巴门尼德当作自己的出发点。比如恩培多克勒和阿那克萨戈拉都赞同巴门尼德的格言，即从非存在中不能产生存在。而且正如我们所要看到的，米利都的留基伯（Leucippus of Miletus）和阿布德拉的德谟克利特（Democritus of Abdera）的原子与巴门尼德真理之路的那个不变的存在有一些共同特征。事实上，如何反驳巴门尼德对变化的否认，是所有这些后来的前苏格拉底哲学体系的主要关切。

巴门尼德坚持只依靠理性，而恩培多克勒则恢复了感官的地位。他承认，感官是虚弱的工具，但心灵也一样，我们应当运用包括视觉、听觉和其他感官在内的一切所能支配的手段来把握每一个事物（残篇2和3）。残篇12—14重复了巴门尼德的陈述，即从非存在中产生不了任何东西，但恩培多克勒通过否认存在者的唯一性而恢复了变化概念。土、水、气和火都存在，而且一直存在着，在被恩培多克勒称为"爱"与"争斗"的两种对立力量的影响下，它们彼此混合和分离，从而产生变化。从非存在中产生不了任何东西，但变化可以发生而且的确在发生，这被解释为业已存在的实体的混合和分离。

第四章 变化问题

从科学理论史的角度来看,恩培多克勒的体系有两个特征尤其重要:他的物理元素观和对比例概念的运用。"元素"一词的含义是模糊不清的,它被用来指(1)"原初"实体(只要有某种东西存在就已经存在的实体),以及(2)"简单"实体(复合的事物可以分解为它们,但它们本身不能再进一步分解)。这两种观念都可以追溯到恩培多克勒之前很久。泰勒斯的水,阿那克西曼德的无定,甚至赫西俄德的"裂隙",都是第一种意义上的"元素"。认为某些复杂事物是由其他更简单的事物构成的,这种观念在某些语境的希腊思想中也出现得很早。比如认为人由"土"和"水"构成,就是一种流行的信念,它蕴含在比如说赫西俄德的潘多拉(Pandora)神话中(《工作与时日》[Works], 59 ff):赫菲斯托斯(Hephaestus)混合土和水,造出了第一个女人潘多拉。克塞诺芬尼以非神话的方式重复了人由土和水所构成的思想,而巴门尼德在现象之路中所提出的宇宙论则认为,一切事物皆源于光和夜这两个本原。

但恩培多克勒比之前任何一位作者都更清楚地表达了关于原初实体和简单实体的思想。诚然,他并没有使用后来希腊文中表示元素的专业术语 stoicheion(这个词直到柏拉图才被引入),但他明确把土、水、气、火称为"根"(rhizomata)。首先,根本身并不是产生的,而是永恒的和非创造的:于是,它们是原初实体意义上的元素。其次,它们——连同使之混合和分离的"爱"与"争斗"——是世界上任何其他事物所由以构成的东西。特别是,恩培多克勒明确区分了复合物与构成复合物的东西。比如在残篇 23 中,他把由根产生各种事物与画家用颜料调成各种颜色相比较,并且在该残篇的结尾断言,根是其他任何实体的来源:

不要让错误战胜你的心灵，认为除此［四根］之外还有任何其他来源，可以构成世间万物。

恩培多克勒比之前的任何前苏格拉底哲学家都更理解构成性的元素观念。他所说的根既是永恒的、又是简单的，是其他东西可以分解成的不可还原的成分。但与任何其他希腊科学家一样，他对元素的理解至少在一个明显而关键的方面区别于现代元素概念：它们不是化学上的纯净物质。恩培多克勒认为，万物是由土、水、气和火构成的，但"土"这个词被用于各种固体物质，"水"一般不仅被用来指各种液体，还指各种金属（因为金属是可熔的），而"气"在希腊文中可以指任何气体。因此，我们不应把恩培多克勒的根看成像拉瓦锡之后化学中的氧和氢那样的纯净物质。另一方面，这可以帮助我们理解恩培多克勒为什么实际选择了这些元素，这种选择并不像它初看起来那样随意。无论是否有其他因素影响他的理论，土、水和气都非常近似地代表了固态、液态和气态的物质。而被视为实体而非过程的火，自然与其他三种"元素"并列为第四种"元素"。

恩培多克勒对物质理论发展的第二项重要贡献是运用了比例概念。我们已经看到，他假定了四根，并认为所有其他实体都由根复合而成。但在回应有限数目的根如何可能产生似乎无限数目的不同实体这个难题时，他提出了一种只能说是凭借灵感的猜想。他说，不同实体由根按照不同的比例结合而成，他显然以为，任一实体都总是由根按照固定的明确比例结合而成。

关于这一理论还需要作两点评论。第一，比例概念已被毕

第四章 变化问题

达哥拉斯学派广泛用于他们的音乐理论、宇宙论和伦理学。对于恩培多克勒来说，这个概念无疑也有伦理学上的联系。他将"和谐"用作"爱"的同义词。在他的宇宙论尤其是宗教诗《净化》(Purifications)中，"爱"一般被视为善的本原，带来好的结果，而"争斗"则被描述为恶的和可憎的。

第二，他只在非常有限的程度上将自己的理论详细应用于特定的实体。只有两个现存的残篇谈到了不同复合物中根的比例：残篇96指出，骨头由火、水和土按照4∶2∶2的比例结合而成；残篇98指出，血和不同种类的肉由四根按照等比例结合而成——这有一个特殊的理由，因为血是认知之所，按照"物以类聚"(like-to-like)的原则来把握诸元素。虽然我们知道证据很不完整，但恩培多克勒似乎只对极少数物质的构成提出了具体看法，而且显然并未尝试对这些看法进行追究，即对不同物质进行检验以揭示其构成。他看到，只要假定诸根以不同比例相结合，就可以从理论上解释各种实体，然后他便止步于此，不再通过经验研究来进一步探讨这种想法。但尽管如此，他的思想仍然对化学理论做出了基本贡献。定比定律说，化合物的构成元素在重量上成固定不变的比例，但在用实验确立这种形式的定律之前很久，恩培多克勒就已经凭借猜想得到了类似的一般原理。

大约与恩培多克勒同时，针对巴门尼德对变化的否认，一位类型迥异的哲学家阿那克萨戈拉提出了另一种解决方案。恩培多克勒和巴门尼德本人一样，来自希腊世界的西部，而阿那克萨戈拉则出生在爱奥尼亚，一生中大部分时间生活在雅典，并且是伯里克利(Pericles)的朋友和老师；同样和巴门尼德一样，恩培多克勒用韵文写作，而阿那克萨戈拉则遵循阿那克西曼德、阿那克西美尼和赫拉克利特所确立的爱奥尼亚传统，选择散文作为自己的媒介。恩培多克勒不仅有一本论自然的著作，还写了一首在很大程度上得益于毕达哥拉斯学派信念的宗教诗，而阿那克萨戈拉的兴趣则完全在自然哲学上。阿那克萨戈拉遭到雅典人告发，说他不虔敬，而指控者的动机在部分程度上或者说主要是为了通过阿那克萨戈拉来败坏伯里克利的政治名声。至于这两位哲学家是否知道彼此，这个问题现在还悬而未决。但尽管如此，尽管两人的气质有明显不同，他们对巴门尼德哲学的挑战所给出的回答却有许多共同之处。

和恩培多克勒一样，阿那克萨戈拉也着手解决知识基础问题。残篇 21 习惯性地谈到了感官知觉的弱点，但残篇 21a 要更重要、更有原创性，因为阿那克萨戈拉在其中陈述了这样一条原则，即"现象"为"模糊不清的事物"提供了一种"洞见"——也就是说，感官证据为推理无法直接观察的事物提供了基础。然后又和恩培多克勒一样，阿那克萨哥拉通过否认存在者的唯一性，同时保留从非存在中产生不了任何东西这一原理，从而解决了巴门尼德留下的主要问题。他在残篇 17 中说，任何产生或消亡的东西都是由现存的事物混合和分离而成的。我们注意到，这也是恩培多克勒的立场，但阿那克萨戈拉所说的"现存事物"的意思与恩培多克勒相应说法的含义大不相同。对恩培多克勒来说，混合和分离的现存事物是四根，而在阿那克萨戈拉那里，它们包括各种自然实体，不仅有毛发、肉、黄金、石头这样的东西，而且还有"热""冷""湿""干"等对立面——这些东西被看作事物，而不仅仅是性质。

第四章 变化问题

特别引起阿那克萨戈拉注意的一个问题是营养和生长问题。亚里士多德说,阿那克萨戈拉问(比如说)血或肉是如何产生的。后来的一份文献给出了据称一字不差的引述(残篇10):"毛发如何由非毛发产生?肉如何由非肉产生?"言外之意是,"毛发""肉"以及诸如此类的东西必定已经以某种形式存在于我们的食物中。同样道理,木头、树叶和各种果实都必须事先存在于作为植物养料的土和水中。事实上,阿那克萨戈拉以最一般的形式表述了这个学说:"每一个事物都含有每一个事物的一部分。"既然(比如说)毛发永远不能由非毛发产生,因此显然,毛发、肉等必定从一开始就已经存在于所有事物的最初混合之中。

正如阿那克萨戈拉所说(残篇1),起初"每一个事物都在一起",而现在,"所有事物依然分有所有事物的一部分"。我们所认为的一块黄金主要是黄金,但也包含任何其他物质的一小部分。我们所认为的麦子包含肉、骨头、血,而且不仅是这些,还有黄金、铁、石头以及任何其他种类的自然物质。我们消化麦子时,它所包含的一些肉、骨头和血分离出来,融入到我们身体里的肉、骨头和血当中。但这种分离过程永远不会完成,因为每一个事物依然含有每一个事物的一部分。

恩培多克勒认为四根足以解释所有已知的实体,因为四根按照不同的比例结合成不同的复合物。而阿那克萨戈拉的主要论点是,在简单的意义上,任何自然实体都不比其他自然实体更基本。当每一个事物都在一起的时候,任何种类的自然实体都存在于原始的混合物中:每一种自然实体今天都存在于我们周围的每一个物体中。考虑到阿那克萨戈拉在任一给定物体和整个世界中设定的实体数目,这似乎无疑是一个极不经济的理论。但从另一个角度来看,情况恰恰相反,就其采用的假设数目而言,该理论极为经济。它试图用"每一个事物都含有每一个事物的一部分"这条原理来解决与变化相关的各种问题。

恩培多克勒和阿那克萨戈拉都提出了巧妙的、极富原创性的物理理论。但在公元前5世纪的各种体系中,最著名和最具影响力的是留基伯最先提出、后由德谟克利特加以发展的原子论。该理论被恰当地视为前苏格拉底哲学思辨的顶峰。然而,使古代原子论与现代原子论相似的倾向使公正评价原子论变得更加困难,尽管无论是理论本身的内容,还是它们的基础,都存在着根本差异。例如,道尔顿(Dalton)的理论不同于古代原子论,它允许有不同的元素实体,而且自从对原子进行分解和分裂以来,现代"原子"论根本不是希腊意义上的原子论,因为希腊文中的"原子"(*atomon*)一词意为"不可分的"。

公元前5世纪原初形式的古代原子论的基本假设是,实际存在的只有原子和虚空。物体之间的差异,包括性质的差异和所谓实体的差异,都可以通过原子形状、排列和位置的改变来解释。亚里士多德用来说明原子之间这三种差异的例子是:A 和 N(形状),AN 和 NA(排列),以及 Ⅎ 和 H(位置)。

原子数目无限,分散在无限的虚空中。此外,它们持续运动着,运动使它们之间不断碰撞。这些碰撞有两个结果:要么原子彼此弹回,要么如果碰撞的原子钩在一起或者形状相配,它们就粘合在一起,形成复合体。因此,各种变化都能通过原子的结合与分离来解释。由此形成的复合体拥有颜色、味道、温度等各种可感性质,但原子本身实质上保持不变。

和我们考察过的其他体系一样,原子论是为了回应巴门尼德和其他埃利亚学派哲学家所提出的问题而发展起来的。事实上,留基伯假定只有一种基本实体,就此而言,他比恩培多克勒或阿那克萨戈拉更接近巴门尼德本人的想法。与真理之路的那个不变的存在一样,每一个原子都是非产生的、不可毁灭的、不变的、同质的、坚实的和不可分的。可以说留基伯假定了无限多个埃利亚学派的"一",他甚至可能受到了麦里梭提出的一个论点的直接影响,麦里梭试图表明,"若存在'多',则'多'必定和'一'一样"(残篇8):麦里梭提出这一论点明显是为了表明"多"这个概念是荒谬的,但留基伯却认为,正是通过假定像埃利亚学派的"一"一样的物体的"多",变化问题才得以解决。留基伯也和埃利亚学派一样认为,如果没有虚空,运动是不可能的。但埃利亚学派否认虚空的存在,而留基伯却认为,不仅"存在"或"存在者"(原子),而且"非存在"或"非存在者"(虚空),也应该认为是实在的。这是他恢复"多"和变化的关键步骤。虚空将原子分开,原子在虚空中运动。

原子论者用来回应埃利亚学派的理论的主要特征很清楚。但留基伯或德谟克利特在多大程度上具体想出或运用了这种理论呢?我们必须再次考虑到信息的不完整性,其中许多信息都源自对原子论有敌意的文献。但即便如此,也仍然有可能:第一,原子论者的理论中还有一些概念上的困难没有解决;第二,他们用这种理论来解释具体现象的努力还很不够。

例如,我们不清楚他们是否认为原子不仅在物理上不可分,而且在数学上也不可分。原子在物理上肯定是不可分的,但原子论者是否认为它们在逻辑上或数学上也不可分,即没有部分呢?对于这个问题的答案,我们无法肯定,但亚里士多德的一些文本(比如《论生灭》[On Coming-to-be and Passing-away],315b28 ff)似乎暗示,他们并未区分物理不可分性的界限与数学不可分性的界限。如果亚里士多德的表述并非严重失实,那么他们似乎没有意识到,如果原子有不同的形状,那就意味着原子有部分,因此必须认为在数学上是可分的。

我们还有一些文献表明,原子有无限多样的形状和大小。原子论的反对者们利用这个假定来反驳原子论,比如认为原子有世界那么大是荒谬的。不过,我们虽然可以确信留基伯和德谟克利特会反对这个结论,但并不能确定他们会给出怎样的辩护,甚至是否想到了这个困难。

留基伯无疑是原子论的奠基者,但几乎没有证据表明,他曾试图具体用这一学说来解释自然现象。他的立场与恩培多克勒类似,恩培多克勒在认识到各种复合物原则上可以得到解释之后,对特定物质的组成只提出了少数几点具体看法。另一方面,德谟克利特的兴趣非常广泛。虽然他几乎没有留下什么残篇,但其著作的标题已经显示了他的研究范围:除了物理学和宇宙论,他还写过天文学、动物学、植物学和医学等方面的著作,并且论述过农业、绘画和战争等一些专业主题。此外,他至少在一个领域详细运用过原子论,那就是他的可感性质学说。

在其知识论中,德谟克利特将感官所提供的知识称为"非法"知识,并与心灵的"合法"知识相对照,不过他承认,心灵的材料源于感官。感官觉察到的是因原子的不同形状、大小和排列而产生的第二性质,但只有原子和虚空才是实在的,说这些第二性质存在只是"凭借约定"。他不仅提出了这个一般性的理论,还作了详细阐述,把特定的味道、颜色、气味等与特定的原子构形联系起来。对此,塞奥弗拉斯特(Theophrastus)在其《论感官》(*On the Senses*)中有详细的报告和批评。例如,酸味是由有角的、细小的原子构成的,而甜味则由圆的、中等尺寸的原子所构成。他还把他所谓的四种基本颜色——黑、白、红和黄与原子的某些形状和排列联系起来,并将其他颜色解释为这四种颜色的复合。这是对感觉的物理基础进行详细解释的第一次尝试。不过可以指出,尽管原子论非常巧妙,但在具体应用时,德谟克利特又求助于非常粗糙的物质类比,比如"刺鼻的"味道与带有"尖"角的形体有关。

总之,后来前苏格拉底哲学家的主要关切是变化问题。诚然,他们对气象学、地质学、生理学、胚胎学等领域的各种不同现象都做出了解释,像海水为何是咸的、尼罗河为何会泛滥这样的问题在公元前 5 世纪被广为讨论。恩培多克勒等人将气吸入呼出人体的过程类比于提水工具滴漏的作用,试图以此来解释呼吸过程。还有几位理论家就胚胎中性别分化的原因展开了争论。

但自然哲学的关键问题是一个一般问题,即生成和变化的本性是什么。所给出的回答是一系列物理理论,即对物质最终组成的各种解释。但这个问题原本是一个哲学问题,巴门尼德对变化可能性的否认以最尖锐的形式提出了它。公元前 5 世纪的每一位理论家都认识到,要想解决巴门尼德的问题,就必须同时解决知识的基础问题。事实上,在公元前5世纪,物理学与知识论无法摆脱地联系在一起。恩培多克勒、阿那克萨戈拉、留基伯和德谟克利特主要从事的不是研究纲领的制定,而是高度抽象的讨论,在这些讨论中,重要的与其说是可以用来支持理论的经验材料,不如说是理论所基于的论证的经济性和一致性。

第五章　希波克拉底学派作者

到目前为止,我们一直在讨论通常主要被视为哲学家的人的工作。不过,现在可以转到关于早期希腊科学的另一个主要信息来源即《希波克拉底文集》(*Hippocratic Corpus*)了。这里我们不必依赖于因后世作者的引用而碰巧保存下来的孤立的陈述片段,因为有50多篇整篇的论文流传至今。虽然整个《希波克拉底文集》是以公元前5世纪的大医学家希波克拉底命名的,但现在一般认为,其中任何一篇都不大可能出自他本人。该文集可能主要源自一个医学学校的图书馆,但它所包含的著作在时期和风格上相差很大。虽然其中大多数论文都出自公元前5世纪末或公元前4世纪,但也有一些论文年代较晚。除了讨论外科学、妇科学或饮食学等特殊医学分支的教科书,《希波克拉底文集》还包括日常临床活动记录、普通著作以及讨论人体构造等话题的公众演讲。

并非所有作者都从事医学。有些公众演讲是由没有或几乎没有临床经验的人写的,他们的职业是教师而不是医生。到了公元前5世纪下半叶,对各种知识的需求在希腊迅速增长,智者这种新的职业教师应运而生,他们游历希腊世界,收费授课。一些智者就各种广泛的主题进行演讲,据说埃利亚的希庇阿斯(Hippias of Elis)可以讲授任何科学或技艺。甚至连医学这样的专业主题,也常常被一些从未当过医生的人公开讨论。公元前 4 世纪,亚里士多德也将有权谈论医务的人分为三类:普通行医者(*demiourgos*)、医术大师(*architektonikos*)以及作为普通教育的一部分而学过医的人。

虽然可以把那些全职从事医务活动的人统称为职业医生,但医学在当时并非现代意义上的职业。由于医生并不具有法律认可的职业资格,任何人都能声称治疗病人。[①] 不过我们发现,比如《论古代医学》的作者坚持要把对这门"技艺"训练有素的医生和纯粹的门外汉(*idiotes*)区分开来。《论圣病》(*On the Sacred Disease*)一文同样强调医术的真正代表与庸医之间的区别。总的来说,无论医学还是其他技艺,专业知识和技能都是通过一种类似于学徒制的方式传授的,年轻人——常常但并不一定是医生的儿子——由已经功成名就的行医者来教导。早在公元前 6 世纪末,克罗顿和昔兰尼等城邦就以其医生而闻名。到了公元前 5 世纪,尤其在科斯岛(希波克拉底的出生地)和尼多斯,出现了众多医学院和医学学校。它们成为医学教育的主要中心,这些地方的医生也认同某些共有的医学理论和实践。

由于医生没有正式认可的职业地位,所以从医的条件并不稳固。偶尔我们会听说,某位医生被一个城邦雇用,通常是一次一年。不过这种公共医生的义务还很不明确,情况有可能是,城邦只需要这位医生住在城里行医,并为此支付报酬。但一般来说,希腊医生是私下行医,并根据不同的服务需要而游走于城市之间。

---

① 因此,医生与(特别是)体育教练之间的区别常常不大。

第五章 希波克拉底学派作者

比如一本名为《论气、水、处所》(On Airs, Waters, Places)的书旨在帮助巡诊医生对不同气候和位置的城市可能出现的疾病有所预期。

除非已经名声在外,否则巡诊医生会面临一个常见的问题,即必须在他所待的每一个城市里发展客户。这里,"预后"是一项重要的心理武器,它不仅包括预言疾病的结果,还包括描述病史。正如《预后》(Prognostic)这篇论文的作者所说(第一章):

> 诊病的时候,如果他不仅能告诉病人过去和现在的症状,还能告诉他们即将发生什么,并且补充一些为病人所忽视的细节,则他作为从医者的声望就会提高,人们请他看病将没有任何疑虑。[1]

如果说让病人相信他了解病情绝非易事,那么试图用所掌握的有限手段来治愈病人通常就更加困难了。《希波克拉底文集》中提到的治疗方法只有少数几种一般类型,其中最重要的是外科手术、烧灼、放血、泻药,尤其是"养生法",也就是日常饮食和锻炼。因此,医生的角色常常是防御性的。他先是尽力维护健康,健康一般被视为对立面的平衡,当这种平衡被打破时,他主要让病人自愈,他自己则努力促进或至少是不妨碍这个过程。

尽管从医有风险,但还是有一些医生大获成功,赚得盆满钵

---

[1] 引自 The Medical Works of Hippocrates by J. Chadwick and W. N. Mann (Oxford, Blackwell, 1950).

满。例如,这可见于希罗多德(III,131)所记载的克罗顿的德莫塞德斯(Democedes of Croton)的故事。德莫塞德斯连续三年被埃伊纳岛、雅典和萨摩斯的波利克拉底所雇用,而且薪水一次比一次高,先是1塔兰特(talent),然后是100迈纳(minae),再后是2塔兰特。① 但这种情况无疑很罕见,一般医生的收入显然会因其医术和声誉而大幅变动。值得注意的是,一篇题为《准则》(Precepts)的论文警告医生不要急于同病人讨论费用,因为这可能会引起病人的过分焦虑。这位作者还建议,医生在决定费用时应当考虑病人的财源,甚至要做好免费治疗的准备。尽管这篇论文是晚期的后亚里士多德作品,但类似的行为准则可以追溯到公元前5世纪。我们至少可以确信,这一时期各行各业的人都有最好的医生来医治。《流行病》(Epidemics)中记录的案例病人有男有女,有贫有富,既有市民也有外国人,既有自由民也有奴隶。尽管柏拉图在《法律篇》(Laws,720 cd)中说,自由民由自由民出身的医生来医治,奴隶由奴隶出身的医生来医治,但这种区分与《流行病》中描述的医生活动完全相反。

在许多方面,行医者的培训、兴趣和整个生活方式都与哲学家大不相同。② 但在某种意义上,医生对自然科学的贡献可以说类似于前苏格拉底宇宙论者的工作。比如希波克拉底学派的医生们所面临的主要任务之一是让人们接受,疾病是一种自然现象,是自

---

① 1塔兰特等于60迈纳,1迈纳等于100德拉克马(drachmae)。公元前6世纪末、前5世纪初,一个熟练工人的日薪通常为1德拉克马,由此可以推断出这些货币单位的实际价值。

② 另见后面第九章。

第五章 希波克拉底学派作者

然原因造成的。正如米利都学派在气象学和天文学等领域拒绝接受神的干预,医生在医学领域也是如此。特别是《论圣病》一文提供了有价值的证据,表明作者是如何反驳有关癫痫的迷信想法的。

该文是这样开头的:

> 我并不认为"圣病"要比任何其他疾病更为神圣,恰恰相反,"圣病"有着明确的特征和原因。不过,由于完全不同于其他疾病,"圣病"被那些无知而惊异的俗人视为神的惩罚。①

他将最早视这种病为神圣的人比作当时的"魔法师、涤罪师、庸医和江湖骗子"。他先是指控这些人不诚实,称这种病为神圣只是为了掩盖自己的无知。他们开出治疗方法,包括使用符咒和禁止某些类型的食物和衣物,但这只是为了:如果病人康复,他们可以得到赞赏;如果病人死了,他们则有绝对可靠的借口,说这应归咎于诸神。他还指出,既认为该病是神圣的,又通过净化和符咒等毫不费力的方法来治疗,这是前后矛盾。他还认为,说诸神弄脏了一个人的身体,这种想法是亵渎神明。

特别是,这位作者指出(第五章),由于这种病只侵袭那些黏液质的人,所以它不可能比其他疾病更神圣:

> 这种病和其他病都不神圣的另一项重要证据是,黏液质

---

① 引自 *The Medical Works of Hippocrates* by J. Chadwick and W. N. Mann (Oxford, Blackwell, 1950)。

的人易患此病,而胆汁质的人却能幸免。如果该病的起源是神圣的,那么无论什么样的体质都能患上它,而不会有这种特殊差异。

他解释说,该病源于大脑溢液。为了支持这种理论,他建议检查患上此病的动物,比如山羊(第十四章):

> 如果把头切开,你发现脑部是湿的,充满液体,并且发出难闻的气味,那么这将有力地证明,伤害身体的是病而不是神。①

虽然希波克拉底学派的一些著作还留有迷信的痕迹,但文集中所描述的绝大多数医生都与《论圣病》的作者一样,拒绝承认疾病是由超自然因素所引起的。诉诸通过观看(这里是通过对山羊进行尸检)所能查明的东西,使我们看到了希波克拉底学派医学的一个更重要的特征,即认识到在诊病过程中进行有系统的详细观察的价值。《预后》这篇论文特别关心医生在检查病人时应当注意哪些地方,其作者特别关注"急性"病,即肺炎或疟疾等伴随高烧的病。首先,他应当检查病人面部,比如皮肤的颜色和质地。眼睛尤其重要:

---

① 可以比较普鲁塔克在《伯里克利》(*Pericles*,第六章)中所讲的故事,以表明阿那克萨戈拉是如何帮助伯里克利摆脱迷信想法的。一只独角羊被带到伯里克利面前,预言家兰朋(Lampon)说,这预示着伯里克利会成为最高统治者。但阿那克萨戈拉让人打开羊的头颅,并由此解释说,这种现象是自然原因造成的。根据普鲁塔克的说法,虽然在场者当时很钦佩这个演示,但后来赢得他们钦佩的是兰朋,因为他的预言应验了。

> 因为如果眼睛怕光,或者无故流泪……眼白青灰或显出暗细的血管,或者视力模糊,眼神恍惚,眼睛凸出,眼窝深陷……那么必须认为所有这些都是暗示着死亡的不好迹象(第二章)。[1]

医生还应询问病人的睡眠、大小便和饮食情况,考虑病人的身体姿态、呼吸状况以及头部和手脚的温度。有单独各章专门讨论如何解读从病人的大小便、呕吐物和痰中发现的症状。

《预后》为检查病人制定了某些出色的一般原则,但要看清楚希腊医生在多大程度上将这些原则付诸实践,还必须参考《流行病》,尤其是第一卷和第三卷。这两卷先是对与某些疾病暴发相伴随的气候状况(所谓的"constitutions")作了一般性的描述,然后是若干详细病例,其中描述了病人病情每天的发展。每天的记录有时只有一条,有时则非常冗长。在某些情况下,病情观察有时会从病发之日一直记录到第 120 天。例如,《流行病》第三卷系列二的病例三是这样开始的:

> 在萨索斯,皮提翁(Pythion)躺在赫拉克勒斯(Heracles)神庙旁,因极度疲劳和不注意饮食而直打冷战和发高烧。他口干舌燥,恶心易怒,无法入睡。小便呈黑色,内有不沉淀的悬浮物。

---

[1] 引自 *The Medical Works of Hippocrates* by J. Chadwick and W. N. Mann (Oxford, Blackwell, 1950)。

第二天:中午时分,肢端变冷,特别是手和头,同时失语失音,长时间呼吸困难。然后又变得燥热口渴。夜里安静,头部微汗。

第三天:安静。当晚太阳落山时分,微打冷战,觉得恶心,肠道紊乱,夜里不安无眠。排出少量宿便。

第四天:清晨安静。中午时分,所有症状加剧;打冷战;失语失音加重。过了一会儿又开始发热,排出黑色小便,内有悬浮物。夜里安静;入睡。[①]

病人每天的情况就这样被记录着,直到第 10 天死亡。

在现存的 16 世纪之前的医学文献中,没有什么可与这些病例相比——恢复详细临床病例的主要人物之一纪尧姆·德·巴尤(Guillaume de Baillou,生于约 1538 年)就明确把希波克拉底学派的《流行病》作为他的榜样。每一个病历都是以最少的解释性评论对症状所作的有条理的纯粹记录,所指定的治疗方法很少被提及,而且正如我们的病例所示,作者对于承认自己无力治愈并未感到良心不安。在这两卷的 42 个病例中,有 25 个或者说近乎 60% 都以死亡而告终,这与后世的临床医生不愿提及失败病例形成了鲜明对照。

《流行病》这两卷的主要目标是对所研究病例做出尽可能精确的记录。然而,尽管作者并未提出总的疾病理论,但他使用的许多

[①] 引自 *The Medical Works of Hippocrates* by J. Chadwick and W. N. Mann (Oxford, Blackwell, 1950)。

术语都是"理论负载的"(theory-laden),显示了他对疾病的本性和原因的看法。比如,虽然他并未提出像我们在其他论文中看到的那种概要性的体液学说,但他常常提到病人排泄物中的"胆汁质"和"黏液质"物质。他认为,"急性"病取决于所谓的"危险期",病人的症状此时会有明显变化。他采用常见的希腊划分,按照在这些变化中发现或设想的周期长度,将发热分成"间日疟""三日疟",等等。事实上,应当认为,这种危险期学说是作者日复一日进行观察和记录的主要动机之一。《流行病》第一卷和第三卷提供了一个重要的方法模型,表明在临床医学领域作系统观察是为了什么。但这些观察受制于并且反映了作者的理论假设和兴趣。

当然,许多希波克拉底学派的作者关心的主要问题是疾病的原因。其中主张的各种观点是异乎寻常的,堪比甚至超越了当时哲学中的各种物理理论,并且成为激烈而持久的争论主题。这些观点涵盖面很广,从认为所有疾病都有单一病源,到认为有多少病人就有多少疾病——也就是说,只要两组症状有所不同,就应诊断为两种不同的疾病。

探讨这个问题的某些论文是为了卖弄修辞。比如《论呼吸》(On Breaths)的作者先是罗列了一些常见病,指出"呼吸"或"气"与这些病有某种关联,然后便洋洋得意地宣称,他已经表明这就是所有疾病的原因。但讨论并不总在这么低的水平上进行。即使对疾病起源的一般概括往往过于简单,以至于没有什么价值,但还是有几位作者就病因等概念讲出了一番道理。例如,《论古代医学》的作者(第二十一章)警告说,不要犯医生和外行常常会犯的一个错误,即混淆了疾病中纯粹偶然的东西和疾病的原因。如果病人做了某种异常的事情，比如发病前吃了古怪的食物，他们便草草断定这就是疾病的原因。《论急性病的养生法》(*On Regimen in Acute Diseases*，第十一章，Littré)指出，对于同样的症状可能有完全不同的解释，并且对忽视这一点的从医者们提出了类似的不满。

疾病的原因问题与人体的构成要素问题密切相关。医生的兴趣与自然哲学家的兴趣在这里产生交叠，因此就如何正确研究这个问题发生了争论。尤其是《论古代医学》的作者强烈反对那些把哲学家的方法引入医学的人。他特别谴责那些将自己的理论建立在他所谓的"假说"(*hypotheseis*，比如"热""冷""干"或"湿"等假设)之上的人。他对这些理论提出的第一个批评是，它们"缩小了病因原理的范围"。他在第一章说，医学是一门技艺(*techne*)，从业者水平不一。治疗病人不是靠运气，而是需要技能和经验：

> 因此我认为，医学与那些晦涩的、成问题的主题不同，无需空洞的假设，任何人若想谈论那些主题，都不得不使用假设，比如关于天上或地下的事物：因为如果有谁发现并宣称这些事物的本性，那么无论是言说者本人还是他的听众，都弄不清楚所说是真是假，因为获得确切的知识没有标准可以参照。

这里作者不仅按照主题而且按照方法来区分不同的研究。有些研究需要某种假设，而像医学那样的研究，他认为不需要假设。但是，当他把我们所谓的天文学、气象学和地质学称为需要有假设的研究时，不能认为他是在支持至少在这些学科使用假设。恰恰相反，在他看来，这些学科需要假设这一事实本身就足以表明这些

第五章 希波克拉底学派作者

研究毫无价值，因为下面这段话就隐含着这个意思："无论是言说者本人还是他的听众，都弄不清楚所说是真是假，因为获得确切的知识没有标准可以参照。"这实际上是说，科学理论必须是可检验的。关于天上或地下究竟发生了什么的思辨之所以毫无价值，就是因为无法验证，至少按照该作者的可验证性标准是如此。

《论古代医学》的作者提出了一些重要的方法论建议，但应当考虑一下他在多大程度上将这些建议用于他自己的医学和生物学理论中。诚然，他关于疾病起源和身体构成要素的理论要比他特别提出批评的那些基于"热""冷"等概念的理论更为复杂。比如在第十四章，他说人体中有许多不同的东西，它们有各种不同的"能力"或效力，但他举出的例子却是咸、苦、甜、酸、涩，等等。虽然这增加了人体构成要素的数量，但他的理论几乎和那些基于冷和热的理论同样随意。比如从第十三章开始，他质疑了那些对立面是如何得到实际运用的："面包师烤面包时，他从小麦中拿走的究竟是热、冷、干还是湿？"但我们也可以联系作者本人的理论提出类似的问题。咸和涩如何实际定义和鉴别，这是同样困难的问题。第一章所蕴含的原则是，理论不应基于随意的假设之上，而且应该能够验证。但对于疾病的起源或身体构成要素这样的一般问题，这在当时还是一个不切实际的理想。

通过考察另一位注意到当时哲学思辨的医学作者，可以进一步说明这最后一点。他是《论人的本性》的作者。第一章开头说，该作者将只讨论与医学相关的"人的本性"。他批评那些声称人是气、火、水或土的人，说他们主张人是一个整体，而且都"为其论说添加了毫无意义的证据和证明"。他说，要发现他们有多么无知，只要听听他们的辩论就够了,这种辩论的胜利总属于那些在众人面前巧舌如簧的人:"在我看来,这些人被自己的无知毁掉了……并且确立了麦里梭的理论"——即认为"一"是不变的。

这位作者自信地声称,他将宣布人的成分。到了第四章才知道,这些成分原来是四种体液:血液、黄胆汁、黑胆汁和黏液。他将每一种体液都与热、冷、湿、干这四种基本对立面中的两种联系起来,每一种体液都在春、夏、秋、冬中的一个季节主导着人体。但是,在严厉指责其对手基于单独一种要素建立理论缺乏证据之后,他又能在多大程度上充分证明自己的非常扼要的四要素理论呢?他所提供的主要证据与一些药物的作用有关,这些药物被用来提取或净化黏液和两种胆汁。然而,虽然他所引用的证据清楚地表明体内存在某些物质,但却无法证明这些物质天生就在体内,甚至与他声称证明了的东西无关。

《论古代医学》和《论人的本性》都抵制哲学的概念和方法对医学的入侵,在此过程中,两位作者都采取了一种大体上经验主义的立场。他们拒绝接受随意的思辨,强调需要用证据来支持所提出的任何一般理论。这些论文的意义部分在于暗示了对方法问题的日益重视,它们所提出的论点也的确反映了医生与哲学家在研究方法上的重要差异。尤其在治疗病人的过程中,医生认识到收集证据的重要性,以及在尝试提出原因理论时需要谨慎。但在病理学和生理学的许多一般理论问题上,《论古代医学》所主张的过于谨慎的经验主义无异于空中楼阁,因为摒弃"无法验证的"假设就等于完全放弃了理论。

希波克拉底学派作者所讨论问题的最后两个例子同样说明了

医生所使用的方法，并且涉及哲学与医学的关系。它们是生长和生殖的问题。比如在《论孩子的本性》(*On the Nature of the Child*)中，生长一般是按照"物以类聚"的原理来解释的：身体中的每一种成分都从我们的饮食中吸取同样的物质。这一原理在古代司空见惯，并且被用于非常广泛的问题，我们甚至无法指明希波克拉底学派的作者们究竟受到了哪篇文献的影响。希腊人自己将这种观念与表达"人以群分"观念的谚语关联起来。一些前苏格拉底哲学家曾用它来解释认知和生长。

但与生长问题联系在一起的是繁殖和生殖问题，这里有时会有更直接的影响起作用。种子的成分问题便是所提出的诸多问题之一。这个问题可以表述成：成熟动植物中的所有不同实体是如何从看起来同质的种子中产生的呢？可能是原子论者德谟克利特最先提出，种子来自身体的每一个部分，并且包含身体中的每一种实体。这在几部希波克拉底学派著作中得到隐含或假定，在包含《论繁殖》(*On Generation*)和《论疾病》第四卷的一组胚胎学论文中得到表述。比如《论繁殖》（第三章）说：

> 我说，种子被从整个身体分离开来，既从硬的部分又从软的部分，还从体内的所有液体分离开来，存在着四种液体：血液、胆汁、水和黏液。

我们已经看到，一些医生反对将哲学家的观念引入医学，但哲学家们提出了许多重要的生物学理论。比如在种子的成分问题上，在公元前 5 世纪末和公元前 4 世纪所提出的重要思想大多是由本身不是从医者的人提出的,特别是先由德谟克利特、后由亚里士多德提出的。

在许多令人费解的生理学和胚胎学问题上,哲学家和医学作者所提出的论证大体上并且常常不可避免以抽象和逻辑论证为特征。像种子的成分、遗传特征的传递和性差异的起源这样的问题,不可能通过直接诉诸易获得的证据来解决。但这并不是说没有人尝试把经验方法用于胚胎学研究。同一组著作不仅采用了德谟克利特的种子理论,包含着其他许多更疯狂的胚胎学理论,还提到了现存最早的关于鸡蛋生长的系统研究。在《论孩子的本性》(第二十九章)中,作者建议孵化 20 只鸡蛋,每天打开一个,以观察处于不同发育阶段的胚胎。

在上述引文中,我们不清楚该作者是只打开了鸡蛋,还是也解剖了胚胎。在公元前 5、前 4 世纪初,解剖方法在多大程度上为人所知晓和实践,这是有疑问的。亚里士多德有几段话表明,他的一些前人和同时代人都做过解剖。后来的一份文献即卡尔西迪乌斯(Chalcidius,据最近的编者称,在公元 400 年左右)甚至指出,解剖方法可以追溯到克罗顿的阿尔克迈翁(Alcmaeon of Croton),他是公元前 5 世纪的一位将医学兴趣和宇宙论兴趣结合在一起的理论家。但《希波克拉底文集》很少直接提到对解剖方法的使用,主要例外是后来(亚里士多德之后)的出色著作《论心脏》(*On the Heart*)。因此,解剖术似乎直到公元前 4 世纪中叶在亚里士多德本人那里才得到广泛使用,人体解剖则要到更晚的公元前 3 世纪中叶才在亚历山大里亚出现。希波克拉底学派的作者们在解剖学领域所取得的这些进步与其说源于审慎的研究,不如说源于他们的临床经验特别是外科手术。虽然这些作者对人体的内部解剖大都只有非常模糊的认识,但《论骨折》(*On Fractures*)和《论关节》(*On Joints*)等外科论文至少显示出一些关于骨头结构的临时知识,这种知识无疑是从处理不同类型的骨折、脱臼和创伤的经验中获得的。

正如我在本章开头所指出的,公元前 5、前 4 世纪医学家的生活在许多方面都与哲学家非常不同。在某些理论问题上,比如人的构成要素或者繁殖和生长,这两类作者的兴趣是重叠的。而在批评宇宙论者的观点时,一些医生就医学与哲学的关系以及正确处理这些问题的方式提出了影响深远的问题。这种争论的一个结果是使人们注意到了方法问题,即使实际上,希波克拉底学派的作者所提出的理论常常与他们拒斥的理论有许多超出人们预期的共同之处。不过,有一点基本差异的确把大多数医学作者同哲学家区分开来,这一点并不在于他们所提出的理论类型,也不在于采用的方法,而在于做研究背后的动机。我将在本书的最后一章更详细地讨论这一点。这里只需指出,与哲学家不同,医生终究着眼于一个实际的目标。正如《论古代医学》的作者所说,医学是一门技艺,从业者水平不一。事实上,医生们的最终目标是治疗病人。

第六章 柏拉图

公元前5世纪下半叶有三个变化对后来希腊思想的发展产生了深刻的影响。首先是与智者运动相联系的教育的扩展,这一点我已经指出。传统希腊教育局限在语法、音乐和诗歌,而智者则愿意就有人付费的任何主题进行讲授;第二,用西塞罗(Cicero)的名言来说(《图斯库兰论辩集》[*Tusculan Disputations*],V,4,10),苏格拉底"将哲学从天上拉了下来"。之前的哲学家更关注物理学和宇宙论而不是伦理学,而苏格拉底本人以及许多智者则正好相反;第三,雅典成了希腊的主要思想中心。之前的大多数哲学家在爱奥尼亚或大希腊生活和工作,然而从苏格拉底这代人开始,越来越多的重要思想家要么出生在雅典,要么在雅典生活很长一段时间。到了公元前4世纪,这种情况已经非常突出,柏拉图和亚里士多德先后创建了自己的学校——学园和吕克昂——吸引了整个希腊的哲学家和科学家。

苏格拉底本人被正确地视为希腊思想的一个转折点,但他和普罗泰戈拉(Protagoras)等智者的重要性在道德哲学领域,而不在科学领域。作为苏格拉底的学生,柏拉图和他的老师一样热衷于道德问题,但和苏格拉底不同,柏拉图也是希腊科学发展中极为

第六章 柏拉图

重要的人物。这不仅是因为他创立了学园[①]——公元前4世纪的许多最卓越的科学家都在某个时候与学园有所关联,尽管柏拉图本人的首要目的是培养政治哲学家——更是因为他就科学研究的基础和目标所发表的观点。

于是,柏拉图与本书的关联与其说在于他所提出的特定的科学理论,不如说在于所谓他的科学哲学,这也是本章主要关注的内容。不过,关于其思想的这个方面,常见的看法非常极端。他常常被描述为科学的大敌。有人认为,建立在形式(Forms)论基础上的哲学是完全敌视科学的,严重阻碍了科学的发展。特别是《理想国》和《蒂迈欧篇》(Timaeus)中的一些段落,常被用来表明柏拉图如何敌视具体的科学学科。要想查明这种观点是否正确,我们不妨先对《理想国》中一些有争议的文字做出解释。

苏格拉底在《理想国》第七卷讲述了如何培养即将成为理想城邦守护者的哲学王,并且依次考察了算术、平面几何与立体几何、天文学和声学在高等教育中的作用。他关于天文学的说法特别具有启发性。当他最初提出天文学应当是一种预备教育时,格劳孔(Glaucon)从两个方面误解了他。首先,格劳孔以为天文学是因为有用才被推荐。

> 能够熟练地察觉季节、月份和年份不仅对农业和航海有用,对军事技艺也同样有用(527d)。

[①] 学园成立的确切日期不能确定,但是在公元前385年和公元前370年之间。

但对此苏格拉底评论说：

> 好笑的是，你好像害怕别人认为你在推荐无用的学问。

68 然而，格劳孔为天文学所作的第二次辩护并不比第一次更好：

> 我现在要按照你的方式来推荐天文学，以取代你方才责备我的老生常谈的推荐。因为我认为，每个人都很清楚，这门学问至少会迫使灵魂仰视，将它从世间的事物引向天上的事物(528e *f*)。

苏格拉底再次表明格劳孔是多么错误。天文学的真正价值在于能把灵魂的注意力引向某些不可见的实在，而不是引向任何可见对象。他将星辰称为"装饰"(*poikilmata*)。它们固然是最美和最精确的可见物，但还远不是只能由理性和思想来把握的真理。我们必须把星辰用作"样式"来辅助我们的研究，正如我们可以用几何图形来做几何学一样。但是，

> 任何在几何学方面训练有素的人看到这些图形，都会承认它们构造得极为美妙，但会认为，对它们进行严肃考察，仿佛能够从中找到关于等量、倍量或任何其他比例的真理，这是荒谬的(529e *f*)。

例如，真正的天文学家不会设想，日与夜之间，或者日夜与月

第六章 柏拉图

之间,会在可见的物质天体中存在着恒常的比例。毋宁说,

> 和在几何学一样,我们研究天文学也要借助于问题。……若要真正研究天文学,从而正确地使用灵魂中的天赋理智,那就不要理会天空中那些可见的事物(530bc)。

要想正确解释这段话,就必须考察它的语境。培养护卫者(guardians)的总体目的是将他们从可见世界引向理智世界,使其灵魂陶冶理性而非感觉。在整个第七卷,用来判定某种学问是否适合教育护卫者的标准是:它是否鼓励抽象思维?在这种语境下,柏拉图自然会强调观测天文学与抽象的数理天文学之间的区分。他关于天文学的正确研究方式的说法,应当从他认为天文学对于总的教育目标有何益处来判断。此外,他关于纯粹的观测天文学与从问题出发的天文学研究的区分有用且重要。事实上,现代科学家会认为自己主要关注的是后者。最后,柏拉图认为天体事实上并不严格遵循由数学确定的轨道,并暗示天界并非完全不变,这是完全正确的。

于是,我们可以为柏拉图在《理想国》中这段话的立场做许多辩护。但与此同时,他的许多说法很夸张,有些说法不仅模糊不清,而且意向不明。比如他把天界比作几何图形的那段话,他说,"对它们进行严肃考察,仿佛能够从中找到关于等量……的真理"是荒谬的。这里他也许在说那种无法反驳的简单观点,即图形必然是不精确的:我们不会拿尺子去确定直角边分别为 3 英寸和 4 英寸的直角三角形的斜边长度。但也可以理解成,他是在提出一

个极端得多的论点,即考察图形根本没有用。在诸如此类的话中,似乎存在着两种本应加以区分的观念的同化或混淆——一种是正确的、明显的观点,即我们无法观测可由数学确定的天体轨道本身;另一个是有争议的观点,即观测天体根本没有用处。柏拉图显然意识到,其理想天文学完全偏离了当时研究天文学的惯常方式。但在宣扬自己的新天文学时,他似乎认为不仅需要把它区别于观测天文学,而且需要贬低观测天文学。他对声学的讨论也是类似,在那里他同样主张科学的数学化,但也同样反对观测方法(比在天文学的情况下更无理由),并曾(531a)称之为白费力气。

要想评价柏拉图在希腊科学发展中的位置,除《理想国》之外,我们还应考虑的主要著作是《蒂迈欧篇》。该书包含着一种被称为 *eikos mythos* 或 *eikos logos* 的详细的宇宙论,我们的第一个问题就是:这是什么意思。将它看成我们所说的神话是错误的。诚然,其中许多细节,特别是那些与匠神(*demiourgos*)的工作有关的细节,都是比喻性的,不应作字面解释。我们也不应认为,书中描述的不同事物的创造次序旨在对应于事件的历史次序。但这种宇宙论是一种可能的记述,而不是神话或虚构。

柏拉图非常明确地表达了自己的意图。这篇对话的主讲人蒂迈欧(可以认为他主要是柏拉图的代言人)在 27d 及以后解释了他将给出怎样的论述。他先是区分了永恒存在的"形式"与不断变化的生成的世界;前者是后者由以复制的模型。然后他又区分了分别适合于两者的论述类型。他要求关于"形式"这种不变实在的陈述应当尽可能地无法反驳,而关于不断变化的生成的世界,他说:

第六章 柏拉图

> 如果在关于许多事物的讨论中……我们无法给出完全严格的首尾一致的论述,这并不奇怪:恰恰相反,只要提出在可能性上不亚于任何其他的论述,我们就可以满足了(29c)。

《蒂迈欧篇》中的宇宙论并非严格的论述。事实上,柏拉图认为该主题的本性已经排除了这种可能性。但另一方面,他的确声称,就它处理的是生成的世界而言,它是所有可能的论述中最好的。

柏拉图一再指出,不可能有关于生成世界的精确论述,并且说,任何这样的论述都不可能被断言为真。可以说,在这一点上,柏拉图远比大多数更早的、甚至大多数更晚的希腊宇宙论者更不教条。但之所以如此,并非因为他认为需要等到收集更多的证据之后才能做出判断,而是因为他原则上认为,关于生成世界的论述在任何情况下都不可能是确定的。其非教条的宇宙论无疑不会鼓励更多的经验研究,而是恰恰相反。正如《理想国》贬低观测在护卫者预备教育中的作用,《蒂迈欧篇》也对希望用经验方法来解决物理学问题的人显示出类似的不耐烦。

但如果哲学家主要关心的是形式的世界,那么研究生成的世界有什么用呢?《蒂迈欧篇》中的一段话暗示,柏拉图认为这项研究是一种消遣。当我们不再讨论永恒事物时,我们可以从对生成者的可能论述中获得乐趣,因为这是一种"适度的理智上的消遣"(59cd)。不过,即使是一种"消遣",也不可以轻率从事。68e 及以下给出了研究所谓"神圣"原因和"必然"原因的理由。他们应当

> 在万物中寻求神,以获得我们的本性所允许的尽可能幸福的

生活，但为了寻求神，也要研究必然原因，认识到如果没有必然原因，他们凭借自己是不可能理解作为我们研究对象的神圣事物的。

研究自然世界的最终理由是伦理上的，但我们可以说得更精确一些。为什么柏拉图要详细论述生成的世界呢？他给出的宇宙论的本性提供了答案的主要线索。在其整个论述中，他始终强调一个有智慧和目的的施动者在宇宙中的作用。这种遍及各处的目的论——相信自然中的设计要素——常常被视为柏拉图物理学的一个非科学或反科学的特征。诚然，他关于身体各个部分的功能的许多想法的确显得离奇古怪，比如(70c)肺被称为一个缓冲器，以减轻心脏的搏动；在另一处(72c)，旨在使肝保持洁净的脾被比作一块毛巾，放在镜旁使之保持洁净。但悖谬的是，正因为其论述中的目的论偏见，我们才确信他是严肃认真地提出自己的宇宙论的。柏拉图研究我们所谓的自然科学主要是为了揭示理性在宇宙中的运作。虽然他常常把生成的世界与完美的形式世界进行对比，但他还是一再断言，这是一切可能的受造世界中最好的。它是生成的事物中最好的(29a)，其制造者是善的(30ab)，它是按照最完美的模型造的，而且与那个模型尽可能地相似(30d,39e)。正如《蒂迈欧篇》的最后一句所说，它是"一个可知觉的神，至大至伟、至善至美"。

于是，柏拉图宇宙论方案中的三大要素是：首先是形式，其次是模仿形式的特殊事物，第三是实施这种模仿的施动者——匠神。这位匠神并不是在创造宇宙物质的意义上创造宇宙，而是被设想为把秩序强加在业已存在的物质的无序运动之上。这位匠神并非全能，但实现了最好的可能结果。柏拉图既描述了理性的作品，又描述了"经由必然性"而产生的事物——所谓"游离的原因"（wandering cause）的结果。这并不是一种作为恶的力量与匠神相对抗的主动本原，而是无序的物质对匠神之设计的被动抵抗。我们最好是通过一个例子，即头的创造，来说明必然性的作用。我们被告知（74e f），致密的骨头和肉会导致无感觉。因此，要使人过上高贵而有智慧的生活，匠神们选择只用一层薄薄的骨头包住人脑，即使这意味着人的寿命比头部用更厚的肉和骨头覆盖时更短。显然，长寿和头脑敏捷无法兼得，因此在这一点上，理性为了更高的目的而牺牲了较低的目的。这个例子有些古怪，但说明了理性所能取得的成果为何并非绝对最好，而是在受制于它所要加工的材料本性的情况下所能给出的最好结果。

《蒂迈欧篇》的宇宙论基于一个与众不同的复杂的哲学框架。柏拉图的名声使《蒂迈欧篇》成为一部颇具影响的著作，但我们现在必须对它所提出的特定理论和解释做出评价。事实上，这里我们必须考虑的第一个问题是，它们在多大程度上是柏拉图自己的理论。显然，柏拉图从前人和同时代人那里接受了许多东西，尽管他从未明确提及所有这些文献。可以看出，他明确得益于恩培多克勒、毕达哥拉斯学派和原子论者，生物学内容则在很大程度上要归功于希波克拉底学派的作者们以及阿尔克迈翁、阿波罗尼亚的第欧根尼（Diogenes of Apollonia）和洛克里的菲利斯蒂翁（Philistion of Locri）等人。但如果像某些评论家那样断言，《蒂迈欧篇》的自然科学仅仅是对他人思想的汇集，那就错了。任何科学家都必须在一定程度上建立在前人工作的基础上,虽然柏拉图极大地得益于之前的理论家,但他并非只是复制或重复他们的学说,而是修改和调整它们,在某些情况下还引入了似乎是原创的重要思想。

柏拉图对当时物理学最著名的贡献是他关于物质终极组分的学说。在49a及以后,蒂迈欧分析了变化的条件。他促请我们注意感觉之物的不稳定性,并说我们不应把火、水等描述成仿佛是明确的稳定之物似的。他区分了生成的东西与生成于其中的东西,并把后者称为生成者的"容器"(receptacle)。这个重要观念影响了亚里士多德的基体(substratum)概念,并且对变化做出了原创性的哲学分析。接着,蒂迈欧论述了生成的东西。他的理论从恩培多克勒和原子论者那里多有借鉴。但从某些方面来看,在把从诸如此类的来源中得到的思想组合起来的过程中,柏拉图对物质构成问题给出了新的解答。

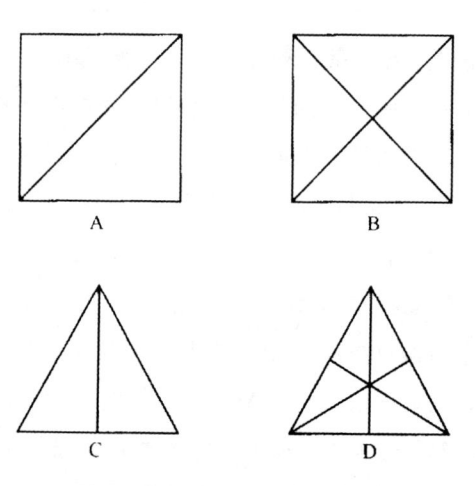

图 2　柏拉图诸元素的几何学

和恩培多克勒一样，柏拉图也认为每一种自然实体都是火、气、水、土四种简单物的复合物。但与恩培多克勒不同，他的分析并未止步于此，而是将每一种简单物等同于一种正多面体：火等同于正四面体（4个面），气等同于正八面体（8个面），水等同于正二十面体（20个面），土等同于立方体（6个面）——55c提到了第五种正多面体，即正十二面体，但并未将它等同于某种简单物。虽然我们无法确定希腊数学家在什么时候发现了这五种正多面体，但可以认为，这些正多面体的构造和性质继续训练着柏拉图的同时代人，柏拉图本人无疑借鉴了他们的工作。他用等腰直角三角形和半等边三角形这两种基本三角形构造了他用来表示简单物的四种正多面体。例如，可以用各种不同方法来组合等腰直角三角形，以构成一个正方形，即立方体的面。类似地，半等边三角形可以组合成等边三角形，作为正四面体、正八面体和正二十面体的面。有趣的是，柏拉图并没有选择最简单的方式来构造图形。他不是用两个等腰直角三角形来构成正方形（图2中的A），而是用四个（图2中的B）；不是用两个半等边三角形来构成其他正多面体的面（图2中的C），而是用六个（图2中的D）。这样做的理由还不清楚：这可能与用来定义相关正多面体中心的构造法有关，或者与柏拉图的一个信念有关，即每一种简单物都按照其组成单元的尺寸或级别以不同形式存在着。他也许是想用这种复杂的构造来暗示，每一种物体的基本三角形都可以用不同方式组合起来，以产生该物体的不同"同位体"（isotopes），比如等腰直角三角形不仅可以四个四个地放在一起，还可以两个两个地以及按照2的其他次幂放在一起，以产生不同尺寸的立方体，对应于土这种简单物的不同形式(见图3)。

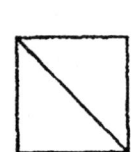

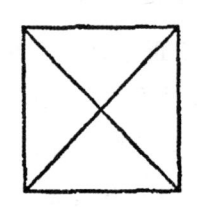

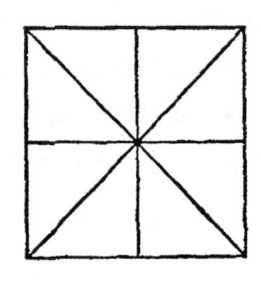

图3 如何用两个、四个和八个等腰直角三角形来构成对应于三个"等级"的土的三种尺寸的正方形。

柏拉图的理论与其主要竞争理论,即恩培多克勒的和原子论者的理论,有何不同呢?首先,它比恩培多克勒的理论更经济,后者需要四种不同类型的物质。它认识到火、气、水之间可以相互转变,因此至少避免了恩培多克勒理论所面临的一些经验反驳。我们知道,恩培多克勒并不允许一种根转变为另一种根,但常见的经验是,比如水被加热到沸点时会变成水蒸气,即希腊人认为的"气",而这种气可以重新凝结成水。

柏拉图与原子论者理论之间的差异也颇具启发性。他认为,可感物体的多样可以归因于本身同质的微粒在形状和尺寸上的不同,这种思想得益于原子论者。但原子论者认为基本的物质微粒是坚实的,而柏拉图却提出,这些原初的正多面体由平面所构成,而平面又由他的两种基本三角形所构成;其次,原子论者假定有虚空存在,而柏拉图却否定虚空,并且显然认为,实满(plenum)中的运动是可能的,只要运动是(i)猝发的和(ii)循环的。根据他的"循环推动"(circular thrust)学说,A 的运动推 B,B 再推 C,如此等等，该系列的末项Z本身又推A；第三，也是最重要的，原子论者似乎假定了无限数量的原子形状和尺寸，并且只用最一般的方式来描述它们的相互作用，而柏拉图则试图明确地具体论述原初物体的形状和它们之间的转变。例如，他在56d及以后对水如何分解成火和气给出了若干具体说明：水的二十面体可以变成两个气的八面体和一个火的四面体，原有的二十面体可以分解为两个八面的立体和一个四面的立体。

柏拉图理论的许多细节仍然模糊不清。原初物体如何可能解体，并且重新组合成其他形体呢？原初的正多面体既然是由平面构成的几何的东西，又怎能被称为物体呢？柏拉图的学说中还有许多臆想的随意的内容，比如将五种正多面体中的四种指定给四种简单物之后，由于未能为第五种正多面体即正十二面体分配什么任务，遂将它等同于黄道十二宫。再比如，一旦土被等同于立方体，我们发现土不会发生影响其他原初正多面体的那些转变，其原因并不在于任何实际的或假想的经验材料，而在于它是该理论在几何上的直接推论。然而，柏拉图就原初物体的形状提出了精确的几何解释，并把它们之间的变化归结为数学公式，而原子论者从未尝试这样做。与留基伯和德谟克利特的思想一样，柏拉图的许多思想仍然基于粗糙的物理类比，比如把火等同于正四面体，把土等同于立方体，但他对原子论的几何化程度远远超出了最初的原子论者。

《蒂迈欧篇》包含着大量详细的物理学和生物学学说，比如关于呼吸的独特论述和关于病因的冗长讨论。虽然这些理论在很大程度上得益于之前的作者，但它们远非毫无创新。不过，正如我们已经指出的，从长远来看，事实证明最有影响的与其说是《蒂迈欧篇》中特定的理论和解释，不如说是刻画了柏拉图整个自然研究方法的哲学思想。

使柏拉图的观点与众不同的两大学说是他的目的论以及对理性和感觉的相对评价，每个学说都有正面和负面。首先，其目的论的一个不幸后果可以说是，他对不同问题的关注程度反映了他认为相关现象在多大程度上显示了秩序和合理性。比如《蒂迈欧篇》对天文学作了长篇大论，却对我们所谓的力学问题匆匆带过。再比如，虽然在讨论人体解剖的章节中，他对身体中各个器官的功能提出了一些复杂看法，但动物学和植物学却几乎被完全忽视：直到对话结束，几乎没有提及除人以外的其他种类的动物，而在对话结束时，他只是非常简要地提到了动物的不同种类，这主要是为了暗示它们源于退化的人类。

不过，柏拉图的目的论为他研究宇宙论和自然科学提供了主要动机。正因为自然现象显示了秩序的证据，自然现象才值得研究。不仅如此，虽然研究自然中的设计是柏拉图的主要关切，但柏拉图说，他们不仅要寻求"神圣的"原因，还要寻求"必然的"原因，寻求后者是为了寻求前者。因此，考虑到柏拉图对存在的世界和生成的世界之相对重要性的评价，他对自然现象所作的论述要远比我们认为的更加详细和精致。一种最初主要出于伦理动机而从事的研究，不仅引出了在道德和美学上令人满意的宇宙论图像，而且引出了物理学和生物学理论的某些发展，这在希腊科学史上不是第一次，也绝不是最后一次。

其次，从自然研究的角度来看，柏拉图偏爱理性甚于感觉和观察也可以说有利有弊。在某些方面,他研究自然现象的方法要逊于与他同时代的一些更具经验倾向的人,特别是那些医学作者。柏拉图并未联系他对原因的论述而从事详细的经验研究。有些时候,比如在解剖学中,倘若他这样做了,也许会有许多收获。虽然他关于贬低运用感官的那些更富争议的说法应当仅仅理解为观察要低于抽象思维,而不是说观察毫无价值,但至少在某些方面,这些说法仍然会阻碍经验研究。

不过,这里也不应忽视柏拉图立场的正面部分。他坚持认为,科学研究旨在发现隐藏在经验材料背后的抽象定律,这是正确的。他对宇宙数学结构的信念——这是从毕达哥拉斯学派那里借鉴和发展的——以及关于一种理想的数理天文学和数学物理学的构想,是他的两个最重要和最富有成果的思想。虽然我们今天视这二者为理所当然,但这不是减损而是提升了柏拉图作为它们在古代强有力倡导者的地位。

第七章 公元前 4 世纪的天文学

早期希腊科学最伟大的成就在于天文学。公元前 4 世纪末之前,天文学是唯一运用了数学方法并且大获成功的科学。要想正确认识这一进展的本质,必须先对早期天文学史的一些特征做出简要概括。

正如我们在第二章指出的,希腊人为天体构造一个机械模型的努力可以追溯到阿那克西曼德。但他认为恒星处于太阳和月亮之下,这表明他的体系还很简陋。而当他指出太阳、月亮和恒星的环圈之间等距时——其直径分别为 27、18 和 9 个地球直径——这与其说是通过把现象归结为数学定律来"拯救现象",不如说反映了阿那克西曼德喜欢对称性以及相信 3 这个数具有特殊的重要性。同样的考虑也隐藏在他认为地球的宽是深的 3 倍这种看法背后,这种理论显然更缺乏观测基础。

不久以后,阿那克西曼德的体系所忽视的一些更明显的事实被指了出来,比如恒星与行星的区分。与此同时,他的一些错误却极为持久,比如扁平大地学说和认为太阳是最遥远的天体,这两者重现于留基伯的著作中。评价前苏格拉底天文学家尤其困难,因为我们在天文学理论方面的文献特别不可靠。意见汇编者

第七章 公元前4世纪的天文学

喜欢把特定的天文学发现,比如黄道倾角①或者晨星与昏星的同一性——即均为金星——归功于个别希腊理论家,尽管他们常常就谁是发现者莫衷一是。此外,在许多情况下,巴比伦人早已熟知相关数据,虽然我们对天文学知识如何传到希腊知之甚少,但前苏格拉底哲学家常常既有可能独立做出发现,又有可能直接或间接从东方获得他们的知识。

这并不是说希腊人未能亲自观测天体。除了理论上的动机,至少有两个实际的理由可以解释为什么需要经常观测,即使只是粗糙的、现成的观测。首先,和在其他地方一样,在希腊,农事年(farmer's year)是通过观测某些星座的升落而确定的,比如我们在赫西俄德的著作中看到:

> 但是当猎户座和天狼星进入中天,具有玫瑰色手指的黎明(rosy-fingered Dawn)注视着大角星时[即大角星正好在太阳之前升起时],珀耳塞斯(Perses),采摘完你的葡萄,把它们拿回家(《工作与时日》609 ff)。

调整历法的需要为研究天象提供了另一个更重要的促进因素。正如我们已经指出的,在确定太阴月与太阳年的关系方面,公元前5世纪已经有了巨大进步。到了公元前432年,雅典的默冬

---

① "黄道"(ecliptic)被希腊人称为"倾斜圈"或"经过黄道带的圈",是天球上的大圆——太阳的视轨道;它与天赤道成大约23.5度的倾角(见图4),其名称源于食(eclipses)只有在月亮位于或靠近这条线时才会发生。

(Meton of Athens)已经对19年周期中正确的置闰月数作了相当准确的计算,尽管他的同胞们并没有利用他的结果来改进民用历。大约在同一时间,希腊人也明确认识到了另一项重要的天文学数据,即以二至点和二分点来度量的四季是不等长的:我们在公元前2世纪的天文学纸草书《欧多克索的技艺》(Ars Eudoxi)中看到了对四季长度的明确估算,它们被归功于默冬的同时代人欧克泰蒙(Euctemon)。

公元前5世纪也出现了许多关于主要天体之间关系的理论,其中最著名的是菲洛劳斯的体系(在第三章概述过),在这个体系中,地球被移出了宇宙中心。然而,尽管该理论比之前的思想有了明显改进,特别是它确认了五大行星,并把这些行星分配给恒星天球下方的各个圈,但没有证据表明,它或公元前5世纪末、4世纪初的任何其他体系曾经尝试精确解释各个天体的运动。而这正是后来公元前4世纪理论的与众不同之处,标志着天文学发展的新纪元。

尼多斯的欧多克索被认为最早对天体运动做出了这种数学解释。他比柏拉图年纪略轻,是柏拉图在学园中的一位伙伴。但柏拉图本人在这方面的作用也应提及。一些对话,尤其是《理想国》和《蒂迈欧篇》,包含着对天文学问题的讨论,尽管使用的语言常常夸张而模糊不清。柏拉图在厄尔(Er)神话中描述了"必然性的纺锤"(Spindle of Necessity),说它由八个紧紧套在一起的分开的纺轮所组成,如同一副中国套箱(《理想国》616c *ff*)。最外层的纺轮代表恒星天球,其他七个纺轮则代表诸行星、太阳和月亮的圈。整个纺锤作同一种旋转运动,而"在旋转的整体内部,七个内圈沿着与整体相反的方向慢慢转动"(617a)。各圈转动的速度不尽相同：比如月亮的第八圈转动最快,太阳、金星和水星的第七、六、五圈以相同速度转动。纺轮的宽度也不尽相同,它们可能对应于下层天体各圈之间的距离。文中还讨论了各个圈的光的不同性质。《蒂迈欧篇》(36c *ff*)同样区分了两种主要类型的运动——"沿着同圈(circle of the Same)的运动"和"沿着异圈(circle of the Other)的运动"。这里提到了《理想国》中忽视的一点,即异圈或黄道的倾角。最后还应当提到《蒂迈欧篇》40bc,因为这段话被认为暗示了柏拉图主张地球在绕轴自转。这里称地球"缠绕"(*illomenen*)在轴上:其表述模糊不清,但是按照最有可能的解释,它暗示地球被赋予了一种力量来抵消同圈的运动——因此相对于绝对空间保持静止。毫无疑问,至少周日旋转被解释为同圈的作用,而不是缘于地球的任何运动。

柏拉图著作中的这些段落是现存最早的语焉较详的希腊天文学文本。虽然如何解读是严重的问题,但其中包含着现存最早的关于至少两个重要学说的清晰陈述。首先,他区分了两种类型的运动:(1)所有天体都参与的恒星天球的运动,(2)太阳、月亮和诸行星沿着倾斜黄道圈的独立运动,其方向与前一运动相反;其次,他认识到金星、水星以和太阳相同的平均速度(即我们所谓的角速度)运动:这两颗最低的行星从未远离太阳,所有这三颗行星沿黄道带运转一周的时间均为(大约)一年。

然而,柏拉图关于天文学家应以什么类型的解释为目标的想法,要比他在天文学理论上的尝试更有影响。在《理想国》(528e *ff*)中我们已经看到,他建议用一种理想的数理天文学代替观测天文学,他显然知道自己所倡导的东西完全背离了做天文学的惯常方式:"和在几何学中一样,我们研究天文学也要借助于问题",即使这种方法"要比目前做天文学的方式费力许多倍"(530bc)。

除了要"借助于问题"来研究天文学这项一般命令,据说柏拉图还表述了一个特殊问题,即行星运动问题,它将成为千百年来天文学家的主要关切。这是根据后来的一则并非完全不可信的传闻,辛普里丘(Simplicius)将它归于公元2世纪的一个名为索西吉尼(Sosigenes)的作者,说柏拉图曾向研究天文学的学生们提出了这样一个问题:"行星的视运动能否通过假定均匀有序的运动而得到解释?"诚然,在某种意义上,寻求规则和秩序与理论天文学本身一样古老,但传闻中所提的问题并不仅仅是对研究行星的一般建议。首先,柏拉图认识到,行星的视运动给出了需要解释的异常。在地球上的观察者看来,它们在"漫游",事实上,这已经蕴含在行星的希腊名称 planetes 中,planetes 源于动词 planaomai "漫游",意为"漫游者";其次,柏拉图假定,行星的不规则运动只是表面上的,它是由本身均匀有序的运动组合而成的;第三,最"均匀有序"的运动是圆周运动,尽管这在辛普里丘引用的文本中并未明说。于是这个问题可以重新表述为:如何组合各种匀速圆周运动,使其结果与观测到的行星运动相符? 虽然这个问题的条件已经改变,特别是在开普勒放弃了圆周运动的要求之后,但是对观测到的行星运动的解释一直是牛顿之前天文学的主要议题。

柏拉图的主要贡献是坚持认为天文学是一门精确的数学科学,后来公元前4世纪的天文学家们接受了他的挑战,尝试对天体运动的所有主要特征做出全面解释。从地球上观察者的角度来看,主要现象可以归为五种:第一,所有天体自东向西大约每24小时绕地球转动一周——我们可以说,这是地球绕轴周日自转的结果;第二,在一年的不同季节,从给定一点可以看到不同的星座,但在每年的同一季节,同样的星座近似出现在同样的位置;第三,太阳相对于恒星的位置(通过观测日落后即落或日出前刚出的星座来确定)是规则变化的。太阳自西向东通过一个星座带——黄道带,大约一年走一圈,即回到同一个星座。这是我们所谓地球绕日运转的结果;第四,月亮和每颗行星也自西向东通过星座,事实上是通过与太阳相同的那些星座:月亮和可见行星的路径与太阳本身轨迹(即被称为黄道的大圆)的偏离不超过8度(见图4)。然而,它们沿黄道带运转一周的周期各不相同:土星为近30年,金星和水星约为1年,而月亮则只需1个月左右。

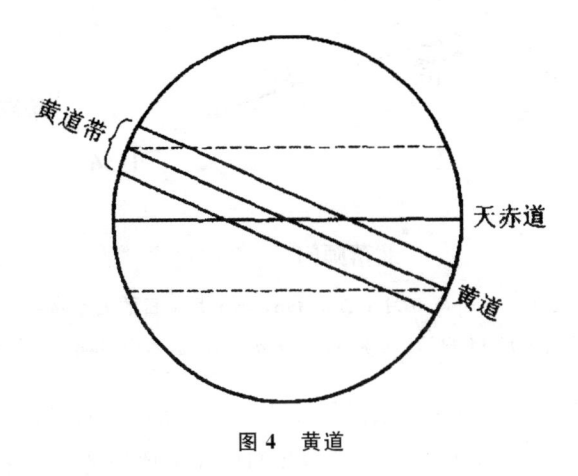

图4 黄道

最后,倘若追踪行星的位置超过几个月,被称为"留"和"逆行"的不规则性很快便会显现出来。行星在星座中的东向运动有时会中断。一连数日,行星相对于恒星的位置几乎不怎么变化。然后,它开始在星座中自东向西退行一段时间。接着,它似乎再次相对于恒星停止下来,最后又恢复了它通常的向东路径(见图5)。正是行星运动的这个特征构成了后来公元前4世纪天文学家所要解释的主要难题。

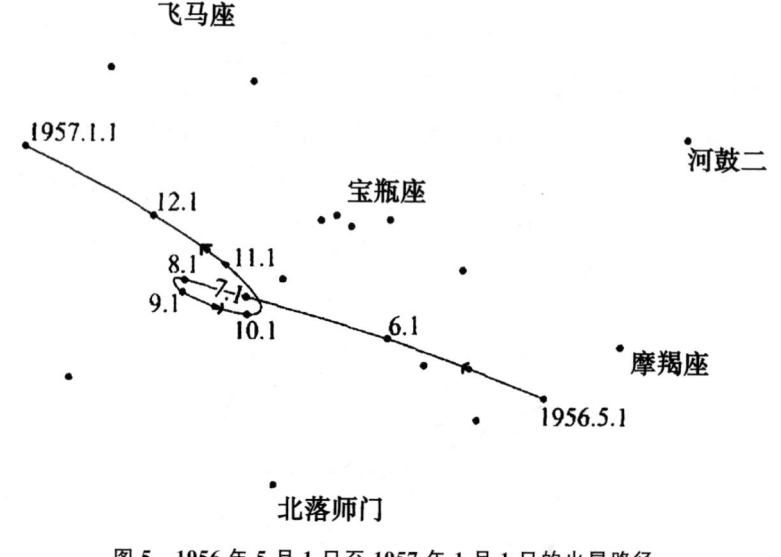

图5 1956年5月1日至1957年1月1日的火星路径。火星在8月11日留,10月12日再次留,在这两个日期之间逆行。

欧多克索的解决方案是最巧妙的。虽然他本人的著作已经佚失,但亚里士多德和辛普里丘为我们保存了他的解决方案。欧多克索提出,太阳、月亮和诸行星复杂的视路径都是由若干个同心球的简单圆周运动所产生的。地球静止于所有球的共同中心,但它

第七章 公元前4世纪的天文学

们的轴彼此倾斜,并以不同的均匀速度旋转。

于是,他为五颗已知行星分别假定了四个这样的球,行星本身被设想为处于最低或最内层球的赤道上(见图6)。正如我们的文献所说,对于每颗行星而言,第一个或者说最外层的球(1)"随恒星一起运动",也就是说,它解释了地球的周日自转所导致的现象。这个球的两极位于一个南北向的轴上,该球自东向西旋转,每24小时旋转一周。

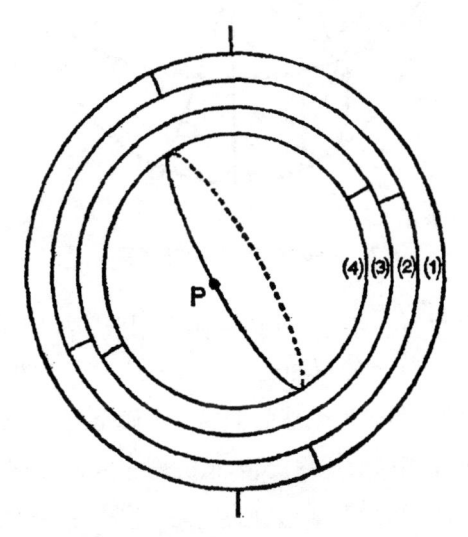

图6 欧多克索的同心球理论。行星P位于球(4)的赤道上,不在该图其余部分的平面上。

对于每颗行星而言,第二个球(2)产生沿黄道带的视运动。这个球的轴垂直于黄道面。该球自西向东转动,但转动速度因行星而异。欧多克索估算了五颗行星分别沿黄道带运转的周期,辛普里丘以整数给出了欧多克索的估算值,与希思引用的现代值非常接近。①

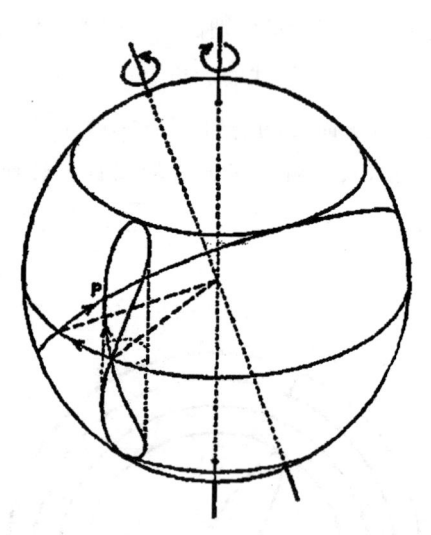

图 7 欧多克索的"马蹄形"图示。②

但该理论最引人注目的部分是最低的两个球(3 和 4)的运动,它们被用来解释行星的留和逆行。第三个球的两极位于黄道圈上,第四个球的轴与第三个球的轴成一个倾角,角度大小因行星而异。这两个球以相同的速率旋转,但方向相反,它们合成的运动产生了欧多克索所谓的"马蹄形"曲线。这是一条 8 字形曲线,可以被描述为一个球和在某个二重点(double point)与之内接的圆柱的交线(见图 7),而当这条封闭曲线与携带行星沿黄道带运动的第二个球的运动相结合时,便给出了对行星描出的环形运动的很

---

① *Aristarchus of Samos*,Oxford,Clarendon Press,1913,p. 208.
② 引自 Neugebauer,*Scripta Mathematica*,no. 19(1953),p. 229。

好的近似，包括行星在接近和远离留点时视速度的变化。

对于太阳和月亮，欧多克索的理论也是类似，但远没有那么复杂，因为太阳和月亮没有显示出留和逆行。对于太阳和月亮，他分别假设了三个球。前两个球对应于每颗行星的前两个球，最外面的球作恒星的运动，第二个球围绕一个垂直于黄道面的轴转动。第三个球被用来解释对黄道的偏离，事实上，这乃是月亮运动的一个显著特征。但太阳没有这种偏离；欧多克索误认为太阳有这种偏离，因为他观察到，太阳在冬至和夏至并不总在地平线上的同一点升起。

整个体系显示出高超的数学技能。它在未打破柏拉图的规则即只能假定简单圆周运动的情况下，就非常成功地解释了各种现象。考虑到当时所掌握的几何方法，设计出球的组合以产生一条对应于行星环形运动的曲线，真是一项了不起的成就。此外，与之前的天文学家不同，欧多克索并不只是以模糊的一般方式来说明如何用他的模型来解释各种现象，因为他显然将自己的理论较为详细地运用于每颗行星。虽然他的数据未被完整记录下来，但在大多数情况下，他似乎明确地估算了各个球的旋转周期以及各个轴彼此之间的倾角。

然而在某些地方（其中不乏重要之处），该理论并不能解释事实。我们可以简要提及四个主要困难。首先，每个马蹄形总是产生完全相同的曲线，但观测到的每颗行星的逆行在形状、大小和持续时间上都有所不同（见图8）；第二，欧多克索的数值虽然为大体上解决观测到的土星和木星的逆行奠定了基础，但并不适用于火星和金星。我们文献中引用的火星会合周期（相继两次与太阳相合的时间间隔)的数值非常离谱。但如果采用真值,那么只要最低的两个球沿相反方向转动,就不会发生逆行。而且,虽然如果采用欧多克索本人极不精确的会合周期数值就会发生逆行,但这些逆行仍然不符合观测到的轨迹;第三,该体系无法解释四季的长度不等,尽管正如我们已经指出的,欧多克索之前的欧克泰蒙肯定知道这一点;第四,它无法解释月亮视直径和行星亮度的变化——后来的希腊天文学家正确地将这些现象归因于它们的距离在发生变化。同心球理论不允许太阳、月亮和诸行星与地球的距离发生变化,事实上,尤其在这一点上,这种模型宣告失败,并且让位于本轮和偏心圆理论。

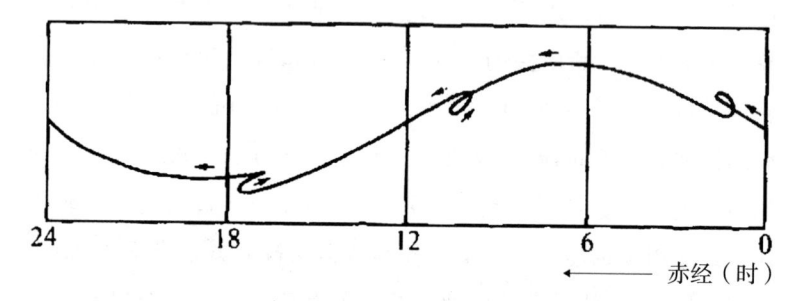

图 8 1958 年水星的路径,显示出不同形状的逆行圈。①

但其直接后继者们并未完全放弃他的模型,而是试图做出修正,以包含它未能解释的一些现象,这便是欧多克索对行星运动问题的解决方案的影响力。最先做出这种修正的是比欧多克索年纪略轻的同时代人基齐库斯的卡利普斯(Callippus of Cyzicus),他

---

① 引自 R. A. R. Tricker,*The Paths of the Planets*(London,Mills and Boon,1967)。

的理论同样是亚里士多德所记述、辛普里丘所评注的。欧多克索总共假定了27个球——五大行星各有4个，太阳、月亮各有3个，恒星天球1个——卡利普斯又增加了7个。他并未改变土星和木星的球的数目，因为正如我所指出的，这是欧多克索的模型对观测到的逆行描述最成功的两种情形。但他给其他三颗行星各增加了1个球，给太阳、月亮各增加了2个球。

辛普里丘告诉我们，为太阳额外假定的两个球旨在解释我们就欧多克索的理论所指出的四大困难中的第三个，即四季的长度不等。这很可能是实情。《欧多克索的技艺》指出，卡利普斯对由分至点度量的四季长度作了详细估算。从春分开始，他把四季的长度分别定为94、92、89和90天。这些数值不仅比被归于欧克泰蒙的那些数值更精确，而且据现代专家计算，就卡利普斯观测的时期（约公元前330年）而言是最接近实际长度的整数值——为月亮额外假定的两个球可能同样是为了解释它沿黄道带运动的不均等性，为三颗较低行星分别额外假定的1个球也许是为了得到对其逆行更好的近似。

欧多克索和卡利普斯的理论都是纯数学的建构。两位天文学家都没有谈及天体运动的力学机制、同心球的本性以及球的运动如何彼此传递。对欧多克索模型的下一个修正是亚里士多德做的，他试图将这个数学理论用作一个机械系统的基础。他不仅竭力把行星的视路径归结为简单圆周运动的组合，更希望解释运动如何从天的最外层球传到了月下世界。

亚里士多德认为，要让运动发生，球就必须相互接触。但只要设想欧多克索的球在一个机械系统中关联着，那么每个天体的运动就不仅要受到它自身球的影响,还要受到它上方球的影响。于是亚里士多德不得不引入若干"反作用"球,以抵消某些初始球的运动:每一个反作用球都与它所要抵消的初始球同轴,并以相同的速度沿相反方向运动。他认为,除了作为最低天体的月亮不需要球来抵消运动,每一个天体的反作用球的数目都将比他从欧多克索和卡利普斯那里继承下来的初始球的数目少1个。利用卡利普斯版本的系统,亚里士多德确定总共需要55个球,如果包括恒星球本身则为56个。但他也考虑了这样一种可能性,即卡利普斯为太阳和月亮额外假定的那些球是不必要的,这样一来总球数就会少很多。我们的文本给出的数目是47个,但这似乎是个错误。如果太阳和月亮各减去两个球,再减去太阳的两个反作用球(我们还记得月亮并没有这样的反作用球),那么球数应当比最初的55个少6个,而不是8个,也就是49个。因此我们只好认为,要么文本有误,要么就是亚里士多德自己弄错了,也许是忘了他对月亮没有假定反作用球。

这远非亚里士多德《形而上学》(1073b10 ff)中天文学离题内容唯一令人不满的特征。无论如何,所假定的球数似乎太多,因为经过分析就会发现,每颗行星的第一个初始球完全复制了上面一颗行星的最后一个反作用球的运动:两者都随恒星的运动而移动。

不过亚里士多德说得很清楚,自己在天文学上是外行。他在开始讨论球的数目时说,他将报道某些天文学家的说法,以使我们心中有数:

但至于其余,我们应当既自行研究,又向其他研究者学习。如果研究这门学科的人的意见与我们现在的说法相左，我们必须尊重双方的意见，但遵循那更准确的(《形而上学》1073b13 ff)。① 94

事实上，亚里士多德的解释是临时性的，他否认对此做过证明。

尽管在欧多克索之后又引入了许多修改，但同心球模型还是未能拯救所有现象；特别是，无论额外添加多少球，都无法解释可觉察的行星亮度变化，这表明行星与地球的距离并非恒定。它被本轮和偏心圆理论所取代，不过这是公元前3世纪的事，不属于我们讨论的时期。但还应提及一位公元前4世纪的天文学家——庞托斯的赫拉克利德(Heraclides Ponticus，叫这个名字是因为他是黑海之滨的赫拉克利亚[Heraclea]当地人)。他与亚里士多德同时代，而且与亚里士多德和欧多克索一样，都是柏拉图的学生或同伴。天文学史家们认为他提出了两个重要学说：地球的绕轴自转，以及金星和水星以太阳为中心旋转。但前一归属或可接受，后一归属则仍有疑问。关于赫拉克利德的天文学，我们的文献不仅很迟，而且稀少而混乱。不仅如此，他似乎并未提出一个明确而全面的天文学体系，而是提出了各种经常相互对立的假设，作为解释现象的可能方式。

地球绕轴自转学说在某种程度上可能也要归功于更早的理论

---

① 出自牛津英译本：*The Works of Aristotle translated into English*, edited by W. D. Ross(Oxford, Clarendon Press), *Metaphysics*, W. D. Ross(Vol. VIII, 2nd ed., 1928)。

家。正如我们已经指出的，柏拉图在《蒂迈欧篇》中对地球使用了"缠绕"(*illomenen*)一词，但对那段话的正确解释似乎是，他只把一种抵消同圈运动的力赋予了地球——因此相对于绝对空间，地球仍然处于静止。不过，柏拉图仍然明确认为恒星圈在运动，而被我们的若干文献归于赫拉克利德的学说却要走得远得多。这些文献说他主张，假定天界静止，地球每24小时绕轴自转一周，则现象就可以得到解释。例如，根据辛普里丘的一个文本[《亚里士多德〈论天〉评注》519,9 *ff*]，"赫拉克利德假定地球位于中心并且转动，而天界处于静止，他认为通过这个假定就可以拯救现象"。这则记述也为辛普里丘著作中的其他一些段落和其他文献所确证。这一假说的重要性是显而易见的：它意味着可以大大节省不得不假定的天界运动数目。但是和萨摩斯的阿里斯塔克(Aristarchus of Samos)的日心说一样，它在古代几乎得不到支持，其原因是类似的：古代天文学家们指出，地球在空间作任何种类的运动，都会对落体和云的运动产生明显影响，但这些影响并未被观察到。

通常被归于赫拉克利德的第二个学说是，金星和水星以太阳为中心旋转。如果这的确是他的观点，那么它将为同心球理论和后来的本轮、偏心圆模型之间提供一种明确的联系，因为根据这一学说，太阳仍然围绕地球运转，而金星和水星却在后来所谓的本轮上围绕太阳运转(见图9)。还有一些文献也明确提到了这一学说。比如维特鲁威(Vitruvius)说(IX, 1, 6)："金星和水星在太阳的光线附近逆行徘徊，其轨道形成了一个以太阳为中心的圈"。但维特鲁威和明确表述这一学说的其他文献都没有提到它的作者或年代，将它归功于赫拉克利德乃是基于卡尔西迪乌斯《〈蒂迈欧篇〉

评注》(*Commentary on the Timaeus*)中的一段话。这段话极不让人满意：不仅相关段落模糊不清，而且即使认为它为赫拉克利德主张金星和水星绕太阳运动提供了证据，也必须承认卡尔西迪乌斯在某些重要方面歪曲了该学说。

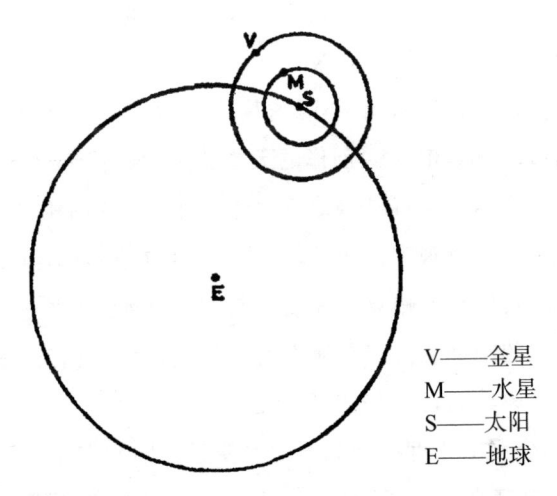

V——金星
M——水星
S——太阳
E——地球

图 9　金星和水星在本轮上绕太阳旋转的示意图

不过，虽然还没有证据能使我们确认这一学说的作者，但它有可能是在欧多克索之后不久被提出来的。柏拉图已经提出了最低两颗行星的运动与太阳运动之间的关联，他声称，三者"以相同的速度运动"。欧多克索也认识到，太阳、金星和水星在黄道带的星座中一年走完一整圈，我们被明确告知，他认为金星和水星的第三个球的两极是相同的：按照最自然的解释，就这两颗行星而言，马蹄形的中心是太阳。显然，直到公元前3世纪末的佩尔吉的阿波罗尼奥斯(Apollonius of Perga)，才提出了本轮和偏心圆理论的几何学。但本轮理论有可能源于对一个学说的一般应用,该学说起初被用来解释最低两颗行星的运动。

公元前4世纪,观测天文学和理论天文学都取得了长足的进步。例如,观测精度的提高可见于四季长度有了更好的估算值。第一部真正全面的希腊星表是公元前2世纪的大天文学家尼西亚的希帕克斯(Hipparchus of Nicaea)编制的,不过在此之前,欧多克索已经尝试对恒星做出描述,这构成了公元前3世纪初索利的阿拉托斯(Aratus of Soli)创作的天文诗《现象》(*Phaenomena*)的基础。欧多克索关于行星运动的讨论预设了对它们相对于恒星的位置进行大量认真观测。而且,这些观测是在几乎不借助于仪器的情况下进行的。希帕克斯即使不是实际发明,也改进了一种被称为屈光仪的瞄准装置。在他本人的时代之前,仅有的视觉辅助仪器是非常原始的,比如圭表和日晷。

不过,公元前4世纪天文学的主要意义并不在于观测方法的改进,也不在于收集了经验数据,而在于它为成功地用数学方法来研究复杂的自然现象提供了范例。可以说,运用这种方法的动力在部分程度上来自于哲学。正是柏拉图最先坚持把天文学当作一门精密科学来处理,他这样做的主要理由与他的一般知识论以及关于抽象思维与感觉的相对价值的观念密不可分。欧多克索和赫拉克利德都与柏拉图有过交往,这几乎不可能是纯粹的巧合。不过,正是由于欧多克索的数学天才,这种新的天文学进路才变得极具影响。马蹄形的几何学非常复杂,这似乎表明,极为复杂的现象可以归结为简单的规则运动。自那以后,天文学家提出的模型固然各不相同,但他们的方法和目标都是一致的:争论围绕着不同类型的模型在拯救现象方面的优劣，但大家都认为，某个几何学模型将为天界运动问题提供解决方案。而且，天文学家工作的深刻影响远远超出了天文学领域本身，特别是在宇宙论领域。对于那些相信整个世界是理性设计的产物的人来说（大多数古代哲学家和科学家都这么认为），天文学家在理解天体运动的视不规则性方面的成功既是一种激励，又像是一种证实。

第八章　亚里士多德

从公元前 4 世纪一直到公元 17 世纪，在这两千多年的时间里，亚里士多德史无前例、无与伦比地支配着欧洲的科学和宇宙论。这妨碍了对他思想的评价，人们常常因为未能区分亚里士多德本人与其追随者的思想和问题（区分亚里士多德本人和亚里士多德主义）而误解他的思想。考察亚里士多德的工作时，先要与当时的科学问题联系起来，然后考虑他本人就研究的目的所发表的看法，这是特别重要的。关于某位古代科学家对自然研究的价值、目的和方法有何看法，他的文本为我们提供了最多的证据。事实上，亚里士多德的重要性不仅体现于他的具体理论和发现，也体现于他对这些话题的看法。

亚里士多德在其逻辑论著集《工具论》(*Organon*)特别是《后分析篇》(*Posterior Analytics*)中提出了他的知识学说。这里，意指"知识"的常用希腊词 *episteme* 被赋予了一种精确的专业含义。*episteme* 是指"当我们知道事实所依赖的原因就是该事实的原因，且该事实不可能是其他样子时"(71b10 *ff*)的知识。这种知识由证明(*apodeixis*)产生，而证明本身则是某种形式的三段论(syllogism)。① 身为三段论的证明从前提开始：证明所由以进行的初始前提本身必须是不可证明但已知为真的。他区分了三种这样的初始前提：(1)公理，(2)定义和(3)假说。公理是没有它们就无法进行推理的原理，比如"等量减等量，其差相等"，公理是所有学科所共有的。而定义(即假定术语的含义)和假说(即假定与那些术语相对应的某些事物的存在性)则因学科而异，因为它们与所研究的那门学科的主题有关。例如在几何学中，点和线的含义和存在性已被假定，而其他任何东西，比如用它们构造的图形，则必须被证明存在着。

　　严格意义上的知识涉及只可能如此而不可能是别的样子的事物。它显示了必然、永恒和亚里士多德所解释的特殊意义上的"普遍"联系。当(1)对于基体(subject)的任何实例，属性(attribute)都被证明为真；(2)基体是属性被证明为真的最大范围的类时，则称基体与属性之间有一种"普遍"联系。内角和等于两直角是三角形的一种"普遍"属性，但不是图形的"普遍"属性，也不是等腰三角形的"普遍"属性。显然，它不是图形的"普遍"属性，因为只能证明它对某些图形为真。但在所要求的意义上，它也不是等腰三角形的"普遍"属性，因为虽然它满足第一个条件，但不满足第二个条件：虽然可以证明它对所有等腰三角形为真，但对于非等腰的三角

---

① 在亚里士多德那里，一个三段论由两个前提和一个结论所组成，并且包含着总共三个表示类别的词项。前提和结论要么以某种推理形式相联系(比如"所有阔叶树都是每年落叶的；所有葡萄树都是阔叶树；因此所有葡萄树都是每年落叶的")，要么(更经常地)以某种蕴含形式相联系："如果所有阔叶树都是每年落叶的，而且所有葡萄树都是阔叶树，那么所有所有葡萄树都是每年落叶的"。

形来说也为真。

《工具论》之所以重要，是因为它为理解公理演绎体系的结构作出了基础性的贡献。亚里士多德对证明条件的研究超出了之前任何一位作者，他第一次对演绎论证作了系统分析。和柏拉图一样，他认为严格意义上的知识是无法反驳的，并且用大量数学例子来说明这种观念。比如在《后分析篇》第一卷关于证明的讨论中，几乎所有例子都（很自然地）要么出自数学本身，要么出自光学、和音学和天文学等数学科学。在《工具论》中，他对归纳讲的相对较少，而在关于归纳的唯一详细讨论中（《前分析篇》，第二卷，第二十三章），他提出归纳可以归结为一种演绎模式：他表明，当归纳是完美的或完整的，即相关类的所有成员都通过了检验时，归纳可以用三段论的形式来表达。

在逻辑论著中，亚里士多德主要关注演绎论证和证明。但他也提请我们注意，在证明中使用的方法不同于发现或学习的方法。他说，前者的出发点是"绝对"更熟知的、普遍的东西，而在发现或学习的过程中，出发点则是"对我们来说"更熟知的东西，大致说来就是具体事物或直接的经验材料。这两种方法都与自然科学家相关，事实上，后者常常与前者同样重要。正如亚里士多德本人的活动所表明的，在通常情况下，物理学家的主要任务与其说是以三段论的形式来给出自己的论证，以清楚地表明结论是从前提中有效地推出来的，不如说是发现构成那些三段论中项的原因本身。

实际上，亚里士多德在物理论著中使用的程序方法非常复杂，三段论推理所起的作用并不像《工具论》中所讲的那样突出。他实际采用的方法因自然科学的分支而异，也因问题而异，但应简要提

第八章 亚里士多德

及一些主要的重复出现的特征。首先,所讨论的主题必须加以定义。事实上,如何表述问题对于亚里士多德的理论常常至关重要。比如在《论生灭》(On Coming-to-be and Passing-away)第二卷中,在提出物质的最终组成这个问题时,他说其研究旨在发现可感物体的本原,并进而指出,这些本原是两对相反的性质——热与冷,干与湿(见下文)。他毫不犹豫地拒绝接受原子论者和柏拉图所主张的那种物理理论,这些理论将实体之间的差异最终归结为量的、数学上的差异。他反对这些理论的一个主要理由是,它们弄错了问题的本质,这是物理问题,而不是数学问题:可感物体的本原本身必须是可感的相反性质。

在确定问题是什么时,他一般先考察疑难(aporiai),这些疑难要么是由其他理论家提出的,要么是关于某个特定主题的常见看法(endoxa)。这引导他考察(有时是很详细地考察)之前思想家所提出的看法。这些考察是亚里士多德诸多著作的一个显著特征,他这样做并非出于任何纯粹的历史动机,即准确而详尽地论述前人的观点,恰恰相反:他的首要关切始终是解决实质性的问题,记下之前的观点是为了帮助表述所要解决的疑难。

一旦疑难被表述出来,常见看法被概述出来,亚里士多德就着手提出自己的解决方案。其论证的本质因他处理问题的类型而异,但总的来说,他的论证可以分为两组,在许多情况下,他自己也是这样区分的,即(1)逻辑的和(2)经验的,或者用亚里士多德的常用术语来说,分为诉诸逻辑(logoi)的和诉诸事实(erga)的。第一类可以包括破坏性的论证,在这些论证中,他通过提出两难困境或通过归谬法来反驳对手的观点。在建设性方面,他在分析许多问题时先考察所有理论上可能的选项,然后通过一个消除过程来提出最令人满意的解答。当所考察的疑难本身是一个两难困境时,他通过做出区分来摆脱。认真定义关键术语,分析其不同含义,是亚里士多德在物理学等研究中论证技巧的重要组成部分。他关于变化问题的讨论中便有这样一个例子。这里提出的两难困境是:怎么会有某种东西产生呢?因为它不能从无中产生(因为无是完全不存在),也不能从有中产生(因为那样一来它已经存在,不会产生)。亚里士多德使用的一个论证依赖于他关于潜在性与现实性的区分。他指出,一个东西可以从在一种意义上存在、在另一种意义上不存在的东西中产生,即从它最终变成的东西中产生。例如,种子在一种意义上是树(它在潜在意义上是树),而在另一种意义上当然还不是树(它在现实意义上不是树)。

除了抽象的、逻辑的论证,亚里士多德还经常诉诸他所谓的"事实"(*erga*)、"材料"(*hyparchonta*)或"现象"(*phainomena*),不过在解释这些表述时我们必须小心。分析在这些场合被他当作证据的东西可以表明,除了我们所谓的经验因素,他还包括了其他许多东西。比如"*phainomena*"一词不仅包括我们所谓的现象,还包括公认的看法或关于某个主题的常见说法和想法——看似如此的"现象"。另一方面,这些术语可以指称而且的确指称经验证据,包括亚里士多德本人在其广泛研究(如生物科学)中第一次获得的材料。

亚里士多德关于自然研究的意义和价值的一般看法,可见于他在《尼各马可伦理学》(*Nicomachean Ethics*)第十卷关于善好生活的讨论。他在那里指出,人所拥有的最高能力乃是理性(*nous*),

因此人所能做的最高活动是"沉思"(theoria)。沉思不仅包括"第一哲学"(即形而上学)和数学,还包括"第二哲学"或物理学(physike):物理学被定义为对那些本身能够变化或运动的自然物的研究,所以不仅包括我们所谓的物理学、化学和力学,还包括生物学的各个分支。

但是,除了亚里士多德对理性生活进行一般赞扬的《尼各马可伦理学》等文本,《论动物的部分》(On the Parts of animals)第一卷有一大段文字特别有助于我们理解自然研究最重要的分支之一即动物学研究的目的和方法。在第五章,亚里士多德解释了如何以及为何应当研究动物。他采取守势,预料到并且反驳了其同时代人的批评:他认为观察很有价值,对生成世界中的具体事物进行研究很重要,这些观点无疑使柏拉图主义者深感震惊。此外,亚里士多德坚称仅仅观察动物的外在部分是不够的,还必须辅以解剖。他承认(645a28 ff),"看到血、肉、骨头、血管等人的组分不可能不感到极度恶心",但他坚持认为(644b29 ff),"凡不辞劳苦之人"均可对每一种动植物有许多了解。

亚里士多德所倡导的方法不仅包括观察,而且包括审慎的研究,但他并不推荐为了研究而研究的"纯粹"研究。研究的目的是揭示事物的原因:

因为甚至在那些不吸引感官但却吸引理智的[动物]种类中,自然的技艺为那些能够认识事物的原因和天生偏爱哲学的人提供了异乎寻常的愉悦(645a7 ff)。

再者,

> 我们应当研究每一种动物而不感到惭愧,因为每一种动物都有自然和美丽的东西。特别是,在自然的作品中可以发现不存在偶然,都服务于目的。而构造或产生一个事物的目的属于美的东西(645a21 ff)。

自然科学的目标和理由是揭示引起现象的原因,要想理解亚里士多德的"物理学"观点,必须弄清楚他的"原因"概念。他认为,在解释某个物体或事件时,无论是自然的还是人工的,都必须考虑四个因素。例如,要想解释一张桌子,我们就必须描述:(1)它的质料——因为桌子是用某种东西做的,通常是木头;(2)它的形式——因为桌子不只是任意的一块木头,而是具有某种形状的木头;(3)它的动力因——因为桌子是由某个人即木匠制作的;以及(4)它的目的因——因为木匠制作桌子是有目的的,即提供一个抬高的平面,可以在上面书写或吃饭。类似的分析也适用于自然物。以某个物种比如人的生殖为例。亚里士多德认为质料由母亲提供。形式是人的具体特征以及使人区别于其他动物的东西:按照亚里士多德的常用定义,人是有理性的、两条腿的动物。动力因由父亲提供,而目的因则是整个过程所导向的目的,即孩子所要长成的成熟的人。

显然,亚里士多德的"原因"概念要比我们的广得多。在自然和技艺这两个领域被他称为原因的四种因素中,只有动力因和有时的目的因才是我们所能认可的原因。相应地,亚里士多德的"物理学"要比关于机械因果关系的讨论广得多。不过,尽管他把同样的因果分析应用于自然物和人工物,但在应用于这两个领域的方式上,他认识到了一些差异。最重要的差异与目的因有关,因为对于人工物,目的因是工匠或艺术家有意识的深思,而对于自然物,亚里士多德否认有任何有意识的目的在起作用。自然并不深思。但这不是说自然过程没有"目的"。目的是有的,但它们是物体本身所固有的,内在于活的、生长着的动植物之中。因此,小孩自然会长成大人,树的种子自然会长成大树。诚然,这种过程可能会受到某种东西的阻碍,当亚里士多德说自然过程"总是或者在绝大多数情况下"发生时,已经为此留出了余地。但如果自然并不总是实现它的目的,就像在恪守一条绝对规则,他认为,自然在绝大多数情况下会这样做。自然物种按照种类繁殖,每一个物种的幼体会自然地发育为成熟样本。甚至连土、火等无生命的元素也会表现出规则性,因为如果没有什么东西阻碍它们的运动,它们就总会下落或上升。整个自然并不是任意或偶然的,而是显示出秩序和规则性。这种秩序和规则性是使亚里士多德说自然过程导向"目的"的主要理由。

于是,亚里士多德的目的论有一些显著特征。首先,他说得很清楚,他并未假定有神的心灵从外部控制着自然变化;其次,他承认自然实现其目的的一般规则存在着例外;第三,他对自然过程目的的研究补充而非排斥了他对质料因、形式因和动力因等其他类型原因的研究。他不仅研究自然过程"为了什么"而发生,还研究它是如何发生的,包括我们所谓的机械因果关系;第四,他对目的因的兴趣是其生物学的一个特别显著的特征,生物学对目的的研究常常是对功能的研究：在这种语境下，他所说的形式因和目的因在很多情况下对应于器官的结构和功能。

关于亚里士多德在物理学和生物学上的主要理论，这里只能作最简要的讨论。初看起来，他关于物质最终组成的理论似乎是一种令人失望的倒退。在原子论者和柏拉图提出定量的数学理论之后，亚里士多德又回到了一种定性的学说。所有其他实体都被认为是土、水、气、火这四种简单物的复合物，而这四种简单物又分别由四种原初的对立性质两两结合而成：土是冷和干，水是冷和湿，气是热和湿，火是热和干。不过需要解释一下，希腊词 $hygron$ 和 $xeron$ 的含义要比"湿"和"干"更广，因为 $hygron$ 既指液体又指气体，而 $xeron$ 主要但并不仅仅指固体。

该理论在很大程度上得益于之前的学说，但亚里士多德为何要提出这一理论呢？正如他在《论生灭》（329b7 ff）中所说，问题在于找到"可感物体即可触物体的本原"。某种可触性质的每一个实例都可以表示为幅度或标尺上的一个位置，因此性质本身可以通过对立的两极来分析，比如硬与软、糙与滑、粗糙与精细。但有些对立性质可以源于或者归结为其他对立性质，比如硬与软可以被分别当成干与湿的变式来处理。能够派生出所有可触性质的原初性质至少要有两对，即热-冷和干-湿，这两对性质的四种可能组合给出了土、水、气、火四种简单物。

亚里士多德认为这个问题是在解释物体的可感性质，他表述问题的方式使他不得不采用一种定性理论。在他看来，说这些性质源于更基本的定量差异是对这个问题给出了错误的回答，事实上是误解了问题本身的实质。此外，虽然事实证明，原子论比关于物质的任何定性理论都更富有成果,但从短期来看,亚里士多德所提出的学说似乎更有前途。他对物质的最终组成和影响简单物的变化的解释肯定更接近于实际观察到的情况。显然,任何物体都可以说是热的或冷的,干的或湿的,而把实体的物理性质与几何形状联系起来则必定显得随意得多。再者,亚里士多德能够而且的确对影响土、水、气、火的变化提供了貌似合理的解释。以(按照希腊人的看法)水蒸发或煮沸变成"气"为例。亚里士多德将它解释为冷和湿变成了热和湿,也就是把冷换成了热。反过来,"气"再次凝结为水则被解释为把热换成了冷。这种理论对现象的解释同样比关于这些变化的任何数学解释都更直接。

毫不奇怪,亚里士多德的理论比它在古代的主要竞争理论更为成功。特别是,在研究自然物的组成方面,他的理论作为一种工作假说比任何版本的原子论都略胜一筹。亚里士多德似乎亲自开始了这样一种研究。在《气象学》(Meteorology)的第四卷,他详细讨论了各种自然物的物理性质。例如,他考察了哪些物体可燃,哪些不可燃,哪些可以熔化,哪些可以凝固,哪些可以溶于水或其他液体,如此等等。他按照在其中占主导地位的简单物对自然物做了大致分类,认为那些在冷中会凝固、在火中可解散的物体主要由水组成,而那些被火凝固的物体主要由土组成,等等。正如这些例子所表明的,实际得出的结论是朴素的,他也从未试图精确估算简单物在他考察的各种复合物中所占的比例,但《气象学》第四卷是古代第一次开始一项极为复杂的任务,即尝试收集和整理关于自然物的物理性质以及自然物对某些简单试验的反应的信息。

根据亚里士多德的说法,地界的一切事物都由土、水、气、火所组成，而天体则由一种非常不同的实体即第五元素以太（aither）所组成。该学说受到的讽刺和嘲笑可能比古代任何其他自称的科学理论都要多，因此理解亚里士多德提出它的动机就尤其重要了。如他所见，问题在于解释天体永恒不变的圆周运动。他认为天体运动的不变性已由观测所证实。他自称不仅熟悉希腊天文学家的研究，还了解埃及和巴比伦天文学家的工作，并说从未有过最外层天或它的任何一部分发生变化的记录。恒星位置的变化显然非常规则，而行星看起来不规则的路径（正如我们在第七章所看到的）则被认为可以归结为规则圆周运动的组合。

那么，天体作永恒不变的运动这个据信的事实应当如何来解释呢？四种地界元素的自然运动要么向上、要么向下，要么远离地心、要么朝向地心：当运动不受阻碍时，火和气自然上升，水和土自然下降。当然，它们也能沿其他方向运动，比如当石头等重物被抛到空中时。但这样一种运动不是自然的，而是受迫的：它需要有一个起推动作用的施动者，这不同于火焰上升或重物下落的自然运动。但天体永恒的圆周运动不可能是受迫的，因此必定是自然的。然而他指出，自然作圆周运动的物体不可能是四种地界元素当中的一种或者其复合物。它们的自然运动是向上或向下的，如果它们作圆周运动，比如用绳索系着石头旋转，则这种运动至少部分程度上是受迫的。因此，必定有某种第五元素是自然、持续作圆周运动的。

不过，这虽然是使亚里士多德断言必定存在第五元素的主要理论论证，但还有其他因素（其中有些是经验因素）影响了他的学说。他在一定程度上认识到，天体距离地球极为遥远，与地球及其周围大气的体积相比,天界要大得多。用来支持他的第五元素学说的一个论证是,比如说,如果气或火构成了地球与最外层恒星之间的广阔空间,那么地球本身早就毁灭了。四种地界元素的每一种要么热要么冷、要么干要么湿,要使这些持续存在,它们之间必须有一种近似的平衡。但巨大的天界空间必须被另外某种不具有这些对立性质的元素所充满,因为否则的话,月下元素将被毁灭。

亚里士多德指出,他的第五元素学说与相信天界神圣的传统希腊宗教信念相符。但除了宗教上的考虑,该学说试图解决一个严肃的物理问题,即天体的持续圆周运动,用来支持这一点的抽象论证和经验证据绝非微不足道。不过,他也留下了一些困难没有解决。

首先,他没有解释天界与地界相接的地方。在月亮所在的球上或者刚好在它下方,月下世界的元素让位于第五元素以太。这种元素作一种非常不同的自然运动,而且既不冷也不热,既不湿也不干,但它必须以某种方式把运动传递给月下世界的元素,而且在此过程中不受这些元素的任何影响。第二,如果由以太组成的天体本身不可能是热的,那么为何天体能发光,太阳能发热呢?这里,亚里士多德尝试性地提出,光和热是天体运动的摩擦造成的,尽管天体本身不会变热。他的理论的第三个令人不满的特征与太阳的位置有关。我们已经看到,在把欧多克索的同心球模型由一个纯数学系统转变为一个机械系统时,亚里士多德假设了一些反作用球,旨在抵消下一个最高天体的运动。但亚里士多德认识到,引起月下世界变化特别是四季温度变化的不是最低的天体月亮,而是次低的天体太阳。但我们可以问,既然太阳的运动被它与月亮之间的反作用球抵消了,这种情况是如何可能的呢?

于是,还有一些严重的问题是亚里士多德关于天体与月下世界之间关系的学说所没有解决的。不过,虽然他意识到了至少其中一些困难,但这些困难并没有使他修改其理论的任何重要特征。地球上的四季变化显然是由太阳引起的,整个天体显然是发光的。于是,虽然天体是由以太组成的,但更高的天体的确以某种方式影响着月下世界。但若抛弃以太学说,则无法解决一个困难得多的问题,即如何解释天体持续的圆周运动。

还有一些困难与亚里士多德的地界运动学说有关,这是其物理学中另一个极具影响但颇受批评的领域。同样,我们必须结合之前思辨的背景来评价他的理论。可以毫不夸张地说,在亚里士多德之前,希腊科学中根本没有可被称为动力学的东西。前苏格拉底哲学家曾经在不同场合提到同类相吸的原理,但这种概括涵盖了广泛的现象。引力作用可以包含在这一原理之下,比如像土块这样的重物下落是在"寻找它的同类",但群居动物的行为也可以包含在这一原理之下,实际上,德谟克利特正是用这个例子来说明同类相召相知(残篇164)。于是,亚里士多德的文本为支配运动物体速度的各种因素之间的关系提供了最早的一般陈述。但亚里士多德本人并未系统论述动力学问题,相关陈述是他在讨论虚空是否存在或者是否存在无限重量的物体等问题的过程中,在物理学论著中的各种语境下提出的。

首先看看他关于自然运动(即自由落体或自由上升物体的运动)的陈述。例如,在《论天》(*On the Heavens*, 273b30 *ff*)中,他暗示速度与物体的重量成正比:

如果某个重量在一定的时间内运动一定的距离,则更重的物体将在较短的时间内运动同样的距离,且重量之比等于时间之比。①

而在其他地方,他认为速度与运动在其中发生的介质的"密度"成反比。在《物理学》(215b4 ff)中,他考察了发生在气和水中的运动,并说:

气比水稀薄、无形多少,物体在气中的运动就比在水中的运动快多少。②

关于受迫运动,比如他在《物理学》第七卷第五章暗示,速度与作用力成正比,而与运动物体的重量成反比。但他意识到,在某些情况下这条规则并不适用。如果力 A 在时间 D 内使物体 B 移动了距离 C,那么这并不一定推出,一半的力 A/2 在同样的时间 D 内会使同样的物体 B 移动距离 C/2,因为一半的力也许根本不足以使该物体移动:正如他所说,如若不然(250a17 ff),

一个人就能移动一条船,因为无论是船夫们的动力,还是

---

① 出自 W. K. C. Guthrie(Cambridge, Mass., Harvard University Press; London, Heinemann,1939)的 Loeb 译本。

② 出自牛津英译本,*The Works of Aristotle translated into English*,edited by W. D. Ross(Oxford, Clarendon Press), *Physics*, R. P. Hardie and R. K. Gaye(Vol. II, 1930)。

他们使船走过的距离,都可以分成与人数同样多的部分。

他的陈述所暗示的一般规则有些离谱,但考虑到亚里士多德动力学与牛顿动力学之间的差异,这些规则与观察到的现象之间的不一致并不像最初认为的那样大。他常常因为假定自由落体的速度与其重量成正比而备受指责,但事实上,较重物体在气中的确要比同样形状和大小的较轻物体下落更快,尽管在真空中并非如此。他正确地认为,物体的重量与在介质中的运动速度有某种关系,尽管这个关系并非简单的正比关系。同样显然的是,稠密介质中的运动一般来说要比稀薄介质中的运动更慢,但他同样过分简化了这种关系,认为是正比关系。

亚里士多德动力学的主要缺点与其说是未能注意经验材料,不如说是还不够抽象。他认识到,在确立支配运动物体速度的定律的过程中,不应理会像形状这样的因素。然而,我们认为不应理会的因素应当包括介质的阻力作用,但亚里士多德却认为,运动只有在介质中才能发生。事实上,由于他认为速度与介质的密度成反比,所以他否认虚空中可能有运动,因为那样一来,速度将是无穷大——由此他得出结论,虚空根本不可能实际存在。但在这样假定运动必须在介质中发生时,可以说他是过分接近了而不是不够接近经验材料。其动力学中的运动范例都是像在水中拉船这样明显的(但我们现在知道是非常复杂的)情形:船未负载时更容易拉,拉的人越多,船速就越快,如此等等。但牛顿动力学的范例却是只有在人工条件下才可能观察到的情形,即虚空中无摩擦的运动。

但亚里士多德的确没有做一些简单的试验，否则可以表明他的一些命题是不准确的，他的陈述所蕴含的一般规则之间也有某些逻辑不一致之处，或许可以向他暗示他把一些问题过分简化了。后来的理论家们的确基于抽象的和经验的理由批评了亚里士多德的学说。例如，公元6世纪的菲洛波诺斯（Philoponus）提供了实验证据，以反驳落体速度与其重量成正比的学说。不过，尽管亚里士多德的动力学中肯定存在严重的不当之处，但仍可重申，他是该领域的第一人。如果说在处理科学问题的整个方法和进路上，从他物理学的这个部分有什么教训可以汲取的话，那么并不是他在按照先验原理构建理论时径直忽视了观察到的事实，而是他的理论乃是基于相当肤浅的观察而做出的仓促概括。

最受亚里士多德关注的自然科学分支是生物学，生物学论著占据了他所有现存著作的五分之一还多。其理由很清楚。关于形式和目的因所起的作用，生物及其器官所提供的证据远比无生命的物体要多。正如我们所看到的，他觉得有必要证明为什么研究动物是正当的，而且他知道自己是这个领域的先驱者。与柏拉图主义者和所有其他鄙视使用观察的人相反，亚里士多德坚称生物学中细节研究的价值和重要性。"凡不辞劳苦之人"均可对每一种动植物有许多了解，"自然的技艺为那些能够认识事物原因的人提供了异乎寻常的愉悦"。

亚里士多德的动物学研究极为广泛。其生物学著作提到了500多种不同的动物，包括大约120种鱼和60种昆虫。他的材料是从各种来源中收集来的：他在很大程度上依赖于渔夫、猎人、驯马师、养蜂者等人的说法，但也亲自进行研究。在某些情况下，我们可以大致推出他是在何时何地从事这些工作的。他的生物学论著包含着关于莱斯博斯岛皮拉泻湖中海洋动物的一些特别详细的描述,我们知道亚里士多德曾在那个岛上待过几年(前344—前342)。他固然不是第一位使用解剖方法的生物学家,却是广泛使用此法的第一人。我们无法精确估算他解剖过的物种数目,但显然不包括人。他在《动物志》(*Inquiry Concerning animals*, 494b22 *ff*)中指出:"人的内部器官大多是未知的,因此我们必须参考与人的器官相似的其他动物的器官来考察它们。"不过,我们的文本包含着许多详细的报道,其中给出的信息只有通过解剖才能得到,而且许多段落直接提到了解剖方法。比如在《动物志》(496a9 *ff*)中,他说:

> 在所有动物中……心尖也都朝上,尽管这一点很可能注意不到,因为解剖它们时位置发生了移动。

同样,在论述一般的胎生陆地动物的雄性生殖器官时,他指出,必须切开我们现在所谓的睾丸鞘膜(*tunica vaginalis*)来揭示它所包裹的各个导管之间的关系:

> 那些再次折弯回去的导管和睾丸旁边的导管被包裹在同一张膜中,因此除非将膜切开,否则它们看起来就像一根导管(《动物志》510a21 *ff*)。

诚然,正如亚里士多德的批评者们旋即指出的,他的生物学论著包含着许多错误,其中一些是简单的错误,比如他错误地给出了女人的牙齿数或男人的肋骨数,另一些则更为严重,比如他相信脑是无血的,以及与之相关的颇具影响的学说,即心脏是感觉之所。但是,他对从信息提供者那里收集到的证据的态度总体上是审慎的和批判性的。他常常谈到需要对材料进行验证,特别是与罕见动物或异常现象有关的材料。当手头的证据在他看来不够充分时,他就会提请我们注意这个事实。有两段话可以说明这一点。在《论动物的产生》(*On the Generation of animals*,741a32 *ff*)中,他考察了某些种类的动物单性生殖的可能性:

> 如果有某种动物是雌性的而且没有单独的雄性,则它可能独自繁育后代。至少到目前为止,这一点尚未有过可靠的观察,但鱼类当中的一些情形使我们感到迟疑。例如,有一种被称为红鲷(*erythrinos*)的鱼,人们从未见过它的雄性,而只见过雌性,包括满是鱼卵的雌性。不过对此我们尚未有可靠的证据。

此外,在同一著作的第三卷第十章,在充满说教地讨论了与蜜蜂的繁殖有关的问题之后,他最终承认现有的资料不够充分:

> 于是,根据理论以及据信是关于它们的事实来判断,这似乎就是蜜蜂繁殖的情况。但这些事实并未得到充分确定。倘若事实果真得到确定,我们就必须相信感官证据而不是相信理论;只要理论结果与观察一致,那么也应相信理论(760b27 *ff*)。

亚里士多德做出或记录的一些发现非常有名，其中最引人注目的发现之一是他对一种狗鲨的描述，也就是我们在讨论阿那克西曼德时提到的所谓"滑鲨"。该物种 Mustelus laevi 和几种软骨鱼一样是体外胎生的，但其不同寻常之处在于，它的胚胎由一根脐带连接在母体子宫内的一个胎盘状结构上。亚里士多德在《动物志》（第六卷，第十章，565b1 ff）中的描述清晰而准确，但一直不被普遍承认，直到1842年约翰内斯·米勒（Johannes Müller）发表了对它和相关鱼种的研究结果——他的研究在很大程度上表明，亚里士多德的描述是准确的。亚里士多德赢得博物学家们的称赞，不仅是因为发现了这类不同寻常的现象，还因为他极为精细地描述了鳌虾等常见物种的外部和内部器官。

亚里士多德的观察技巧在其生物学论著中淋漓尽致地显示出来。但正如我们所看到的，他研究动物的主要动机不是描述，而是解释，是确定起作用的原因，特别是形式因和目的因。《论动物的部分》主要讨论身体各个部分的原因，而在《论动物的产生》《论动物的运动》（On the Motion of animals）、《论动物的行进》（On the Progression of animals）以及被称为《自然短论》（Parva Naturalia）的短篇论著集中，他还讨论了包括营养、生长、呼吸、运动特别是繁殖在内的广泛的生理学问题。毫不奇怪，他对这些难解问题所给出的明确结论通常都很离谱。但他的讨论至少有两个很大的优点：首先，问题本身的表述非常清晰；其次，他对各方论点都作了精巧而敏锐的阐述和分析。

亚里士多德对关于繁殖的一个基本问题的讨论可以说明这一点，这个问题是：种子是否来自亲代的整个身体？这种被称为"泛生论"的看法曾为原子论者及一些医学作者所倡导,但遭到亚里士多德的严厉批评。在《论动物的产生》(第一卷,第十七、十八章)中,他阐述了这个问题,并且引证了曾经用来支持泛生论的主要证据和论点。就证据而言,他质疑或者说径直否认了它的有效性。比如曾经有一种常见看法认为,不仅天生的,而且获得性的特征——亚里士多德使用的术语是 *symphytos* 和 *epiktetos*——都是遗传的,比如残废的父母会有残废的后代,但他径直否认情况总是这样。

亚里士多德提出了一些巧妙的令人信服的反证来反对泛生论。他通过提出一个两难困境来表明这种理论是不合逻辑的。种子必须要么(1)来自所有均匀的部分——亚里士多德指肉、骨、腱等——要么(2)来自所有非均匀的部分——亚里士多德指手、脸等——要么(3)来自两者。但针对(1)他反驳说,孩子与父母的相似之处其实在于脸和手这样的特征,而不在于肉和骨本身;针对(2)他指出,非均匀的部分实际上由均匀的部分所组成。手是由肉、骨、血、指甲等组成的;针对(3),他使用了相同的论述。非均匀部分的相似之处必定要么缘于材料(但那就是均匀的部分),要么缘于材料的排列方式。但如果缘于后者,那就不能说从排列中"抽取"了什么东西给种子,因为排列本身并非物质因素。无论是哪种情况,种子都不能来自手或脸这样的部分,只能来自构成这些部分的东西。但那样一来,泛生论就失去了它的要旨,因为泛生论是说,身体的各个部分,而不仅仅是所有组分物质,为种子提供了材料。

于是,亚里士多德拒绝接受泛生论,他这样做基本上是正确的,尽管他关于父母双方各自贡献给后代某种东西的理论在某些方面是非常错误的。例如,他认为雄性的精液并未给胚胎贡献什么材料,而只是提供了繁殖的形式因和动力因。

生物学中还有一个基本争论涉及目的因本身所扮演的角色。柏拉图和亚里士多德都坚持认为,在整个自然特别是生物中存在着理性设计的要素,而其他理论家,尤其是恩培多克勒和原子论者,在解释自然因果关系时则通常持一种机械论的非目的论观点。有关恩培多克勒的证据特别有趣,尽管让人极为费解。在《论动物的部分》(640a19 *ff*)中,亚里士多德将以下观点归于他:

> 动物有许多特征缘于其形成过程中的偶然事件。例如,脊柱之所以是这样[被分成椎骨]是因为胎儿变得扭曲,从而造成脊柱断裂。

此外,辛普里丘在其《亚里士多德〈物理学〉评注》(371,33 *ff*)中讨论恩培多克勒谈及"人头牛"出生的著名残篇 61 时,说恩培多克勒认为:

> 在爱的支配下,首先偶然产生了动物的所有部分,如头、手、足等,然后这些"人头牛"聚在一起,并"相反地迅速出现了"牛头人。……许多这些东西彼此配在一起,使之得以维持,变成动物并存活下来。……所有那些没有按照恰当的原则(*logos*)聚在一起的东西都会消亡。

尽管这些观念与物种演化学说显然有表面上的相似之处,但

第八章 亚里士多德

我们首先要记住,恩培多克勒从未试图就自然物种的起源提出一种系统解释。其次,他的思想是在一种极富幻想的宇宙循环论的语境下提出的,在这种循环中,"爱"和"纷争"这两种宇宙力量轮流起支配作用。

在反驳那些倾向于否认生物中有设计的人时,亚里士多德无疑相信证据对自己非常有利。当然,他知道的确存在着反常和畸形出生,但他认为重要的是,这些只是在绝大多数情况下成立的规则的例外。他反对恩培多克勒和原子论者的一个主要考虑是,自然物种按类繁殖。在《论动物的部分》($640a22\ ff$)中,他说恩培多克勒忽视了一个事实,即产生任何动物的种子必须具有那种动物的一些适当的特定特征。人生人,牛生牛:认为自然物种本身源于偶然突变,这种思想在他看来不仅没有直接的证据支持,而且公然违反了自然物种正常繁殖的现有证据。

形式因和目的因的观念充斥于亚里士多德的整个哲学。它们不仅对他的自然科学很基本,对其宇宙论也很基本:宇宙所依赖的以及所有运动最终由以派生的首要原因是一个不动的推动者(Unmoved Mover),据说它作为目的因产生了运动,就像善是欲望和爱的目标一样。形式因和目的因在亚里士多德的伦理学和政治学中也同样重要,因为他关于善的生活和善的城邦的思想乃是基于他对人的固有目的或功能的构想。人在存在等级中占据着一个独一无二的位置:他和神一样拥有理性,但又和其他动物一样拥有感觉、营养和繁殖等其他重要能力。与此同时,同一个存在等级包含着神、人、动物、植物和无生命物体。不同的自然物有着不同的形式和目的,但从神圣的天体到最卑下的卵石,所有种类的自然物都在寻求和渴望适合自己的形式和目的。

亚里士多德哲学的无所不包是使之在古代极具影响的一个主要因素。其原因学说不仅规定了应当问什么样的问题,还规定了应当用什么方式来回答它们。但他的直接追随者们也绝非一味模仿他的思想。他的学校吕克昂(Lyceum)①接下来的两位领袖是伊勒苏斯(在莱斯博斯岛)的塞奥弗拉斯特(Theophrastus of Eresus)和兰萨库斯的斯特拉托(Strato of Lampsacus),两人都是极富才华、颇具独创性的思想家,而且都批评和拒斥了亚里士多德的部分教导。例如,塞奥弗拉斯特在他的《形而上学》中批评了目的因学说,并且在《论火》(On Fire)中对火是否能与其他几种简单物等量齐观提出了质疑。

论述塞奥弗拉斯特、斯特拉托以及吕克昂其他成员的具体科学理论的历史超出了本书的范围,但从某种角度来看,该学派的整个工作关乎对亚里士多德本人的评价。合作研究的思想在一定程度上得益于毕达哥拉斯学派、医学学校和柏拉图学园等更早的学校。但亚里士多德及其同事和学生所做的研究大大超出了以前设想的程度,更不用说是实现的程度。首先是关于思辨思想不同分支的一系列历史记述。可以认为,这些记述乃是亚里士多德本人在《形而上学》第一卷等论著中对前人观点所作概述的自然发展。

---

① 吕克昂是雅典近郊的一个小树林。除亚里士多德以外,还有其他教师在那里授课,但这个名字渐渐被特别归于亚里士多德的学校。虽然亚里士多德在公元前335年回到雅典之后不久就开始在那里授课,但可能直到公元前322年他去世,这所学校才在吕克昂获得了自己的财产,并像柏拉图的学园一样获得了某种宗教联盟(thiasos)的合法地位。

例如，塞奥弗拉斯特记述了主要物理学说史和早期思想中的感知觉理论史，美诺(Meno)[①]记述了医学史，欧德莫斯(Eudemus)记述了几何学史和天文学史。

其次是社会科学研究。这方面最引人注目的著作是对158个城邦的政制研究，其中《雅典政制》(Constitution of Athens)是唯一现存的范例：虽然亚里士多德计划了整个系列，但他本人可能只编写了这些研究中的一小部分。

第三是自然科学研究。亚里士多德本人的动物学论著在某种程度上（就《动物志》而言则在很大程度上）代表了共同研究的成果。这些动物学研究又得到了塞奥弗拉斯特同样详尽的植物学论著——《植物的成因》(Causes of Plants)和《植物志》(Inquiry Concerning Plants)——的补充。接着是亚里士多德《气象学》第四卷对自然物组成的研究，之后则是塞奥弗拉斯特的《论石》(On Stones)对矿物的详细研究。最后，在动力学方面，除了亚里士多德本人在《物理学》和《论天》中对运动和重量所做的不成系统的讨论，还有斯特拉托的工作。根据辛普里丘的说法，斯特拉托做了一些特别与加速现象有关的研究。

在吕克昂所做研究的规模前所未有。这并非偶然，而是运用亚里士多德本人的方法论原则的结果，特别是他坚持要考察"材料"和"常识"，既是为了发现问题，也是作为解决问题的第一步。亚里士多德在自然科学上的许多工作都受到他和他的老师柏拉图

[①] 这里的美诺是亚里士多德的学生，当然不要将他与柏拉图同名对话中的人物相混淆。

所共有的一些基本看法的影响。两位哲学家都认为世界是理性设计的产物。两人都主张,哲学家研究的是形式和共相,而不是特殊的和偶然的东西。两人都认为,只有确定的、不可反驳的知识才称得上最严格意义上的知识。不过,虽然柏拉图和他这位最出色的学生之间有这些重要的相似之处,但在其他方面却存在深刻的分歧,这些分歧反映在他们对待自然科学的不同态度上。柏拉图说形式独立于具体事物而存在,而亚里士多德则否认这一点,认为形式与质料虽然在思想中可以区分开来,但在我们周遭世界的物体中却无法实际区分。例如,桌子的形式并无单独存在,也就是说,除非与某种质料结合在一起,否则是不存在的。此外,柏拉图坚持理性的作用而贬低感觉的作用,而亚里士多德则恢复了观察的地位。两人都对我们所谓的科学哲学做出了重要贡献,但其贡献的本质非常不同。用数学来理解现象的思想主要归功于柏拉图,而亚里士多德的一项根本而持久的贡献则是,他既在理论上倡导又在实践中证明,从事具体的经验研究是有价值的。

第九章 结论

前面几章概述了希腊科学从开端到亚里士多德的主要思想和问题,现在让我们回顾一下所收集的材料。我们先就早期希腊科学的社会、经济和意识形态背景提出一些一般问题,然后尝试总结早期希腊科学的特征,评价其局限性和成就。我们能在多大程度上确定古人从事科学研究的动机呢?是什么经济因素在起作用?也就是说,科学家们如何得到赞助,或者他们如何谋生?这些问题都很难,几乎没有什么证据能使我们给出确切回答。不过一些基本要点还是清楚的。

首先,我们考察的这些人显然并不构成一个明确的"科学家"群体。正如我在本书开头所说,希腊语中没有一个词能够完全等价于我们所说的"科学"。即使我们只关注从泰勒斯到亚里士多德的这一时期,可被称为"希腊科学"的理论也是极为多样的。同时代人并不把提出这些理论的人称为"科学家",而是称为哲学家、物理学家(physikoi)、数学家、医生或智者。甚至在这些一般群体内部,不同人对待研究的态度也有进一步的重要差异。

于是,关于科学研究背后的动机以及科学的经济学等问题,要比科学本身是一种公认的职业或事业时的情况复杂得多。先说科学的经济学。关于科学研究者的生计来源问题,有三种相互补充、互不排斥的可能回答:(1)独立谋生手段,(2)从事医学或教学等有偿"职业",以及(3)赞助。

在这三者之中,第一种即独立谋生手段似乎是最重要的。当然,要估计我们所感兴趣的这些人的富庶程度是极为困难的。很少有古代作者谈论他们的财务状况,因此我们通常只能根据从第欧根尼·拉尔修(Diogenes Laertius)的《哲人言行录》(Lives of the Philosophers)等二手资料中搜集来的信息做出猜测。例如,有时会有某位重要思想家家庭情况的记载。有些思想家是技师或工匠的儿子:据说毕达哥拉斯是一位宝石雕刻师的儿子,塞奥弗拉斯特是一位漂洗工的儿子。但在哲学家当中,这些人可能是例外。在大多数例子中,拉尔修都谈到了早期希腊哲学家的财富,例如,他对赫拉克利特、巴门尼德、阿那克萨戈拉和恩培多克勒就是这样谈的。对待这些证据固然要谨慎,但公元前4世纪的伊索克拉底(Isocrates)和亚里士多德等作者早已多次表达一种思想,即对哲学或自然科学感兴趣的前提条件是闲暇和物质上的宽裕,而且拉尔修的记载至少与我们所了解的公元前5、前4世纪希腊世界的总体经济情况相一致。较大城邦中的许多公民明显不必为眼前的生计发愁,因此能在各种相对而言非生产的甚至反生产的活动中投入大量时间和精力,比如政治阴谋和法律诉讼,以及包括自然研究在内的其他许多文化事业。

科学本身并不是职业。但一些人从医学和教学等可以不太严格地称之为职业的活动中挣钱,[①]他们为希腊科学思想的发展做

[①] 在我们所讨论的这个时期之后变得重要的第三种这样的"职业"是"建筑师"(architekton)。这个词不仅指建筑师和城镇规划者,还泛指工程师和攻城机与武器的设计者。

出了重要贡献。我们已经在第五章考察了公元前5、前4世纪的行医状况。医生声称自己能治病并无正式的职业资格证明可以引证,但正如我所指出的,一些医学作者坚持认为,有经验的医生不同于外行,医生不同于庸医。虽然行医没有保障,但医学为许多医生提供了生计,有时还远不只是生计。一门繁荣的医学"职业"对于希腊科学的重要性是显而易见的。在整个古代,那些以行医为要务的人不仅对生物科学,而且对物理学、宇宙论和科学方法论中更一般问题的讨论都做出了重要贡献。我们讨论的这个时期是如此,后来也是如此:公元前3世纪伟大的亚历山大里亚解剖学家和生理学家希罗菲洛斯(Herophilus)和埃拉西斯特拉托斯(Erasistratus),以及古代最伟大的生物学家帕加马的盖伦(Galen of Pergamum,公元2世纪),都是医学家。

教学对希腊科学的发展之所以重要或者说变得重要,有两个原因。首先,教学和医学一样可以提供生计;其次,像学园和吕克昂这样的机构为合作研究提供了机会。关于智者收入的证据大都来自柏拉图等敌对者的文献。例如,在《大希庇阿斯篇》(*Hippias Major*,282de)中,希庇阿斯吹嘘自己短暂造访西西里一次就挣了150多迈纳。但即使考虑到这些叙述中有某种夸张,我们还是可以确信,普罗泰戈拉、希庇阿斯和高尔吉亚等几位公元前5世纪的智者积攒了大量钱财。他们讲授的科目对科学固然没有多少直接影响,但天文学和几何学必须除外,这两门学科希庇阿斯都教过。虽然公元前5世纪最著名的智者都称不上是原创性的科学家,但其中一些人有助于提高某些科学学科的总体教育水平。

学园和吕克昂等学校在公元前4世纪的建立标志着一项重大

发展。这些机构中的成员在多大程度上关注科学议题,以及让他们感兴趣的究竟是什么性质的问题,存在着很大差异。学园在数学方面较强,在生物科学方面较弱,亚里士多德和塞奥弗拉斯特主持的吕克昂则正好相反,而在公元前4世纪的其他一些学校如伊索克拉底的学校中,科学根本不起什么作用。此外,财务状况也因学校而异。在通常情况下,学生们要付费听课(不过学园可能是个例外,至少最初是如此);除此之外,学生们可能还要为学校的一般养护捐款。但是显然,教学可以是首要的或补充的收入来源,这不仅对讲授修辞学和政治学等科目的人来说是如此,对那些主要兴趣在天文学、物理学或生物学的人来说也是如此。

这一时期赞助的范围和重要性就更难估计了。许多从事科学研究的人似乎都拥有私人财富。如果情况的确如此,那么科学家与其有钱有势的熟人之间的关系可能往往只是朋友关系,而不是科学家直接得到经费支持那种意义上的赞助关系。例如,阿那克萨戈拉是伯里克利的朋友和老师,但认为他们之间有某种重要的资助关系则未免草率。据说阿那克萨哥拉本人生于富裕家庭,他教育伯里克利是否收钱也不得而知。柏拉图至少将阿那克萨戈拉时代及更早的不为收钱而授课的贤哲,与后来只为收钱而授课的普罗泰戈拉等智者进行对比(《大希庇阿斯篇》281c ff)。这一时期及之后记载的许多故事在谈到哲学家或科学家与僭主或国王的交往时,做出友好表示的总是僭主或国王。虽然许多这样的故事都对哲学家或科学家做了过分奉承的解释,因此应当抱以怀疑,但情况并非总是如此。例如,柏拉图从迪翁(Dion)那里,然后从年轻较轻的狄奥尼修斯(Dionysius)那里得到的访问叙拉古的邀请都

第九章 结论

不是恳求来的。亚里士多德在公元前342年被腓力二世（Philip）聘为亚历山大的导师，他于公元前335年回到雅典时以及在那以后无疑得到了马其顿的认可和支持，但他或他的学校从亚历山大或其摄政王安提帕特（Antipater）那里得到的直接补助可能少得可怜。我们从普林尼（Pliny）等人的著作中读到，亚历山大要求其帝国中的许多人来支持亚里士多德做动物学研究，这些故事无疑是杜撰。直到缪斯宫（Museum）在亚历山大里亚落成（约公元前280年），强大君主的赞助才成为推进希腊科学家工作的一个重要因素。医学学校、学园和吕克昂等早期机构是完全自立或基本上自立的。无论如何，这一时期科学家的要求极为有限：事实上，在整个古代，天文学家、物理学家和生物学家都只用最简单的仪器和最基本的设备来从事研究。

虽然我们在问题在许多方面都还模糊不清，但有一个适用于任何时期的希腊科学的一般结论是清楚的：我们不必理会任何认为科学研究有重大金钱激励的看法。当然，在公元前5、前4世纪以及后来的几个世纪，较为成功的教师和医生可以挣一大笔钱。我们也不应低估经济因素在使新成员对智者和医生的"技艺"感兴趣方面所起的作用。但这解释不了为什么这两类人当中会有人致力于科学研究。金钱上的激励也许有助于解释为什么有些人会成为医生，但解释不了为什么有些人会成为有专门技术的医生，比如解剖学家、生理学家或胚胎学家。

但若不应理会直接的金钱激励，我们在多大程度上能够回答从事科学研究的动机是什么呢？如果回顾一下古代作者关于这个主题的说法，那么占支配地位的主题（尽管有许多变种）无疑是，自然研究本身就是回报。对哲学和自然科学最常见的辩护是，知识本身就是有价值的。这种注重精神生活的哲学家的神话已经被用于泰勒斯。柏拉图(《泰阿泰德篇》,174a)讲了一个故事,说泰勒斯在沉思天界时掉到了井里——不过正如我们已经指出的,关于泰勒斯的其他故事对他作了不同描述:亚里士多德(《政治学》1259a6 *ff*)将他描述成一个精明的生意人,说他曾垄断橄榄榨油机;希罗多德(《历史》I,75)则将他描述成一个工程师,说他曾使哈吕斯河改道。还有一些文献说毕达哥拉斯区分了三种生活,即沉思的生活、荣誉的生活和财富的生活,并认为其中最好的是第一种,即沉思的生活。在这两个例子中,我们的证据都依赖于二手文献,但是在公元前 5 世纪末以前,就已经有原始文本在讨论智慧生活的乐趣和益处。恩培多克勒(残篇 132)说"得到丰厚神圣智慧的人"是幸运的(*olbios*)①,而在一部已经失传的悲剧的著名残篇(910)中,欧里庇得斯(Euripides)也用"幸运"一词来形容那些从事探究(*historia*)之人和"观察不朽自然的永恒秩序"之人。

　　于是,柏拉图和亚里士多德不仅为这种理想赋予了极大权威性,而且在其心理学中赋予了它一种理性基础。两人都认为,哲学作为灵魂最高部分(即推理部分)的活动,对于真正的幸福是不可或缺的。正如我们所看到的,对柏拉图来说,对变化的生成世界的研究要逊于对不变形式的研究,但由于前者揭示了宇宙的理智秩序,所以绝非毫无价值。对亚里士多德来说,"沉思"(*theoria*)的生活也是最高的生活,他基于每一种动物"都有某种美的东西"而为生物学研究做明确辩护。在《形而上学》的前两章,亚里士多德提

---

① 这个词源自 *olbos*,后者的首要含义是财富、物质上的富足。

第九章 结论

出了他对功利研究和非功利研究的相对价值的看法。而在 981b13 ff,他重复了希腊人对技术或手艺发明者常见的崇敬之情:

> 首先,某种技艺的发明者自然会受人崇敬,只要这种技艺超出了人的日常观念。这不仅因为这些发明是有用的,还因为他被认为比其余的人更加智慧和卓越。

但接着他又说:

> 然而,随着越来越多的技艺被发明出来,有些技艺是为了生活的需要,有些是为了消遣娱乐,后一类发明者自然总被认为比前一类发明者更有智慧,因为他们的知识分支并不以功利为目的。

亚里士多德与其说是忽视了将理论观念付诸实际的可能性,不如说是积极赞颂为知识而追求知识的理想。关于他那个时代的物质生活条件,他显示出在我们看来几乎难以置信的自得:

> 因此,当所有这些发明[即那些以功利为目的的发明]业已确立时,那些不以快乐或生活需要为目的的知识分支就被发现了,首先是在人们最初开始享受闲暇的地方。①

---

① 出自牛津英译本:*The Works of Aristotle translated into English*, edited by W. D. Ross(Oxford, Clarendon Press), *Metaphysics*, W. D. Ross(Vol. VIII, 2nd ed., 1928).

虽然亚里士多德在这段话中进而谈及埃及人的数学进展,但是关于哲学在希腊的起源,他提出了一个类似的观点(982b12 ff):

> 无论现在还是最初,人们都是因为好奇才开始做哲学。……因此,既然他们做哲学是为了避免无知,他们求知显然是为了认识,而不是为了什么功利的目的。这一点也为事实所确证;因为只有当几乎所有生活必需品和有助于舒适消遣的事物都得到了保障时,人们才开始追求这样的知识。①

柏拉图和亚里士多德都认为,求知本身就是目的。它之所以是善的生活的一部分,有两个理由:首先,人与动物的不同之处在于人拥有理性,因此培养理性对于真正的幸福和卓越是必不可少的;其次,自然研究揭示了宇宙的美和秩序,沉思它们有助于使人在自身之中形成一种有序而高贵的品格。虽然其他古代作者也讨论过这一主题,但不能由此认定,所有同时代人甚至是所有从事自然研究的人都持有柏拉图和亚里士多德的信念和态度。

首先,大量证据表明,许多普通人(当然他们自己并非科学家)看重实用技艺。我们还记得,《被缚的普罗米修斯》(*Prometheus Bound*, 436 ff)中有一段话阐述了普罗米修斯对文明人的恩惠,其中不仅提到了医学,还提到了农业、造船和采矿。而《安提戈涅》(332 ff)谈论人所获得奇迹的那段合唱中提到了农业和航海。虽

---

① 出自牛津英译本;*The Works of Aristotle translated into English*, edited by W. D. Ross(Oxford, Clarendon Press), *Metaphysics*, W. D. Ross(Vol. VIII, 2nd ed., 1928)。

第九章 结论

然柏拉图本人主张为知识而求知,但他也意识到,对普通人来说重要的是研究的实际功用。我们已经看到,在《理想国》(527d)中,当格劳孔被问到是否应当把天文学纳入对护卫者的教育时,他说:

> 我肯定同意。感知季节、月份和年份的技能不仅对农业和航海有用,对军事技艺也同样有用。

诚然,苏格拉底被迫回答说:

> 你似乎担心许多人认为你在推荐无用的研究,这让我觉得好笑。

但这一评论的有趣之处在于,它意味着一般来说,"许多人"的确会首先考虑某种研究(包括我们所说的科学学科)的实际功用。这在当时是一种常见看法,比如伊索克拉底可以证实这一点。他在《布西利斯》(*Busiris*, 23)中提到了研究天文学、算术和几何学的两个完全不同的理由:第一是它们有各种用处,第二是它们有助于获得美德。

其次,如果讨论那些本身从事科学研究的作者,那么所有医生的主要动机显然不是沉思的生活这一理想。他们研究人体的构造,以及疾病的原因和治疗,无疑部分是为了知识本身,为了满足好奇心,或如亚里士多德所说,是"出于好奇"。但对于他们治疗的病人,潜在而言,他们在这些主题上所采用的理论绝非只有学术上的意义。《流行病》和外科论著,以及许多关于疾病和饮食学的更具思辨性的论著，最终都是为了传播信息，对那些面对诊断、预后和治疗的日常问题的医生提出有用的想法。正如《论古代医学》所指出的（第一章），那些将自己的医学论说建立在无根据假设之上的人：

> 尤其应当受到谴责，因为他们的错误与什么是技艺（techne）有关。所有人都在最重要的场合使用它，擅长技艺的那些优秀的工匠和实践者尤其赞扬它。因为有些行医者水平很糟，有些则要高得多；如果没有医学这回事，或者医学中未曾做出什么研究或发现，则情况不会是这样，而是所有人对此同样没有经验和同样无知，治疗病人将完全靠运气。

正如作者在第三章所说，医学是一种建立在研究基础上的技艺，从事医学是为了人的健康和保养。

医学绝非公元前5、前4世纪编写的专著所讨论的唯一"有用的"技艺。我们知道不仅有关于机械学（mechanike，对机械装置的研究）的论著，① 还有关于农业和建筑的论著（教诲文学传统可以追溯到赫西俄德的《工作与时日》）。比如在色诺芬（Xenophon）的《回忆苏格拉底》（Memorabilia, IV, 2, 8 ff）中，苏格拉底曾暗示智者欧西德莫斯（Euthydemus）拥有大量讨论医学和建筑学的论著，以及关于数学、天文学和修辞学等学科的论著。② 正如我们所看

---

① 据说阿基塔斯是最早用数学原理来研究机械装置的人。
② 智者希庇阿斯自称不仅能够讲授所有技艺，还能从事其中一些技艺。在《小希庇阿斯篇》（Hippias Minor, 368a ff）中我们得知，有一次他出现在奥林匹亚，身上穿的衣服全是他自己做的。

到的，德谟克利特讨论过包括农业、绘画和战争在内的多个专业主题。在《政治学》(1258b39 ff)中，亚里士多德提到了讨论牟利学(*chrematistike*)——赚钱的技艺，由农业、商业和工业所组成，包括像林学和采矿学这样的学科——的各个方面的著作，并且引用了特别讨论农业的各个分支的论著。

最后，《机械学》(*On Mechanics*)的作者——他是亚里士多德的一位追随者，而不是亚里士多德本人，尽管该著作见于《亚里士多德全集》——也讨论了知识的用处这一主题。该书的主体是对杠杆、滑轮、楔子和轮轴这四种简单机械的说明，还简要讨论了与秤、航行、从井中提水甚至拔牙有关的具体问题。在整部论著中，作者主要感兴趣他所讨论的装置中涉及的数学原理。他旨在对现象给出一种理论性的几何解释，比如他提出，也许可以用圆的性质来解释杠杆的操作。与亚历山大里亚的克特西比乌斯(Ctesibius of Alexandria)或叙拉古的阿基米德(Archimedes of Syracuse)(两人都是公元前3世纪的人)等后来的机械学作者不同，他本人似乎并非发明家或工程师。但对于机械学中那些令人惊异的内容，他也认可其用处。他说(847a13 ff)："自然的运作往往不合人的方便，……因此，当我们不得不违反自然地做某件事情时，其难度给我们造成困惑，故而必须借助于技艺。我们把帮助我们对付这类困惑的那部分技艺称为机械学。"接着他又赞许地引用诗人安提丰(Antiphon)的诗句："在自然面前失败的地方，我们靠技艺来完成。"

古代科学的研究者经常指出，古代科学与现代科学的一个重要差异在于，古人只求理解自然，而对利用或控制自然不感兴趣。

虽然作为大致的概括，这样说是不错的，但它往往忽视了从事自然研究的古代作者有不同类型。哲学家的理想是过"沉思"的闲暇生活，而早期希腊的许多医生则以从事一门技艺而自豪。知识的用处常被提及，而且有时作者想到的显然不是知识有助于幸福或美德，而是知识有实际的用途。尽管如此，在自然研究者当中占主导地位的意识形态仍然是追求纯粹研究的生活。鉴于柏拉图、亚里士多德等作者都更偏爱非功利的研究而不是功利研究，希腊人往往迟于考虑或者根本不去考虑他们的理论知识能否付诸实际应用也就不足为奇了。我们在弗朗西斯·培根（Francis Bacon）那里看到的观点，即求知的目标在于它的实际利益，对古代世界来说是非常陌生的。特别是，《机械学》的作者说，只有当自然本身无法满足人的需求时才不得不诉诸"技艺"，他并未设想要系统地探索机械学在技术上的应用。

我们已经区分了"自然研究"（inquiry concerning nature）背后的一些总体动机。但"自然研究"比我们所说的"自然科学"要宽泛得多。必须认识到，一些古代自然研究者的目标、期待和动机包括了我们往往认为与科学无关的许多东西。可以清楚地表明这一点的一个例子是对天体的研究。寻求关于星辰的知识既是为了知识本身（"哲学"动机），又是为了调整历法（实用动机）。但是大约从公元前4世纪中叶开始又出现了第三种动机，有些人研究星辰是因为相信星辰会影响人的命运。这并不是说古人不区分我们所说的占星学和天文学，恰恰相反，他们明确作出了这种区分，至少在古代晚期是如此。例如，我们发现托勒密（Ptolemy）在《占星四书》（Tetrabiblos）的开篇几章便作出了这种区分。但他所区分的

第九章 结论

并非科学意义上的天体研究与非科学或伪科学意义上的天体研究，而是一门精确的知识分支与一门纯粹猜测性的知识分支。

虽然有证据表明，占星学知识早在公元前4世纪就已经开始从巴比伦传入希腊世界，但直到我们所研究的这个时期之后，它才成为研究天体特别是计算行星位置的一个重要理由。但公元前5世纪已经有很好的例子可以说明自然研究背后的复杂动机。在毕达哥拉斯学派的研究中，数学与宗教密不可分地交织在一起。万物皆数的学说既激励他们对声学进行经验研究，又激励他们就事物与数之间假定的相似性做出奇特的思辨。恩培多克勒也既是物理学家，又是宗教导师。他的诗作《论自然》(*On Nature*)与《净化》之间的关系虽然模糊不清，但引人注目的是，同一个人在前一首诗中提出了元素论，在后一首诗(残篇112)中却自称不朽的神：

> 我，一个不朽的神，不再会死。我在你们所有人当中行走，头束发带和花冠，受到应有的尊敬。

恩培多克勒进而描写了他的同胞们如何成千上万地簇拥在他周围，"询问获益的途径，有的渴望神谕，有的则希望听到能够治愈所有疾病的话语"。我们考察过的《论圣病》中的证据表明了某些希腊人会对恩培多克勒的说法作何反应：这位希波克拉底学派的作者严厉批评了"魔法师""涤罪师"以及符咒或咒语的兜售者。但恩培多克勒的残篇表明，并非所有"涤罪师"都是骗子：其中至少还包括一位对物理理论做出重要贡献的哲学家。

我们说过，关于科学研究的本性，古代作者并无公认看法。同样,古人也弄不清楚他们有哪些研究会走向死胡同,或者说哪些研究原则上就有错误观念。不同作者会在知识的分支与任意的思辨之间划出不同的界限,界限的清晰程度也各不相同。他们在这一点上的分歧和在一些更具体议题上的分歧同样严重,比如目的因的恰当性(在这一点上,柏拉图和亚里士多德反对恩培多克勒和原子论者)或观察的价值(在这一点上,柏拉图与亚里士多德持相反立场)。可以断言,好奇心和对知识(无论是理论知识还是实用知识)的渴望乃是古代自然研究背后最一般的动力。但我们必须承认,这些动机所促进的研究有着非常不同的形式,不仅反映了相关作者在科学兴趣上的差异,也反映了他们在哲学信念和宗教信念上的不同。

然而,鉴于对"自然研究"的不同理解,我们在多大程度上能够概括这一时期科学的一般特征呢?人们常常认为,早期希腊科学的区别性特征更多在其方法而不在其内容。特别是,常有人指出,古代科学与文艺复兴以来科学的区别在于,古人未能认识到实验的价值和重要性。同样,这个命题虽然大体上是正确的,但需要作某种限定。

第一点保留意见是,实验与希腊科学家感兴趣的许多问题根本不相干。天文学和气象学在最早的自然哲学家的思辨中占有显著的位置,但在这两个领域,科学家都无法直接做实验。就天文学而言,这是显然的,因为天体的运动是无法控制的——尽管这些运动的规律性重复为检验假说提供了不同的手段。但希腊人也无法直接研究像闪电和打雷这样的现象,他们最多能够通过类比熟悉的现象来进行论证,自阿那克西曼德以来,这的确是处理这些问题的常用方法。

此外,实验方法对于研究物理学基本问题(即物质的最终组成问题)的用处非常有限。虽然很简单的实验就能对一些复合物的本性给出有用的信息,但是像原子论与亚里士多德的定性理论之间的这种重要争论是无法通过观察或实验而得到解决的,因为这一争论取决于想给出什么类型的解释。

于是在这样的领域,说希腊人未能使用实验方法是没有什么意义的,因为设计实验来解决相关问题要么不切实际,要么极不可能。不过,这并不适合于物理学和生物学中的其他许多问题。但我们所要提出的第二点保留意见涉及希腊人在多大程度上未能将他们的理论付诸检验。说他们从未做过实验显然是错误的。正如我们所料,希腊科学中最为细致、系统和富有成果的实验要比我们讨论的这个时期晚很多,比如托勒密的光学实验或盖伦的神经系统实验(两者都在公元2世纪)。但即使在公元前5、前4世纪,实验也有小规模的运用。我们已经考察过毕达哥拉斯学派声学实验的证据:虽然这些证据在很大程度上是不可信的,但有些证据却很有说服力,因为它们源于对使用这些方法充满敌意的柏拉图。

希波克拉底学派的作者们和亚里士多德也提到了几个简单的实验。当然,实验结果有时会被误报(或者实验本身没有做对),而且常常并未证明其作者以为证明了的东西。《论气、水、处所》第八章中描述的实验就是一个典型例子,作者建议在一个寒冷的夜晚将一碗水置于户外使之结冰,并说等冰融化后再称,发现水量不如之前多。如果水量确有减少,那无疑是因为蒸发而不是因为结冰。但更引人注目的是,作者引用这个实验是为了支持他的以下理论,即水结冰时,"明亮而轻甜的"部分从"浑浊而沉重的"东西中分离出来。他断言,实验表明,结冰导致水"最轻和最精细的"部分"干涸和消失",留下了沉重而粗糙的部分。不过也有一些简单实验的例子被用来成功地说明某些问题。比如亚里士多德在讨论海水为什么是咸的时,说海水正变得越来越咸:他声称,海水因蒸发而失去的盐量并不明显,并且提到了一个与此有关的实验。他在《气象学》(358b16 *ff*)中说:"根据实验(*pepeiramenoi*)我们可以断言,咸水蒸发形成淡水,水蒸气再次凝结时并不形成海水。"

在某些情况下,早期希腊科学家的确通过做简单的实验来追究具体的物理学和生物学理论。但这种情况非常少,凭借后见之明不难举出一些例子,表明希腊人未能做一些他们有能力做且与所讨论问题相关的实验。比如雷迪(Redi)在17世纪做的简单实验在当时本可以做出来,以确定腐肉中的蛆虫是因为肉本身的腐败而自发产生的,还是直接来自苍蝇的排泄物。这样的实验本可以向希腊人表明,他们关于动物自发产生的常见假定是错误的。但是显然,只有当整个自发产生学说受到质疑时,做这类实验的想法才可能出现。

于是更重要的一点是,希腊人所做的这些实验通常是有预定目的的,即支持作者本人的理论。诉诸实验是对诉诸证据这种更常见观念的拓展:实验是一种确证性的技巧,而远不只是一种启发性的技巧。做实验是为了确证希望得到的结果,直到古代晚期,我们才发现尝试系统性地改变实验条件以分离出因果关系的例子。

在本书中我们已经发现大量证据表明,早期希腊科学使用过经验方法。虽然实验还很罕见,但无论在生物学和医学中还是在

第九章　结论

天文学中，都有很多娴熟的持之以恒的希腊观察者。然而，早期希腊科学史给人留下的基本印象是，抽象论证占据主导地位，这在部分程度上是因为所研究问题的本性。要研究变化问题，就不得不讨论知识基础问题。说古代科学在很大程度上与哲学密切相关，这是有充分理由的，因为着手研究科学问题本身的前提之一是解决某些基本的知识论问题。希腊科学家（哲学家和医学作者都是如此）在试图澄清问题的本性时，总是反复提到和批评彼此的想法。我们说过，建立这种理性辩论的传统是米利都哲学家的主要贡献之一，此后，个人之间以及群体之间的竞争无疑大大激发了关于具体科学问题以及与科学研究的本性和固有方法有关的二阶问题的兴趣和讨论。

但如果热衷于辩证法是早期希腊科学的长处之一，那么它也构成了一个弱点。对科学问题的讨论常常因为太像法庭上的辩论而受到损害。正如《论人的本性》所表明的，在公元前5世纪末，甚至连人体的组成这样令人费解的问题也要公开辩论。可以认为，这样的辩论对于思想的传播是不可或缺的：虽然书写文本在公元前5—公元前4世纪的传播有所增长（亚里士多德的图书馆是最早的重要图书馆之一），但即使在我们讨论的这个时期结束时，书籍也还是稀罕物，人与人的接触和交谈在知识传播中的作用要比在现代社会大得多。然而，在《论人的本性》中谈到的公开辩论的背景中存在着一种倾向，即说话者只说事情的一面，只陈述自己的观点和暗中破坏对手的论点，而把自己立场的弱点留给其他说话者去探究。此外，对于裁定这种辩论胜负的听众来说，重要的是说话者的修辞技巧，而不是他们对所争论科学主题的认识。当然，科学问题并非总是在这种令人不快的状况下得到讨论。亚里士多德与其吕克昂同事之间的关系无疑非常不同于《论人的本性》中描述的辩论者之间的关系。但事实仍然是，希腊人不仅热衷于和善于辩论，而且经常很容易认为辩论就是对其问题的解决方案。与此同时，希腊人自己至少在一定程度上意识到了这种批评。比如我们看到，《论古代医学》的作者严厉批评一些人以这种方式谈论科学主题，以致说话者本人和他的听众都弄不清楚"所说的是否正确，因为获得清晰的知识无标准可循"。

在本书中我一直坚持认为，我们谈到"希腊科学"时所涉及的资料非常复杂。但在结语中，我们有必要试着评价一下希腊科学在前250年或300年里可以说取得了哪些成就。首先应当指出，即使在雅典，甚至在我们考察的时期行将结束时（吕克昂创建之后），科学还只是少数人的兴趣，而在其他地方科学家就更少。我们看到，成为科学家并无金钱上的动机，科学本身也没有城邦支持。那种在我们的社会占主导地位的想法，即认为科学掌握着物质进步的钥匙，对古代世界来说是非常陌生的。在这种背景下，按照现代标准，科学活动的规模那时是而且始终是微不足道的。本书中讨论的所有科学家的数量不会超过一所中等规模的现代大学里的科学教师人数。

但是，对"自然研究"的不同方面感兴趣的这极少数孤立个人所取得的成就绝不可忽视。首先，也是最明显的，各个领域都有事实知识上的进展。描述性的生物学分支（特别是解剖学和动物学）尤其如此，这在很大程度上（即使不是全部）要感谢亚里士多德的工作。在天文学上，到了公元前4世纪末，希腊人也开始证明他们是卓越的观测者，比如这可见于对季节长度越来越精确的测量。

第二点，也是更重要的，是在把握某些问题的本性方面取得了进步。这方面最主要的例子是变化问题。我们已经看到最早的前苏格拉底哲学家是如何渐渐意识到这个问题的，以及巴门尼德对变化可能性的否认如何规定了后来的物理学家必须解决的主要问题。此后，亚里士多德对质料因和动力因的明确区分使以下两个问题分离开来：(1)物体的最终组成问题；(2)不同种类变化的动力因问题。起初，泰勒斯还在朝着某种原初实体的观念摸索，而到了公元前4世纪中叶，希腊人已经提出了"实体""性质""质料""基体""原因"等丰富的术语词汇，以讨论与变化相关的一连串问题。

在更具体的研究领域，问题也渐渐被界定得更加清楚。比如柏拉图表述了天文学在很长时间里的主要问题，即把行星的不规则运动归结为规则的运动，再比如，亚里士多德阐述了繁殖和遗传的生物学问题。即使希腊人提出的具体理论无甚持久价值，后来的科学也常常把第一次清晰表述某些基本问题归功于早期的自然哲学家。

但这一时期的第三项成就，可能也是最重要的成就，是提出了两个关键的方法论原则：(1)用数学来理解自然现象；(2)从事经验研究。第一种观念主要归功于毕达哥拉斯学派和柏拉图，欧多克索的天文学模型便是对它的一个著名的实际运用。从事细致研究的观念乃是或多或少激励了所有希腊科学家（但首先是希波克拉底学派，然后特别是亚里士多德）的好奇心的自然延伸，它显示了在一个特定的研究领域着手收集详细信息是怎么回事。亚里士多德在动物研究中对其方法所作的辩护，既表明这种技巧在某些地方遇到了阻力,也说明了他本人对其价值的认识。

　　我们今天会把这些方法论原则视为理所当然,以至于需要做一番想象才能看到它们需要被发现。但不得不承认,情况的确如此。事实上,它们不仅需要被希腊人发现,还需要在文艺复兴时期被重新发现。伽利略和开普勒等人实际上已经认识到,柏拉图是将科学数学化的主要古代倡导者。至于第二种观念则很明显,例如,虽然维萨留斯(Vesalius)拒绝接受亚里士多德和盖伦的许多观点,但可以认为,在解剖甚至是观察本身已经废弃不用的很长一段时间之后,维萨留斯标志着重新回到了亚里士多德和盖伦的研究方法。

　　于是,虽然这两种观念在我们看来非常自明,但从长远来看,代表着早期希腊人对后来科学的最重要遗产的正是它们,而不是这一时期的任何具体理论,哪怕是像欧多克索的天文学或亚里士多德全面的自然哲学那样卓越的构造。后来的希腊人将这些方法论原则付诸实践的相对成败乃是希腊科学下篇的内容。

参考书目选编

一、原始文献：原文和英译

1. 总论

A Source Book in Greek Science, edited by M. R. Cohen and I. E. Drabkin(second edition, Cambridge, Mass., Harvard University Press, 1958). 该书不包含宇宙论，但在其他方面则全面选择了最重要段落的译文，以及一份有用的参考书目。

2. 前苏格拉底哲学家

原文：主要资料集是 Die Fragmente der Vorsokratiker, 3 vols, edited by H. Diels and W. Kranz(6th edition, Berlin, Weidmannsche Verlagsbuchhandlung, 1951–2)。

英译：Diels-Kranz 残篇的英译可见于 K. Freeman, Ancilla to the Pre-Socratic Philosophers (Oxford, Blackwell, 1948; Cambridge, Mass., Harvard University Press), 但该书应结合一本评注使用；G. S. Kirk and J. E. Raven, The Presocratic Philosophers (Cambridge, University Press, 1957) 对最重要的文本作了翻译和讨论；W. K. C. Guthrie, A History of Greek Philosophy, vols. 1 and 2(Cambridge, University Press, 1962, 1965)内容更广泛，并附有一份完整的参考书目。

3. 希波克拉底文集

原文：最新出版的全集版本是 E. Littré, Œuvres complètes d'Hippocrate, 10 vols. (Paris, J. B. Baillière, 1839–61)。

英译:最重要论著的最佳英译是 J. Chadwick and W. N. Mann, *The Medical Works of Hippocrates* (Oxford, Blackwell, 1950),但该选本可补充以 Loeb 版的希波克拉底四卷本: W. H. S. Jones and E. T. Withington (Cambridge, Mass., Harvard University Press; London, Heinemann, 1923 – 31)。

4. 柏拉图

原文:标准版本是 J. Burnet, *Platonis Opera*, 5 vols. (Oxford, Clarendon Press, 1899 – 1906)。

英译: Loeb 版是最佳全译本。对希腊科学史来说,最重要的对话是《蒂迈欧篇》,关于该书有两部出色的评注: A. E. Taylor, *A Commentary on Plato's Timaeus* (Oxford, Clarendon Press, 1928) 和 F. M. Cornford, *Plato's Cosmology* (London, Routledge & Kegan Paul, 1937; New York, Humanities Press)。Cornford 的《理想国》译本同样有价值: *The Republic of Plato* (Oxford, Clarendon Press, 1941; New York, Oxford University Press)。

5. 数学家和天文学家

原文:欧多克索: F. Lasserre, *Die Fragmente des Eudoxos von Knidos* (Berlin, De Gruyter, 1966)。赫拉克利德: F. Wehrli, *Herakleides Pontikos* (Die Schule des Aristoteles, vol. VII) (2nd edition, Basle, Benno Schwabe, 1969)。

英译:大多数重要内容的英译可见于 T. L. Heath, *Greek Astronomy* (London, Dent, 1932) 或 T. L. Heath, *A History of Greek Mathematics*, vol. I (Oxford, Clarendon Press, 1921; New York, Oxford University Press)。

6. 亚里士多德

原文:最新出版的全集版本是柏林科学院版 (Berlin, Reimer, 1831 – 70),但其中许多论著现已编入牛津古典文本 (Oxford Classical Texts) 丛书。

英译:最佳全译本是 *The Works of Aristotle translated into English*, edited by W. D. Ross, 12 vols. (Oxford, Clarendon Press, 1908 – 52),但 Loeb 版的

许多译文也很出色，特别是 A. L. Peck 的 *Parts of Animals*（Cambridge, Mass., Harvard University Press; London, Heinemann, 1937）, *Generation of Animals*（1943）和 *Historia Animalium*（vol. I, 1965），以及 W. K. C. Guthrie 的 *On the Heavens*（Cambridge, Mass., Harvard University Press, 1939）。

二、二手文献

1. 总论

最重要的英文著作是：

S. Sambursky, *The Physical World of the Greeks*（trans. M. Dagut, London, Routledge & Kegan Paul, 1956; New York, Humanities Press, Collier-Macmillan（paper）1956）。

O. Neugebauer, *The Exact Sciences in Antiquity*（second edition, Providence, R. I., Brown University Press, 1957）。

M. Clagett, *Greek Science in Antiquity*（London, Abelard-Schuman, 1957; New York, Collier-Macmillan（paper））。

B. Farrington, *Greek Science*（revised one vol. edition, London, Penguin Books, 1961; Baltimore, Md., Penguin Books）。

两本较早的著作也值得参考：

A. Reymond, *History of the Sciences in Greco-Roman Antiquity*（trans. R. G. de Bray, London, Methuen, 1927; New York, Biblo & Tannen）。

W. A. Heidel, *The Heroic Age of Science*（Baltimore, Carnegie Institution of Washington, 1933）。

以下著作也包含关于希腊科学的有用章节：

G. Sarton, *A History of Science*, vol. 1（London, Oxford University Press, 1953; New York, W. W. Norton & Company, Inc., 1970）。

J. Needham, *A History of Embryology*（2nd edition, Cambridge, University Press, 1959）。

M. Hesse, *Forces and Fields, The concept of action at a distance in the history of physics*（London, Nelson, 1959; Totowa, N. J. Littlefield, Adams Co., 1961）。

2. 背景和比较材料

  V. Gordon Childe, *Man Makes Himself* (London, Watts, 1936; New York, New American Library, 1952), *What Happened in History* (London, Penguin Books, 1942; Baltimore, Md., Penguin Books), *The Prehistory of European Society* (London, Penguin Books, 1958).

  H. Frankfurt (ed.) *Before Philosophy* (London, Penguin Books, 1949; Baltimore, Md., Penguin Books).

  C. Singer, E. J. Holmyard, A. R. Hall (ed.), *A History of Technology*, vols. 1 and 2 (Oxford, Clarendon Press, 1954, 1956).

  R. J. Forbes, *Studies in Ancient Technology*. 9 vols 已经部分问世,其中一些是第二版(Leiden, Brill, 1955,进行中)。

  列维-斯特劳斯讨论"原始思维"的最重要著作是 *The Savage Mind* (London, Weidenfeld & Nicolson, 1966; University of Chicago Press, 1967)。

3. 前苏格拉底哲学家[更多参考文献见 W. K. C. Guthrie, *A History of Greek Philosophy*, vols. 1 and 2 (Cambridge, University Press, 1962, 1965)]

  D. M. Balme, 'Greek Science and Mechanism', *Classical Quarterly*, no. 33(1939), pp. 129—38, and no. 35(1941), pp. 23—8.

  E. Schrödinger, *Nature and the Greeks* (Cambridge, University Press, 1954).

  K. R. Popper, 'Back to the Presocratics', *Proceedings of the Aristotelian Society*, no. 59(1958-9), pp. 1—24, reprinted in *Conjectures and Refutations* (2nd edition, London, Routledge & Kegan Paul, 1965; New York, Harper & Row, Torch Book, 1968) pp. 136—53.

  G. S. Kirk, 'Popper on Science and the Presocratics', *Mind*, no. 69 (1960), pp. 318—39.

  G. E. R. Lloyd, 'Popper versus Kirk: a controversy in the interpretation of Greek Science', *British Journal for the Philosophy of Science*, no. 18(1967), pp. 21—38.

4. 希波克拉底学派

W. A. Heidel, *Hippocratic Medicine: its spirit and method* (New York, Columbia University Press, 1941).

W. H. S. Jones, *Philosophy and Medicine in Ancient Greece* (Suppl. 8 to the Bulletin of the History of Medicine, Baltimore, Johns Hopkins Press, 1946).

L. Edelstein, *Ancient Medicine* (Baltimore, Johns Hopkins Press, 1967).

5. 柏拉图

P. Shorey, 'Platonism and the History of Science', *Proceedings of the American Philosophical Society*, no. 66(1927), pp. 159—82.

G. C. Field, 'Plato and Natural Science', *Philosophy*, no. 8(1933). pp. 131—41.

I. M. Crombie, *An Examination of Plato's Doctrines*, vol. 2(London, Routledge & Kegan Paul, 1963; New York, Humanities Press, 1963).

G. E. R. Lloyd, 'Plato as a Natural Scientist', *Journal of Hellenic Studies*, no. 88(1968), pp. 78—92(包含更多参考书目)。

6. 数学和天文学

T. L. Heath, *Aristarchus of Samos* (Oxford, Clarendon Press, 1913; New York, Oxford University Press).

O. Neugebauer, 'The History of Ancient Astronomy; Problems and Methods', *Journal of Near Eastern Studies*, no. 4(1945). pp. 1—38.

B. L. van der Waerden, *Science Awakening* (trans. A. Dresden, Groningen, Noordhoff, 1954; New York, Oxford University Press, 1961; paperback, John Wiley & Sons, Inc.).

F. Lasserre, *The Birth of Mathematics in the Age of Plato* (trans. H. Mortimer, London, Hutchinson, 1964).

7. 亚里士多德

T. E. Lones, *Aristotle's Researches in Natural Science* (London, West, Newman & Go., 1912).

I. E. Drabkin, 'Notes on the Laws of Motion in Aristotle', *American Journal of Philology*, no. 59(1938), pp. 60—84.

D' A. W. Thompson, 'Aristotle the Naturalist' in *Science and the Classics* (London, Oxford University Press, 1940), pp. 37—78.

R. McKeon, 'Aristotle's Conception of the Development and the Nature of Scientific Method', *Journal of the History of Ideas*, no. 8(1947) pp. 3—44, reprinted in *Roots of Scientific Thought* (ed. P. P. Wiener and A. Noland, New York, Basic Books, 1957) pp. 73—89.

F. Solmsen, *Aristotle's System of the Physical World* (New York, Cornell University Press, 1960).

8. 古代科学的方法论

H. Gomperz, 'Problems and Methods of Early Greek Science', *Journal of the History of Ideas*, no. 4(1943), pp. 161—76, reprinted in *Roots of Scientific Thought* (ed. P. P. Wiener and A. Noland, New York, Basic Books, 1957), pp. 23—38.

L. Edelstein, 'Recent Trends in the Interpretation of Ancient Science', *Journal of the History of Ideas*, no. 13(1952), pp. 573—604, reprinted in *Roots of Scientific Thought*, pp. 90—121.

G. E. R. Lloyd, 'Experiment in Early Greek Philosophy and Medicine', *Proceedings of the Cambridge Philological Society*, no. 190(n. s. 10)(1964), pp. 50—72.

索 引

（所标页码为原书页码，即本书"早期希腊科学"部分边码）

Academy,学园,66—7,82,123,127—9
acoustics,声学,30—1,67,70,137,140
agriculture,农业,3,48,133,134—5
air,气,18,20,22,25,39—41,58,61,74,
  76—7,107—10
aithēr(fifth element),以太（第五元素）,
  109—112
Alcmaeon of Croton,克罗顿的阿尔克迈
  翁,64,73
Alexander,亚历山大,129
anatomy,解剖学,64,116—17,144
Anaxagoras of Clazomenae,克拉左美奈的
  阿那克萨戈拉,10,39,43—6,49,55,
  126,128—9
Anaximander of Miletus,米利都的阿那克
  西曼德,1,ch 2,25,37,40,43,80,139
Anaximenes of Miletus,米利都的阿那克
  西美尼,1,ch 2,25,37,43
animal,动物,17—18,78,104—5,112,
  115—22,131,141
Antigone,《安提戈涅》,133
Antipater,安提帕特,129
Antiphon,安提丰,136
apodeixis,证明,见 demonstration,证明
Apollonius of Perga,佩尔吉的阿波罗尼奥
  斯,97
aporiai,疑难,102

Aratus of Soli,索利的阿拉托斯,97
Archimedes of Syracuse,叙拉古的阿基米
  德,135
architecture,建筑,134—5
architektōn,建筑师,127
architektonikos,医术大师,51
Archytas of Tarentum,塔兰托的阿基塔
  斯,30—31,34—5,135
Aristarchus of Samos,萨摩斯的阿里斯塔
  克,95
Aristotle,亚里士多德,63,66,92—4,ch
  8,126,129,136,138—9,141,143—6；
  on previous writers,～论之前的作者,
  1,9,10,18—22,25—30,33,37,44,
  46—7,51,64,86,91,130
Constitution of Athens,《雅典政制》,123
Inquiry concerning Animals,《动物志》,
  116—18,123
Metaphysics,《形而上学》,19,25,26—
  7,28—9,93—4,123,131—2
Meteorology,《气象学》,109,123,141
Nicomachean Ethics,《尼各马可伦理
  学》,104
On Coming-to-be and Passing-away,
  《论生灭》,47,102,107—108
On the Generation of Animals,《论动物
  的产生》,117—20

On the Heavens,《论天》,28,29—30, 113,123
On the Motion of Animals,《论动物的运动》,118
On the Parts of Animals,《论动物的部分》,104—5,118,120—1
On the Progression of Animals,《论动物的行进》,118
On the Soul,《论灵魂》,9
Organon,《工具论》,99—101
Parva Naturalia,《自然短论》,118
Physics,《物理学》,20,113—14,123
Politics,《政治学》,130,135
Posterior Analytics,《后分析篇》,99,101
Prior Analytics,《前分析篇》,33,101
arithmetic,算术,6—7,31—3,67,133
Ars Eudoxi,《欧多克索的技艺》,82,92
art(*technē*),技艺,50—1,59,65,105—6, 130,131,133,134,136
astrology,占星学,7,137
astronomy,天文学,5—8,17,27—30,48, 54,60,67—70,79,ch 7,101,109—12, 123,128—9,133,135,137,139,144—6
Athens,雅典,6,14,43,53,66,143
atomism,原子论,45—9,73—4,76—77, 102,107—9,119—21,138—9
atomon(indivisible),原子(不可分者),45

Babylonians,巴比伦人,4—7,13,31,33, 81,109,137
Bacon,Francis,弗朗西斯·培根,136
Baillou,Guillaume de,纪尧姆·德·巴尤, 57
becoming,生成,36—9,43—4,70—72,74, 79,104,131;另见 change,变化
being,存在,38—9,46—7,79
bile,bilious,胆汁,胆汁质,55,57,61,63
biology,生物学,49,63,73,78—9,107,

115—21,127,128—9,131,140—2,144
blood,血,42,44,61,63
bone,骨,44,64,73,119—20
botany,植物学,48,78,123
"Boundless",无定,18—23,25,40

calendar,历法,5—7,81—2,137
Callippus of Cyzicus,基齐库斯的卡利普斯,91—3
case histories,案例志,53,56—8
causation,因果关系,26,58—9,62,71,73, 78,99,101,105—7,120,122,144—5
Chalcidius,卡尔西迪乌斯,64,95—6
change,变化,20—3,ch 4,74,103—4, 107—8,142,144—5
chemistry,化学,41—3,104,109
chrēmatistikē,牟利学,135
city-state,城邦,13—15,51—2
Clagett,M.,克拉盖特,1
Cnidus,尼多斯,51
cognition,认知,42,62;另见 knowledge,知识
colours,颜色,48
compounds,复合物,40—2,45—6,74, 107,109
condensation and rarefaction,稀释与凝结,22
contemplation(*theōriā*),沉思,104,130, 131,136
Cos,科斯岛,51
cosmology,宇宙论,9,16,18—23,27,38— 40,42,48,64,66,70—3,78,98,121,127
counter-earth,对地,28—9
craftsman(*dēmiourgos*),工匠(匠神),3, 51,106,126,134;in Plato,柏拉图学说中的~,70,72—3
critical days,危险期,58
Croton,克罗顿,24,51
Ctesibius of Alexandria,亚历山大里亚的

克特西比乌斯,135
cube, problem of duplication of, 倍立方问题, 34
Cyrene, 昔兰尼, 51

Dalton, 道尔顿, 45
debate, 辩论, 10—15, 51, 58, 61, 142—3
dēmiourgos, 匠神, 参见 craftsman, 工匠
Democedes, 德莫塞德斯, 53
Democritus of Abdera, 阿布德拉的德谟克利特, 39, 45—9, 63, 77, 112, 135; 另见 atomism, 原子论
demonstration (*apodeixis*), 证明, 99—100
design, 设计, 72, 78, 98, 120—1, 124
diagnosis, 诊断, 52, 55—9, 134
diet, dietetics, 饮食、饮食学, 50, 52, 134
Diogenes of Apollonia, 阿波罗尼亚的第欧根尼, 73
Diogenes Laertius, 第欧根尼·拉尔修, 126
dissection, 解剖, 64, 104—5, 116, 146
doctors, 医生, ch 5, 125, 127, 130, 134
doxographers, 意见汇编者, 10, 80—1
dynamics, 动力学, 109—10, 112—15, 123

earth, 土、地球, 9, 11, 16, 17, 20, 28, 30, 39—42, 61, 74—7, 80, 82, 83, 86, 94—5, 107—10
earthquakes, 地震, 9, 16
eccentric circles, theory of, 偏心圆理论, 91, 94—6
eclipses, 食, 7—8, 29, 81
ecliptic, 黄道, 81, 83, 85—6
education, 教育, 50—1, 66, 67—9, 127—8
Egyptians, 埃及人, 2, 4—6, 11—12, 13, 109, 132
Eleatic philosophers, 埃利亚学派哲学家, 39, 46
elements, 元素, 19, 39—41, 44—6, 59—61, 64, 74—6, 106—12
embryology, 胚胎学, 63—4, 118—20
Empedocles of Acragas, 阿克拉加斯的恩培多克勒, 10, 11, 38, 39—46, 49, 73—74, 76, 120—1, 126, 130—1, 137—8
On Nature, 《论自然》, 137—8
Purifications, 《净化》, 42, 137—8
endoxa, 常见看法, 102
epicycles, 本轮, 91, 94—7
epiktētos, 获得性的特征, 119
epilepsy, 癫痫, 54—5
epistēmē, 知识, 99
epistemology, 知识论, 参见 knowledge, 知识
Erasistratus, 埃拉西斯特拉托斯, 127
erga, 事实, 103
ethics, 伦理学, 27, 42, 66, 72, 79, 104, 121—2
Euclid, 欧几里得, 31, 35
Euctemon, 欧克泰蒙, 82, 90, 92
Eudemus, 欧德莫斯, 123
Eudoxus of Cnidus, 尼多斯的欧多克索, 82, 86—94, 96—8, 145—6
Euripides, 欧里庇得斯, 131
Euthydemus, 欧西德莫斯, 135
evolution, 演化, 18, 121
experiment, 实验, 3, 30—1, 115, 139—42

Farrington, B., 法林顿, 9
fees (of doctors and sophists), 酬金(医生和智者的), 53, 127—8
fevers, 发热, classification of, ~的分类, 58
final cause, 目的因, 105—7, 115, 118, 120—2, 138
fire, 火, 17, 28, 39—42, 61, 74, 77, 107—10, 122
form, 形式, 25; in Aristotle, 亚里士多德学说中的~, 105—7, 115, 118, 120—1; in Plato, 柏拉图学说中的~, 67, 70—2,

124,131

Galen of Pergamum,帕加马的盖伦,127,140,146
galeoi,狗鲨,18,118
Galileo,伽利略,145
geology,地质学,49,60
geometry,几何学,31—4,67—9,74—7,84,90,96—8,100,123,128,133,135
gnomon,圭表,97
gods,诸神,9,16,19,54,122,138;craftsmen-gods in Plato,柏拉图学说中的匠神,73
growth,生长,problem of,～问题,44,62—3,118
gynaecology,妇科学,50

happiness,幸福,71,131—2,136
heart,心脏,72,116,117
Heath,T. L.,希思,34,89
Heraclides Ponticus,庞托斯的赫拉克利德,94—97
Heraclitus of Ephesus,以弗所的赫拉克利特,10,36—7,43,126
heredity,遗传,63,119—20,145
Herodotus,希罗多德,14,53,130
Herophilus,希罗菲洛斯,127
Hesiod,赫西俄德,9,10,19,40,81,134
Hestia,赫斯提亚(火炉),28
Hipparchus of Nicaea,尼西亚的希帕克斯,97
Hippias of Elis,埃利亚的希庇阿斯,50,127,128
Hippocrates of Chios,希俄斯的希波克拉底,34
Hippocrates of Cos,科斯岛的希波克拉底,34,50
Hippocratic writers,希波克拉底学派作者,5,11,ch 5,73,119,134,138,140—5
Epidemics,《流行病》,53,56—8,134
On Airs, Waters, Places,《论气、水、处所》50,140—1
On Ancient Medicine,《论古代医学》,11,51,58—61,62,65,134,143
On Breaths,《论呼吸》,58
On Diseases,《论疾病》,63
On Fractures,《论骨折》,64
On Generation,《论繁殖》,63
On Joints,《论关节》,64
On Regimen in Acute Diseases,《论急性病的养生法》,59
On the Heart,《论心脏》,64
On the Nature of Man,《论人的本性》,11,61—2,142—3
On the Nature of the Child,《论孩子的本性》,62
On the Sacred Disease,《论圣病》,51,54—5,138
Precepts,《准则》,53
Prognostic,《预后》,52—3,55—6
Hippolytus,希波吕托斯,17,20
historiā,志(探究),131
Homer,荷马,9
humours,体液,57,61
hygron,湿,107
hyparchonta,材料,103
hypotheseis,假说,59—61
idiōtēs,门外汉,51
illomenēn,缠绕,83
induction,归纳,101
inventors,发明者,131,135
irrationality of $\sqrt{2}$,$\sqrt{2}$的无理性,32—4
Isocrates,伊索克拉底,126,128,133

Kepler,开普勒,85,145

knowledge,知识,131—7；problem of,～问题,36—7,43,48—9,78—9,99—101,124,138,142

Lavoisier,拉瓦锡,41
law,法则,14—15,142
lectures,讲座,50,66,122,128
leisure,闲暇,126,132
Leucippus of Miletus,留基伯,39,45—9,77,80；另见 atomism,原子论
Lévi-Strauss,C.,克劳德·列维-斯特劳斯,3—4
libraries,图书馆,143
lightning,闪电,9,16,139
"like-to-like",物以类聚,42,62,112
Love,in Empedocles,恩培多克勒学说中的"爱",39—40,42,121
Lyceum,吕克昂,66,122,127—9

machines,机器,135
magic,魔法,4,5,54,138
man,人,17—18,50,61—2,78,116,122,132
material cause,matter,质料因,质料,8,10,18,19,25,49,72—3,74—7,102,105—9,119—20,124,139,144
mathematics,数学,5—7,25—7,31—5,67,70,74,79,84—5,89—90,97,101,102,104,107—8,125,128,132,135,137,145
mechanics,机械学[力学],78,92,104,106—7,109—12
mēchanikē,机械学,134—6
medicine,医学,4—5,48,ch 5,123,126—7,133,134—5,142
Melissus of Samos,萨摩斯的麦里梭,11,39,46,61
Meno,美诺,123
metallurgy,冶金学,2—3
meteorology,气象学,16,49,60,139

methods,methodology,方法,方法论,8,30,32,58,59—62,64—5,97—8,99,101,104,123—4,139,142,145—6
Meton,默冬,81—2
Milesians,米利都学派,1—2,8—15,ch 2,24—5,36,142
Miletus,米利都,2,12—15
moon,月亮,5,27—9,83,85,89,91,93,111—12
movement,运动,46—7,76—7,92,109—10,112—15,123
Müller,Johannes,约翰内斯·米勒,118
Museum of Alexandria,亚历山大里亚的缪斯宫,129
music,音乐,25—6,30—1,42,66
myth,神话,9,11—12,16—17,40

Nabonassar,纳巴那沙,7
nature,自然,本性,8—9,16,18,24,36,39,54,55,72,78—9,99,104—7,110,113,115—16,120—2,130—2,136,137—9
Neugebauer,O.,奥托·诺伊格鲍尔,5,7
Newton,牛顿,85,115
numbers,数,6,25—32,137
nutrition,营养,44,62,118,122

observation,观察,4,30,55,58,69—71,79,80,81,84,97,104—5,115,138,139,142,144,146
olbios,幸运的,131
On Mechanics,《机械学》,135—6
opposites,对立面,37,44,52,59—61,107—8
optics,光学,101,140
order,秩序,72,78,84,106,132

pangenesis,泛生论,119—20

Parmenides,巴门尼德,10,36—40,43,46,49,126,144
    Way of Seeming,现象之路,38,40
    Way of Truth,真理之路,38—9,46
pathology,病理学,58—62,78
patronage,赞助,128—9
pepeirāmenoi,根据实验,141
Pericles,伯里克利,43,55,128—9
phainomena,现象,103
Philiā,爱,42
Philistion of Locri,洛克里的菲利斯蒂翁,73
Philolaus of Croton,克罗顿的菲洛劳斯,28—9,82
Philoponus,菲洛波诺斯,115
philosophy,哲学,1,8,24,36,50,53,59,61—2,64—5,67,97—8,104,125,130—2,137,139,142
phlegm, phlegmatic,黏液,黏液质,54—55,57—8,61,63
physics,物理学,ch 4,58,66,72,74—9,101—6,107—15,123,128,138—41
physikē, *physikoi*,自然研究,自然学家,104,125
physis, *peri physeōs historiā*,自然,自然研究,39
planaomai, *planētes*,漫游,漫游者,84
planets,行星,7,17,27—9,80,82—97,145
Plato,柏拉图,24,31,33,37,53,ch 6,82—5,90,94—5,97,101,102,107,120,124,127,129—32,135,136,138,140,145
    Hippias Major,《大希庇阿斯篇》,127,129
    Hippias Minor,《小希庇阿斯篇》,135
    Laws,《法律篇》,53
    Republic,《理想国》,24,31,67—70,82—4,133

Theaetetus,《泰阿泰德篇》,33,130
Timaeus,《蒂迈欧篇》,70—8,82—3,94—95
Platonists,柏拉图主义者,104,115;另见 Academy,学园
Plutarch,普鲁塔克,18
poikilmata,装饰,68
politics,政治,13—15,24,121—2,128
polos,日晷,97
Polycrates,波利克拉底,24,53
potentiality and actuality,潜在性与现实性,103
pottery,陶器,2—3
professions,职业,50—2,126—8
prognosis,预后,4,52,134
Prometheus Bound,《被缚的普罗米修斯》,133
proportion,比例,41—2
Protagoras,普罗泰戈拉,66,128,129
psychology,心理学,131;另见 soul,灵魂
Ptolemy,托勒密,7,137,140
Pythagoras,毕达哥拉斯,10—11,24,30—31,126,130
Pythagoreans,毕达哥拉斯学派,11,ch 3,43,73,79,122,140,145

reason,理性,36—7,39,72,78—9,122,124,132
Redi,雷迪,141
religion,宗教,24,27,42—3,111,137,139
reproduction,生殖,63,105—6,118—22,145
research,研究,30,49,79,104—5,115—16,122—4,127,136,145
respiration,呼吸,49,78,118
retrogradations,of planets,行星的逆行,86—92
rhetoric,修辞,58,128,135,143

索　引

rhizōmata,根,40—2,44

scales,musical,音阶,25—6
seasons,季节,61,82,90,92
seed,种子,21,22,63,119—20,121
sensation,senses,感觉,感官,36—7,39,43,48,78—9,122,123,124
Simplicius,辛普里丘,84—5,86,89,91,92,95,120—1
Smith,Edwin,papyrus,《史密斯纸草书》,4—5
Socrates,苏格拉底,66
Solon,梭伦,14—5
sophists,智者,50,66,125,127—128,135
Sosigenes,索西吉尼,84
soul,灵魂,11,24,27,37,68,131
spheres,theory of concentric,同心球理论,27,86—94,111
spontaneous generation,自发产生,17,141
stars,星辰,16—17,27—9,80—1,85,87,97,137
stations,of planets,行星的留,86—7,89
stoicheion,元素,40
Strato of Lampsacus,兰萨库斯的斯特拉托,122—123
Strife,in Empedocles,恩培多克勒学说中的"争斗",39—40,42,121
Strōmateis or *Miscellanies*,attributed to Plutarch,被归于普鲁塔克的《杂录》,21
sublunary region,月下区,109,111—12
substance,实体,8,19,21—2,36,41—2,44—6,74,102,107—109,144
sun,太阳,27—9,83—6,89—91,111—12
supernatural,超自然的,5,8,13,16,54—5
superstition,迷信,4—5,54—5
surgery,外科,4,50,52,64
syllogism,三段论,99,101—2
symmetry,对称,80

symphytos,天生的,119

technē,技艺,59,134,136
technology,技术,2—4,135,136
teleology,目的论,72,78,107,120—121,124,138
Thales of Miletus,米利都的泰勒斯,1,2,8—9,14—15,16,18—23,25,40,130,144
Theodorus of Cyrene,昔兰尼的西奥多罗斯,33
Theophrastus of Eresus,伊勒苏斯的塞奥弗拉斯特,48,122—3,126,128
Theoriā,沉思,104,131
thunderbolts,雷电,16

uniform parts,in Aristotle,亚里士多德学说中的"均匀的部分",119—20
Unmoved Mover,不动的推动者,121
utility,功利、功用,131—3,136

Vesalius,维萨留斯,146
Vitruvius,维特鲁威,95
void,虚空,46—8,76,113—14

water,水,18—20,22,25,39—42,61,63,74,76,107—10,113
weight,重量,113—15,123

Xenophanes of Colophon,科洛丰的克塞诺芬尼,10—11,38,40
Xenophon,色诺芬,135
xēron,干,107

Zeno of Elea,埃利亚的芝诺,39
zodiac,黄道带,77,81,85
zoology,动物学,48,78,104—5,116—18,123,129

亚里士多德之后的希腊科学

年　　表

以下只列从亚里士多德到盖伦这一时期最重要的科学家（第十章讨论相关作品时，也会注明盖伦之后科学家的年代）。古代科学家确切的生卒年常常不为人知：如果知道，就列在括号里。在其他情况下，科学家名字旁边的年份仅粗略地代表他做出其主要工作的时期。

科学家			同期大事
斯塔吉拉的亚里士多德（公元前384年—公元前322年）			
		公元前323年	亚历山大大帝去世
伊勒苏斯的塞奥弗拉斯特（Theophrastus of Eresus，公元前371年—公元前286年）			
		公元前304年	托勒密一世（Ptolemy I Soter）在埃及称王
科斯岛的普拉克萨哥拉斯（Praxagoras of Cos）	公元前300年		
欧几里得（Euclid）	公元前300年		
雅典的伊壁鸠鲁（Epicurus，公元前341年—公元前270年）			

续表

科学家			同期大事
基提翁的芝诺（Zeno of Citium，公元前 335 年—公元前 263 年）			
兰萨库斯的斯特拉托（Strato of Lampsacus）	公元前 290 年		
		公元前 285 年	托勒密二世菲拉德尔弗斯（Ptolemy II Philadelphus）联合统治
阿苏斯的克里安提斯（Cleanthes of Assus，公元前 331 年—公元前 232 年）			
萨摩斯的阿里斯塔克（Aristarchus of Samos）	公元前 275 年		
亚历山大里亚的克特西比乌斯（Ctesibius of Alexandria）	公元前 270 年		
卡尔西登的希罗菲洛斯（Herophilus of Chalcedon）	公元前 270 年		
		公元前 269 年	叙拉古王希罗二世（Hiero II king of Syracuse）
凯奥斯岛的埃拉西斯特拉托斯（Erasistratus of Ceos）	公元前 260 年		
		公元前 246 年	托勒密三世（Ptolemy III Euergetes）继位
叙拉古的阿基米德（Archimedes of Syracuse，公元前 287 年—公元前 212 年）			
索利的克吕西普（Chrysippus of Soli，公元前 280 年—公元前 207 年）			

续表

科学家			同期大事
昔兰尼的埃拉托色尼(Eratosthenes of Cyrene)	公元前 225 年		
		公元前 221 年	托勒密四世(Ptolmiy IV Philopator)继位
		公元前 216 年	坎尼会战(Battle of Cannae)
		公元前 212 年	罗马人占领叙拉古
佩尔吉的阿波罗尼奥斯(Apollonius of Perga)	公元前 210 年		
拜占庭的斐洛(Philo of Byzantium)	公元前 200 年		
		公元前 168 年	皮德纳战役(Battle of Pydna)
塞琉西亚的塞琉古斯(Seleucus of Seleucia)	公元前 150 年		
		公元前 146 年	罗马摧毁迦太基和科林斯
		公元前 145 年	托勒密八世(Ptolemy III Euergetes II Physcon)
尼西亚的希帕克斯(Hipparchus of Nicaea)	公元前 135 年		
		公元前 133 年	帕加马王国遗赠给罗马
		公元前 86 年	苏拉(Sulla)洗劫雅典
阿帕米亚的波西多尼奥斯(Posidonius of Apamea)	公元前 80 年		
卢克莱修(Lucretius)	公元前 60 年		
		公元前 48 年	亚历山大里亚之战(Bellum Alexandrinum)
		公元前 31 年	阿克提姆海战(Battle of Actium)
维特鲁威(Vitruvius)	公元前 25 年		
阿马西亚的斯特拉波(Strabo of Amasia)	公元 10 年		

续表

科学家			同期大事
		公元 14 年—公元 37 年	提比略(Tiberius)皇帝
塞尔苏斯(Celsus)	公元 40 年		
亚历山大里亚的希罗(Hero of Alexandria)	公元 60 年		
		公元 69 年—公元 79 年	韦斯巴芗(Vespasian)皇帝
亚历山大里亚的梅内劳斯(Menelaus of Alexandria)	公元 95 年		
		公元 98 年—公元 117 年	图拉真(Trajan)皇帝
以弗所的鲁弗斯(Rufus)	公元 100 年		
		公元 117 年—公元 138 年	哈德良(Hadrian)皇帝
以弗所的索拉努斯(Soranus)	公元 120 年		
		公元 138 年—公元 161 年	安东尼·庇护(Antoninus Pius)皇帝
亚历山大里亚的托勒密	公元 150 年		
		公元 161 年—公元 180 年	马可·奥勒留(Marcus Aurelius)皇帝
帕加马的盖伦(Galen of Pergamum)	公元 180 年		

序　　言

本书是我之前那本《早期希腊科学——从泰勒斯到亚里士多德》的续篇。首先应当重述一下我在那本书中强调的几个初步要点。首先，科学是一个现代范畴，而不是一个古代范畴。在希腊语或拉丁语中，没有一个术语能与我们的"科学"完全等同。古人用来描述我们所谓科学工作的术语包括 *peri physeōs historiā*（自然研究）、*philosophiā*（爱智慧、哲学）、*theōriā*（沉思、思辨）和 *epistēmē*（知识），等等。不同的古代作者对其所从事研究的性质、目标和方法有着非常不同的认识。早期希腊科学在很大程度上深深地植根于哲学之中，这一点对于亚里士多德之后的时期来说仍然是正确的，尽管是在较小的程度上。"物理学"被希腊化[①]哲学家视为哲学的三个分支之一，另外两个分支是"逻辑学"和"伦理学"。为自然研究所做的最常见的辩护是哲学上的，即它有助于智慧。而另一些作者，尤其是数学家和医生，要么忽视哲学，要么明确与哲学家划清界限。

和我之前那本书一样，我们将既关注引起古代作者注意的特

---

① "希腊化时期"通常指大约从亚历山大大帝逝世（公元前 323 年）到托勒密王朝结束和罗马并吞埃及（公元前 30 年）的时期。

定科学分支的理论、问题和方法，又关注他们对科学研究本身性质的看法。我们所掌握的原始资料，无论是文学资料，还是——在应用科学和技术方面——考古学资料，都比亚里士多德之前的时期丰富得多。诚然，我们的证据中还有很大空白，特别是关于希腊化时期的一些生物学家和天文学家，但我们还是有相当多的文本可以作为研究基础，包括欧几里得、阿基米德、托勒密和盖伦等人的大量著作，以及许多次要人物的著作。

在这样一部作品中，我们对这些资料的处理必然是高度选择性的。对于古代作者的具体问题和理论，本书只能提到很少一部分。我们将更多地关注与他们对研究性质的看法有关的证据。关于科学研究本身以及科学与哲学、科学与宗教、科学与技术的相互关系的竞争观点是我们讨论的核心主题，我在选择资料时所想到的正是这些一般性的基本主题。我们将在前六章集中讨论希腊化时期，特别是在亚里士多德逝世（公元前322年）之后的200年里所做的工作。不过，在讨论科学与技术的关系时也会考虑后来的证据。托勒密和盖伦这两位公元2世纪的科学家非常重要，需要在不同章节中加以讨论。最后一章简要考察了后来的一些作者，并且讨论了古代科学的衰落问题所引起的一些困难。

感谢各个学科的朋友和同事提供了非常慷慨的帮助和建议。兰德尔斯(J. G. Landels)博士、纳顿(V. A. Nutton)博士、西布森(R. Sibson)博士和怀特(K. D. White)先生阅读并评论了特定的章节。我从我父亲劳埃德(W. E. Lloyd)博士那里学到了很多医学知识。芬利(M. I. Finley)教授和雷内尔(A. C. Reynell)先生通读了本书初稿,在文体和内容方面提出了许多改进意见。特别感谢芬利教授在本书的每一个写作阶段都一再提出建议。这里谨对他们的帮助致以深切的谢意。

杰弗里·劳埃德

第一章　希腊化时期的科学:社会背景

亚历山大大帝的征服给希腊世界带来了根本性的变化。在这位君主的统治下,他的帝国统一了广袤的地区,尽管这种统一在公元前323年他逝世后并没有延续下来。他的征服改变了希腊人政治军事行动的规模。公元前5、前4世纪的历史在很大程度上是希腊大陆城邦之间争夺霸权的历史,而公元前3世纪的政治舞台则远远超出了希腊语民族的疆界。各个城邦保持了一定程度的独立性,但权力并不在雅典或斯巴达,而在安提哥纳王国、塞琉西王国和托勒密王国的都城,亚历山大大帝的继任者们将他的帝国瓜分成了这些王国。这些王国控制的领土远远超过了包括雅典在内的公元前5、前4世纪的城邦,其领土收入产生了过剩的财富,可供国王们任意用于和平或军事的目的。对我们而言,这些王国中最重要的是埃及的托勒密王国。众所周知,他们极力开发利用自己的土地,而他们恰好也是艺术、文学、学术和科学最热心的赞助者。

亚历山大大帝东征之后,与权力政治形势变化相伴随的意识形态变化更加难以描述。首先,希腊人与非希腊人之间至少有一些壁垒消融了。诚然,这种情况在公元前3世纪发生的程度在过去常常被夸大了。亚历山大大帝经常被称为第一位伟大的国际主义政治家,第一个不仅要统一各国而且要统一全世界人民的人。然而,尽管他明显希望波斯贵族与统治帝国的马其顿人结盟,而且据说曾试图通过通婚来巩固这种联盟,但几乎没有证据表明他试图将这种政策扩展到其他国家。至于他为何要让波斯人与马其顿人平起平坐,其动机可以用政治上的权宜之计来解释——需要拓宽统治精英的基础——而不是渴望统一全人类。此外,所有人都有共同的人性,这种观念在公元前3世纪远非全新,其根源可以追溯到公元前5世纪。

尽管如此,亚历山大大帝东征的结果之一是使希腊人与野蛮人之间更密切的知识和文化接触成为可能,在公元前3世纪的一些作者那里可以看到思想视野的某种拓宽。与此同时,希腊化时代并不比之前更和平,对人生不确定性的焦虑是当时主要哲学的一个突出特征。伊壁鸠鲁主义(Epicureanism)和斯多亚主义(Stoicism)都被称为难民哲学,这是有充分根据的。积极的幸福观是柏拉图和亚里士多德道德哲学的核心,而伊壁鸠鲁学派和斯多亚学派则非常重视一个消极的目标,即摆脱焦虑和恐惧,获得自由。希腊化时期的这两种哲学都教导我们,幸福不依赖于外部因素。智慧的人不会受到降临在自己身上的任何明显灾祸的影响;即使肉体或精神受到极大的痛苦和折磨,他也是快乐的。心灵的宁静是目标,我们将会看到,包括自然研究在内的每一项活动都服从于它。

希腊化时期区别于古典时期的主要政治、经济和文化变化以各种方式影响了科学的发展。首先,也是最明显的一点,我们所讨论的不再是纯粹希腊的科学,而是希腊化世界的科学。斯多亚学派的创始人芝诺生于塞浦路斯的基提翁,一个人口具有很强腓尼基要素的城市。虽然暗示他是腓尼基人的文本遭到公开质疑,但他创立的哲学肯定包括了许多非希腊信徒。我们唯一听说过的接受阿里斯塔克日心说的天文学家塞琉古斯(Seleucus)是迦勒底人或巴比伦人,是底格里斯河畔的塞琉西亚本地人。从公元前3世纪开始,巴比伦天文学与希腊天文学之间的融合变得越来越重要,比如在接下来的那个世纪,希帕克斯显然得到了巴比伦的日食记录并大量使用。

希腊化科学社会背景的第二个也是更重要的区别性特征是国王的支持大为增加。科学——或者说某些科学家——得到了大量支持,不仅在金钱方面,而且正如我们将要看到的,在其他方面也得到了希腊化时期一些国王的支持,特别是托勒密王朝和帕加马的阿塔利德王朝。公元前331年建立的亚历山大里亚迅速成为公元前3世纪科学研究的主要中心,这在很大程度上得益于托勒密王朝。

图书馆和缪斯宫(Museum)这两个机构激励了这种发展。图书馆很可能是托勒密一世建立的,一些学者认为,缪斯宫也是在他的统治时期建立的,尽管更常见的看法是把它追溯到托勒密二世统治之初的公元前280年左右。同柏拉图的学园和亚里士多德的吕克昂一样,缪斯宫是由一起工作、在某种程度上一起生活的学者所组成的共同体;缪斯宫的成员也有共同的饮食。但缪斯宫和它们的区别首先在于,它不是——至少主要不是——一个教学机构,而是一个致力于研究的机构;其次在于,学园和吕克昂是自给的,而缪斯宫——以及亚历山大里亚图书馆——完全由托勒密王朝拨款维持。他们不仅在亚历山大里亚的皇家区域建造了图书馆和缪斯宫以及与之相关的建筑群,还定期向图书管理员等官员支付薪俸,向其他学者提供津贴。

受益于托勒密王朝文化政策的主要学科不是科学,而是文学,既包括原创作品的写作,在更大程度上也包括对文献的学术研究。语文学(如果说不是文学批评本身)可以说是从亚历山大里亚开始的。但自然科学和数学也是受益者。在某些情况下,我们听说过担任官职的杰出科学家。比如昔兰尼的埃拉托色尼(Eratosthenes of Cyrene)是公元前3世纪末图书馆的负责人,他的兴趣包括地理学、数学和天文学以及历史学和文学批评。在另一些情况下,托勒密王朝给予的支持不仅仅是资金上的。正如我们稍后会看到的,在古代,只有在亚历山大里亚才进行过某种程度的人体解剖,卡尔西登的希罗菲洛斯(Herophilus of Chalcedon)和凯奥斯岛的埃拉西斯特拉托斯(Erasistratus of Ceos)等相关的解剖学家显然依赖于托勒密王朝的支持。在《论医学》(On Medicine)第一卷的序言中,塞尔苏斯(Celsus)告诉我们,希罗菲洛斯和埃拉西斯特拉托斯从国家监狱中获得罪犯的尸体用于他们的研究。

但如果托勒密王朝帮助某些类型的科学研究这一事实是确凿的,那他们的动机是什么呢?拜占庭的斐洛(Philo of Byzantium)的一个文本揭示了他们所支持工作的多样性以及这样做的原因。在公元前200年左右编写的《论火炮制造》(On Artillery Construction)一书中(第三章),斐洛谈到了对与火炮制造有关的力学问题的研究。他将以前工人粗糙的试错法与亚历山大里亚工程师系统性的实验研究进行对比,而且在评论他们在这一领域所取得的成就时,说他们"从渴望名声和青睐手艺技艺的国王"那里得到了"大力支持"。

　　斐洛清楚表明的一个重要观点是,托勒密王朝偶尔会支持我们所谓的应用科学和纯粹科学。在斐洛提到的可以用理论知识来完善战争武器的特定领域,有着推动科学研究的强大的实际动机。尽管如此,斐洛在谈到托勒密王朝对名望的热衷时表明,这些有直接用途的研究是例外,而且即使在这里,实际考虑也并非唯一起作用的因素。

　　在很多情况下,鼓励科学家来亚历山大里亚工作的主要原因仅仅是他们的研究会带来声望。许多受过教育的希腊人至少对解决复杂的数学或物理问题所涉及的智力技巧有一些了解。虽然像叙拉古的阿基米德和佩尔吉的阿波罗尼奥斯这样的数学家主要是为其他数学家而写作,但他们有时也会把自己的论著题献给显赫的国家首领,在某些情况下,这样做不仅是出于体面,而且也表明他们希望自己的作品被人理解。托勒密王朝试图吸引著名的科学家来到亚历山大里亚,其原因与他们收集希腊大师文献的原因大致相同,即为自己的声誉增光添彩。在这两种情况下,希腊化时期的其他统治者也出于类似的动机而推行了类似的政策。阿塔利德王朝也热衷于收藏其位于佩尔吉的图书馆的手稿,而且许多城市都建立了缪斯宫。不过,托勒密王朝通常会比对手技高一筹,或者出价比他们更高。

　　这种日益增长的国王赞助的影响虽然很重要,但也不应过分夸大。如果认为在亚历山大里亚工作过的每一位科学家(包括公元 2、3 世纪几乎所有最重要的科学家)都得到了托勒密王朝的赞助,那肯定是错误的。此外,单个统治者的赞助是反复无常的。托

第一章　希腊化时期的科学：社会背景

勒密王朝的前三位国王都慷慨支持科学，但后来的国王却往往没有那么慷慨，有些人（比如托勒密八世）甚至极力阻止科学家居住在亚历山大里亚。缪斯宫延续到公元5世纪，但它的命运以及许多以它为蓝本的较小机构的命运一直起伏不定。

像亚历山大里亚缪斯宫这样的机构既直接通过科学家所获资助来帮助科学，又间接通过提供科学家聚集的活动中心来帮助科学。但是在希腊化时期，科学研究的经济状况和古典时期同样不稳定。即使是在古代科学赞助的鼎盛时期即公元前3世纪的亚历山大里亚，科学所得到的支持规模也不大，操作起来也不确定，任何最终依赖于个人——即国王本人——慷慨的支持都必定如此。[6] 许多科学家并没有从富有的赞助人那里得到任何资助。不少从事科学工作的人无疑很有钱。举例来说，阿基米德显然属于一个有钱有势的家族：据说他是叙拉古国王希罗（Hiero）的朋友和亲戚。同样，我们将在书中讨论的许多甚至是大多数科学家，都通过教学或从事医学和建筑学这样的专业来维持生计，或至少是多挣些钱。在古代世界，大多数著名的解剖学家和生理学家也是而且往往主要是行医者。虽然医疗行业竞争激烈，但成功的医生在亚历山大里亚以及后来在罗马都赚了大笔的钱。关于那些被雇用为建筑师（*architektones*，这个词不仅指现代意义上的建筑师，也指负责设计和维护战争武器的工程师）的人的证据较少，但对于一些从事科学研究的人来说，这也是一种重要的谋生手段。在古代世界的任何阶段，一个希望从事科学研究的人都没有理由指望仅靠科学研究来谋生，也就是说，科学本身并不是一种谋生手段。

就科学研究的经济背景而言，希腊化时期与之前的差异是程度上的，而不是种类上的。虽然我提到了一些变化，但在亚里士多德之前和之后从事科学研究的条件有着极大的连续性。同样的说法也适用于古代作者所说的他们的目的和动机。诚然，这里的情况很复杂。许多作者都提到了哲学生活或沉思生活的理想，这个主题有许多变种，其中一些版本认为，研究是有价值的，因为研究更能使人欣赏宇宙之美或造物主的目的性，而另一些版本则认为，据说研究可以改善人的品格。其他文本表明，在某些情况下，科学知识的价值不仅在于它本身，还在于可以实际用来满足人类的需要。但我们发现，亚里士多德之后的科学家在这个问题上所表达的主要观点大都与公元前 5、前 4 世纪的观点类似。换句话说，在亚里士多德之后并没有出现关于科学研究的新的理由或辩护。尽管科学家得到了像亚历山大里亚缪斯宫那样的机构的帮助，或者得到了开明的，或者只是有所追求的富人的帮助，但国家对科学的大量持续支持并没有出现。特别是那种认为科学促进物质进步的观点，甚至是物质进步的理想本身，在很大程度上是缺失的。

在本书中我们必须探讨的主要问题取决于我刚才概述的情况。鉴于科学是一个现代范畴，而不是古代范畴，不同自然研究模式的目标和理由是如何被渐渐构想出来的，将是我们的一个主要关注。在讨论从事自然研究的少数个人时，我们将试图简要说明他们具体的问题、方法、论证和理论，并且考察与他们对自己和所从事研究的看法相关的证据。首先我们来讨论亚里士多德创立的学校即吕克昂的几位直接继承人。

第二章 亚里士多德之后的吕克昂

公元前3世纪数学、天文学和生物学的主要研究中心是亚历山大里亚，但雅典在"哲学"方面仍然处于领先地位。哲学通常被定义为不仅包括逻辑学和伦理学，而且还包括"物理学"，即对自然特别是物质最终组分的研究。古代世界最全面的物理体系是亚里士多德的体系，他不仅提出了关于物质构成等问题的详细理论，还在其四因说——质料因、形式因、目的因和动力因——中规定了问题的类型和回答这些问题的方式。在其定性的元素理论中，土、水、气、火四种简单物是通过两对基本的对立面（热和冷，干和湿）而得到分析的。① 虽然这种元素理论在公元前3世纪及以后并不缺乏竞争对手，但在古代的漫长时期里，这是占主导地位的物理学理论，比如这可见于它对公元2世纪盖伦的影响。我们在本章和下一章先要考察塞奥弗拉斯特和斯特拉托这两位直接继承亚里士多德的吕克昂领袖的工作，然后考察希腊化时期其他哲学家所提出的与之竞争的物理体系。

公元前371年左右，塞奥弗拉斯特出生于莱斯博斯岛的伊勒苏斯，父亲是漂洗工。公元前322年亚里士多德逝世后，塞奥弗拉

---

① 参见《早期希腊科学》第八章。

斯特担任吕克昂的领袖长达36年之久。其著作的范围几乎和亚里士多德本人一样广泛。他撰写了关于逻辑学、修辞学、伦理学、政治学(比如《论王权》[*On Kingship*]和《论最好的政制》[*On the Best Constitution*])、宗教、形而上学和物理学等诸多方面的著作以及对前人思想的研究,总共200多部独立论著,其中许多都有好几卷的体量。除了《性格特征》(*Characters*),流传下来的作品主要是两部伟大的植物学论著——九卷本的《植物志》和六卷本的《植物的成因》,但也有一些有时不够完整的物理学短论、一篇关于形而上学的重要论文和一部分心理学史。

塞奥弗拉斯特受益于亚里士多德,这在他的许多著作中都有明显体现。然而,他也严厉批评了亚里士多德具体的物理理论和一般的原因学说,他让我们感兴趣的也的确主要是这些批评。他对目的因学说——在这方面,柏拉图尤其预示了亚里士多德的观点——的讨论很有代表性。虽然塞奥弗拉斯特并未完全拒斥目的因学说,但他在讨论《形而上学》的文章结尾质疑了该学说的应用范围。他提出的两项主要批评是:第一,确认目的因要比一般认为的更困难;第二,许多事情的发生根本不是出于什么目的。他问道,潮汐或者雄性动物的乳房服务于什么目的呢?有些东西——他举的例子是鹿的大角——甚至对拥有它们的动物有害。他说(11a1 *ff*):"我们必须对目的因和朝向善的事物的倾向加以限定,而不是假定这种倾向绝对存在于每一个案例中……因为即使这是自然的愿望,也有许多东西既不服从也不接受善。"

塞奥弗拉斯特的最终结论当然不是要废除目的因,事实上,他批评那些思想家低估了目的因的作用。但他坚持认为,在某些情况下，寻找目的因是错误的。虽然亚里士多德本人将"必然"发生的事情与"为了更好"而发生的事情进行对比，从而开辟了这个方向，但塞奥弗拉斯特比亚里士多德更清楚地阐明了，"有许多东西既不服从善也不接受善"。他认为宇宙总体上是有序的，而且和大多数希腊人一样，他相信天体显示出最高程度的秩序。但他承认并且指出，自然之中——无论是动物，还是元素的运动——许多事情都是偶然发生的，并没有什么目的。

塞奥弗拉斯特对关键的亚里士多德学说进行深刻批判的第二个例子与简单物的理论有关。在短篇著作《论火》中，他指出了火与气、水、土等其他简单物之间的区别。首先，只有火能产生自己，其他三种简单物都不是这样，而是自然地变成彼此；其次，火的大多数产生方式，无论自然的还是人为的，都会涉及力；第三，虽然我们无法创造其他简单物，但我们可以制造火，而且能以多种不同方式；第四，火与其他简单物的最大区别在于，其他简单物是自存的，并不需要基质（substratum），而火则需要基质。"一切燃烧之物总是仿佛处于一种产生的过程中，而火是一种运动；火一产生就会消亡，一旦缺乏可燃物，它自身也就消亡了"（III 5124 *ff*）。因此，"如果火没有物质就不能存在，那么把火称为一种基本元素，仿佛是一种本原，似乎就是荒谬的"。

塞奥弗拉斯特对亚里士多德的立场提出了敏锐的批评，但他的批评很少为其中涉及的问题提供新的解决方案。《形而上学》（*Metaphysics*）对目的因学说提出了质疑，并且暴露了其他亚里士多德理论（比如不动的第一推动者理论）的一些弱点，但它虽然讨论了困难，却基本上没有提供什么正面的新建议来解决这些困难。

同样,《论火》也对亚里士多德关于这个主题的学说提出了根本的反对意见。但塞奥弗拉斯特并未尝试提出任何新的元素理论,甚至也没有明确说明火是什么。他简要地提到了基本对立面的本性问题,指出有一种观点认为,"热和冷似乎是某些事物的属性,而不是本原……与此同时,所谓简单物的本性是混合的,它们存在于彼此之中。正如火的存在离不开气或某种湿的和土质的东西,湿的存在也离不开火,土的存在也离不开湿"(III 53 3ff)。尽管这使他声称,简单物的定义问题需要进一步研究,但他从那种研究中抽身而退,部分原因无疑在于它超出了目前问题的范围,但可以认为,也有部分原因在于问题本身的难度。这部著作的其余部分讨论了林林总总一大堆问题,从制造火或扑灭火的各种方法,到解释为什么我们紧握一根热金属钎时,烧伤程度要比轻握时轻。塞奥弗拉斯特的讨论包含着许多有趣的观察,尽管在没有客观温标的情况下,他对热和冷的判断当然往往过分依赖于主观印象。不过,尽管他提供了一些与研究火是什么相关的重要材料,但他并没有对火的本性问题或者物体的最终组分这个更大的问题提出明确的答案。

到目前为止,我们主要把塞奥弗拉斯特看成对公认观点的批评者。其作品更加肯定的一面可见于像《论石》那样的论著和植物学著作。在这些著作中,他像是一位研究者,属于亚里士多德在其动物学中设定的传统。例如,《论石》的主题对应于我们的岩石学。他的理论框架常常源自柏拉图和亚里士多德,因为他把地下之物分为两大类,一类(比如金属)以水为主,另一类("石"和"土")以土为主。但在这个框架中,他试图对不同种类的石头做出解释,通过颜色、硬度、光滑度、坚实度、重量(即我们所谓的比重)等标准,特别是通过对其他物质特别是火和热的反应来区分石头。比如在最后这个方面,他指出,有些含金属的矿石遇火会熔化成液体,有些石头会裂成碎块,有些会燃烧(比如大理石燃烧会产生生石灰),还有一些会再次抵抗火或极不可燃。

塞奥弗拉斯特的讨论包含着大量材料。在整部著作中,他给出了关于所描述物质的详细信息,常常会指明特定种类的石头、土或金属究竟来自哪里。他对工业原料的使用特别有意思。第16节描述了对一种可能是褐煤的物质的开采,其中包含着希腊文本中现存最早的关于使用矿物产品作为燃料的内容。论试金石的第45—47节包含着关于如何确定合金成分精确比例的最早论述,而且在关于颜料制备的诸多描述中,这是现存最早的关于制造白铅的论述。在他所描述的过程中,最近发现的有红赭石的生产和朱砂的提取。在第60节中,他指出,"技艺模仿自然,也创造了它自己特有的物质,有些是为了使用,有些只是为了让它们出现……还有一些则是为了双重目的,比如水银",在简要说明了如何产生这些之后,他补充说,"也许还有其他一些这样的东西可以被发现"。

没有证据表明,塞奥弗拉斯特试图通过做系统的实验来尝试区分不同种类的石头和土,尽管他的研究的某些方面也许向他暗示了这样做的价值。另一方面,他收集了大量信息——这些信息无疑来自各种渠道,包括以前的作者,以及他本人的研究和观察——并且总体上对它们做出了认真评价。然而,大多数古代作者都会详细论述矿物的神奇特性,尤其是它们据信的治疗能力,而《论石》则几乎完全没有这些想法。诚然,有三四次他的确像是在支持一种流行的神话传说,比如据说由猞猁的尿产生的所谓"猞猁石"(lyngourion),但他很少叙述这些令人难以置信的传说,而且对自己详述的大多数传说都表示怀疑。这部著作的主要现代编者卡利(E. R. Caley)和理查兹(J. F. C. Richards)说:"在将近两千年的时间里,塞奥弗拉斯特的这部论著仍然是最为合理和系统的研究矿物的尝试。"①

最后,塞奥弗拉斯特作为理论家的谨慎,在整理资料方面的一丝不苟,以及作为观察者的技巧,可以从他的植物学中再次体现出来。《植物志》和《植物的成因》是他公认的杰作。它们显然是按照亚里士多德动物学论著的一般模式来设计的,而且同样包含着对特定物种的细节描述和对现象原因的高度理论化的讨论。毫无疑问,它们展示的材料大都是园丁和农夫所熟知的。这里,塞奥弗拉斯特的角色是收集、整理和组织这些知识。然而,他并不旨在对植物进行全面的分类。恰恰相反,他在这方面保持着特有的谨慎。虽然他确认了四大类植物("乔木""灌木""小灌木"——phrygana[常绿矮灌木丛]——和"草药"),但他坚称,必须认为他所给出的这些定义"是普遍适用或整体适用的。因为对某些植物来说,我们的定义似乎是重叠的;而某些栽培中的植物似乎会变得不同,背离它们的本性"②(《植物志》I 32)。他又指出(《植物志》I 43),"因此,自然并不遵循任何稳固的硬性法则[字面意思是:拥有必然性]。我们对植物的区分和一般研究必须相应得到理解"。

---

① *Theophrastus On Stones*, ed. E. R. Caley and J. F. C. Richards(The Ohio State University, Columbus, Ohio, 1956), p. 10.

② 出自 Sir Arthur Hort(Cambridge, Mass., Harvard University Press; London, Heinemann, 1916)的 Loeb 版译文。

第二章 亚里士多德之后的吕克昂

《植物志》和《植物的成因》的大部分内容是对特定植物种类的详细描述。但为了帮助理解他解决问题的进路,这里只举一个例子,即他对自发产生的讨论。他对植物繁殖不同模式的总体看法可见于《植物志》II 11,例如:

> 树木和植物一般来说是这样起源的:自发生长,从种子生长,从根生长,从被撕下的叶片生长,从树枝或细枝生长,从树干本身生长……有人可能会说,在这些方法中,自发生长最先出现,但从种子或根生长似乎是最自然的;事实上,这些方法也可被称为自发的;因此,即使在野生种类中也可以看到它们,而其余方法则取决于人的技能,或至少取决于人的选择。①

正如这段话所显示的,"自发"一词有两种不同但相关的用法:(1)用来区分野生的和栽培的——在这种情况下,"自行"发生与通过人为作用发生相对立;(2)用来区分通过种子、根或任何其他自然方法的繁殖与无种子的繁殖。第二种意义上的自发产生问题被讨论过若干次。希腊作者一般认为,动物和植物是在某些条件下从某些物质中自发产生出来的。在《植物的成因》(I 51 ff)开篇,塞奥弗拉斯特写道:

> 一般来说,自发产生可见于较小的植物尤其是一年生植

---

① 出自 Sir Arthur Hort(Cambridge, Mass., Harvard University Press; London, Heinemann,1916)的 Loeb 版译文。

物和草本植物。然而,每当遇到下雨天或者某种特殊的空气或土壤条件时,自发产生偶尔也见于较大的植物……许多人认为,动物也是以同样的方式产生的。①

然而,在明显赞同这一常见观点之后,他进而提出了保留意见:

但若如阿那克萨戈拉所说,空气事实上也提供种子,收集它们并将其四处散播,则这一事实更有可能成为解释……此外,河流的交汇聚集以及水域的纵横交错从各处大量提供种子。……这样的生长不会显得自发,而更像播种或种植。对于不育的植物,人们更倾向于认为它们是自发的,因为它们既不是种植的,也不是从种子生长出来的,若两者都不是,那么它们一定是自发的。但至少对于较大的植物来说,情况也可能不是这样;我们或许没有观察到其种子发育的各个阶段,就像《植物志》中柳树和榆树的情况那样。

虽然塞奥弗拉斯特非常清楚地看到,许多被认为自发产生的情况其实并非自发产生,但他并未拒斥自发产生这一概念本身。这一章结束时他说:

既然这种现象可见于有果实和开花的植物,那么是什么

---

① 基于 R. E. Dengler, *Theophrastus De Causis Plantarum Book One* (Philadelphia, 1927) 中的译文。

阻止了它出现于其他不结果实的植物中呢?这里只给出我的看法;必须对这一主题做更准确的研究,必须彻底研究自发产生问题。总而言之,这种现象必定会出现在地球完全温暖、太阳改变了收集的混合物之时,就像我们看到的动物的情况那样。

在《形而上学》中塞奥弗拉斯特对目的因学说的攻击,批判的是对这种观念的应用,而不是这种观念本身。同样,在其植物学中,他对许多业已接受的关于自发产生的例子提出了反对意见,但并不否认整个学说。他要求做进一步的研究,但只针对特定的案例:他并不怀疑自发产生有时会发生。但应当指出,假定生命并不总是存在于地球上,那么认为生物可以在某些条件下从非生物中持续产生,和认为生命在过去的某个特定时刻从非生物中产生,似乎是同样合理的。

塞奥弗拉斯特接受自发产生的理论(尽管承认它是成问题的),并试图用自然主义方式把它解释成太阳对潮湿地球的作用。塞奥弗拉斯特的继承者是兰萨库斯的斯特拉托(Strato of Lampsacus),大约从公元前286年至公元前268年担任吕克昂的领袖。他的著作显然涉及广泛的主题,包括逻辑学、伦理学和政治学等。但正如他的绰号 ho Physikos 所表明的,他的主要兴趣是自然研究,特别是被我们称为物理学和动力学的那些分支,尽管他也曾有关于动物学、病理学、心理学和技术的著作。不幸的是,他的作品无一完整流传下来,我们不得不从后世的记述和引文中拼凑出他的想法。

斯特拉托最有趣的工作与两个物理学问题有关，即重性和虚空。关于重性问题——或如希腊人所说，重和轻的本性——斯特拉托拒绝接受亚里士多德的学说，即有两种自然倾向，一种是重物朝向地心，另一种是轻物远离地心。他认为，没有必要单独假设一种向上的倾向来解释气和火的运动，因为这可以解释为，比如气和火因较重的物体向下运动而被取代。

到目前为止，斯特拉托所做的都是用一个理论来取代一个更简单的理论。但对重量的本性做出这些反思之后，他对加速进行了研究。辛普里丘（Simplicius）在《关于亚里士多德〈物理学〉的评注》(*Commentary on Aristotle's Physics*, 916 10 ff)中引用了斯特拉托《论运动》(*On Motion*)中的一段话。辛普里丘指出，关于加速，不同作者给出了不同的解释，但又说，"几乎没有人能够证明，自然运动的物体越接近其自然位置，运动就越快"。而斯特拉托却做到了：

因为在《论运动》中，他先是断言一个如此移动的物体在很短的时间内走完了其最后阶段的路程，然后又说："这显然就是物体在重量的影响下在空气中运动时发生的事情。因为倘若水从很高的屋顶倾泻而下，我们会看到顶部的水流是连续的，底部的水则不连续地落到地上。除非水更快地走过每一个相继空间，否则这永远不会发生……"

斯特拉托还引用了另一个论证："如果从一指宽左右的高度扔下一块石头或任何其他重物，它对地面的冲击将是察觉不到的，但若把物体从一百英尺或更高的地方扔下，它对地面的冲击将是巨大的。""现在,"他说,"这种巨大的冲击没有任何其他原因。因为物体的重量没有增加,物体本身也没有变得更大,它没有撞击到更大的地面,也没有受到更大的[外力]推动,而是移动更快了。"①

这段话的重要性与其说是斯特拉托试图证明的东西,不如说是试图证明它的方式。首先,他诉诸一个人人都能观察到的现象,即雨水从屋顶落下。其次,他以某个重物从不同高度被扔下会发生什么作为证据。对该试验的描述尚不精确,使之看起来只不过是个"思想实验",但有其他证据表明,在另一些情况下,斯特拉托就一些物理问题实际做了实验。

实验是斯特拉托用在我所提到的第二个主题即虚空的本性上的方法的一个特征。亚历山大里亚的希罗(Hero of Alexandria,公元1世纪)《气动力学》(*Pneumatics*)导言中的一段话为我们提供了主要证言。其中包含的一段文本,我们基于独立证据知道它是对斯特拉托逐字逐句的引述,和其他地方一样,希罗的理论也对应于斯特拉托的理论,有人认为,希罗著作导言中的这段话有许多内容可能来自斯特拉托,尽管其中肯定也包含着其他来源的资料。

导言中可能来自斯特拉托的一节描述了一个旨在显示气的有形存在的简单试验:将一个空的容器在气中倒置并压入水中。这里"作为物体的气不允许水进入",尽管如果在容器底部钻一个洞,

---

① 基于 M. R. Cohen and I. E. Drabkin, *A Source Book in Greek Science* (second edition), Cambridge, Mass., Harvard University Press, 1958 中的译文。

并且重复试验,水会随着气从这个洞逸出而进入。

希罗稍后又给出了一系列更引人注目的实验,这一次是为了证明连续的虚空可以人为地产生。这段话先是批评了那些(和亚里士多德一样)绝对否认虚空可能存在的人,指责他们相信论证而不相信感觉证据:

> 那些一般地断言虚空不存在的人满足于为此而发明许多论证,在缺乏可感证据的情况下似乎认为他们的理论是可信的。然而,通过诉诸现象和可感事物可以表明,存在着连续的虚空,不过仅仅是与自然相反地制造出来的虚空;存在着自然的虚空,不过是以极小的量分散存在的虚空;物体通过挤压而充满了这些分散的虚空;这样一来,在这些问题上提出貌似可信论证的人就不再有空子可钻了。(I 16 16 ff)

18 像这样陈述了感觉证据胜过抽象论证之后,希罗进而描述了一个装置:

> 准备一个具有金属板厚度的球体,使之不易被压碎,容量约为 8 白(cotylae,≈2 夸脱)。完全密封后,在其上穿一个孔,然后置入一根虹吸管或薄的青铜管,使之不触到孔正对面的部分,但允许水通过,并使虹吸管的另一端在球上方大约三指宽的位置。插入虹吸管的孔的四周务必用覆于虹吸管和球外表面的锡封住,这样当吸入或呼出的气通过虹吸管时,气就不可能从球中逸出。让我们看看发生了什么。

第一个实验旨在表明气中存在着分散的虚空。有人认为,如果没有这种虚空,气就不可能被压缩。"但若把虹吸管插入口中,往球里吹气,你将额外输入许多气,而球里的气却不会逸出。由于这种情况经常发生,它清楚地表明,球内物体的压缩发生于分散的虚空中。"接下来表明,气可以从球中排出,"你若想借助虹吸管用口吸出球内的气,则不少气会出来,不过球内没有其他物质占据这些气的位置……由此最终可以证明,虚空在球内大量积聚起来"。

这段话所描述的实验很可能是由希罗本人或者他与斯特拉托之间的其他作者详细阐述的。但我们仍然很有把握将这样一些试验追溯到斯特拉托本人,因为在一段离题之后,该文又开始继续谈论对他的部分直接引述。这里还有一个基于光和热能透过水和气的论据,被用来表明分散虚空的存在。无论是在对落体的研究中,还是在对虚空的研究中,斯特拉托的方法似乎都是诉诸自然和技艺的双重证据——即直接观察到的自然现象和精心设计的实验。

尽管我们证据不足,但事实依然表明,斯特拉托比之前的任何希腊科学家更愿意用实验来研究物理问题。虽然他的大多数实际实验都不是决定性的,但在我们看来,这似乎是其工作最重要的特征。然而,他对后来的科学方法产生了多大影响,却是非常不确定的。斐洛和希罗等后来所谓"气动力学"的研究者们显然大量借鉴了他的成果。但斯特拉托本人进行的试验旨在证明某些命题,比如气是物体,而后来的气动力学家做类似实验的动机却往往非常不同。他们的兴趣与其说是证明或反驳某些特定的理论,不如说是那些可以人为产生的现象本身。他们的目的纯粹是为了制造出引人注目的或奇特的效果。我们将在第七章讨论科学与技术的关系时进一步考察这种宽泛意义上的强大实验传统——试验新的效果。但这些研究的目的很实际，它们不是为证明或反驳物理理论而设计的。

　　塞奥弗拉斯特和斯特拉托都拒绝接受亚里士多德的很多观念，但两人都明显受到了亚里士多德的深刻影响。塞奥弗拉斯特批评了目的因学说，但他仍然是一个目的论者。总的来说，斯特拉托的立场距离亚里士多德更远，比如他似乎否认目的因在整个自然中的运作，因为据说他既否认世界是神意的产物，又将自然归于"偶然"和"自发"。在对动力学和气动力学进行实验研究的过程中，斯特拉托开辟了新的领域。然而，他的元素理论是折中的：和原子论者等人一样，他似乎认为物质的基本结构是微粒，但他也认为，基本本原是热和冷这两种原初性质，这一学说显然在很大程度上要归功于亚里士多德。塞奥弗拉斯特和斯特拉托都在自然科学的某些分支上做出了独创性的工作，但两人都没有提出可与亚里士多德的理论相媲美的全面的物理理论。不过，在亚里士多德之后的一代，这些理论作为伊壁鸠鲁主义和斯多亚主义的一部分被提了出来，接下来我们就来考察希腊化时期这两个最重要的新哲学体系。

第三章　伊壁鸠鲁学派和斯多亚学派

伊壁鸠鲁学派和斯多亚学派的哲学都可以分为伦理学、物理学和逻辑学三部分,而且都使物理学和逻辑学从属于伦理学。两个学派都坚称哲学的主要目标是确保幸福,一个人要想幸福,就必须摆脱焦虑和恐惧。因为只要不知道自然现象的原因,他就会继续受到非理性恐惧的困扰,因此他不仅要研究道德哲学,还要研究物理学。虽然伊壁鸠鲁学派和斯多亚学派在首善问题和许多基本的物理学问题上存在分歧,但他们都认为,研究物理学的主要动机是获得心灵的宁静。

公元前341年左右,伊壁鸠鲁出生于萨摩斯岛,父母是雅典人。公元前4世纪末,他在雅典创建了自己的学校——伊壁鸠鲁花园。他在《主要学说》(*Principal Doctrines*,II)中明确指出:"如果我们对天空中的现象和死亡毫不忧惧,使之不会对我们产生影响,而且并不担心察觉不到痛苦和欲望的界限,我们就不需要研究自然。"在《致毕索克勒斯的信》(*Letter to Pythocles*,85)中,他说:"请住住,除了心灵的宁静和坚定的信念,……认识天界事物没有其他目的。"迷信和神话被反复抨击。"至日、食、升落"等都是在"没有诸神的帮助或安排"的情况下发生的,天界现象的规律性缘于原子的排列,而不是缘于神(《致希罗多德的信》[*Letter to*

Herodotus 76 f］）。然而，尽管自然科学被用来反驳错误的宗教信念，但研究物理学只需要对那些可能被认为源于超自然力量的干预或者可能引发非理性恐惧的现象给出某种解释即可。

不过，伊壁鸠鲁对某些物理问题的研究要比人们想象的深入得多，因为从事这些研究有若干理由。我们了解其物理学的主要资料来源是《致毕索克勒斯的信》和《致希罗多德的信》，尽管他的伟大追随者卢克莱修（Lucretius，公元前1世纪）写的拉丁诗《物性论》（*On the Nature of Things*）也很有价值。虽然伊壁鸠鲁否认自己得益于之前的思想家，但其主要物理学学说源于公元前5世纪的原子论者——留基伯和德谟克利特。和他们一样，伊壁鸠鲁也认为存在的只有原子和虚空。存在着无限数量的原子，它们在无限的虚空中不断运动。它们相互碰撞，彼此反弹，从而形成复杂的物体，但这些物体所拥有的可感性质并非真实，而仅仅是现象。所有诸如热、颜色、味道等性质都源于形状和位置等原子基本性质的差异，并可归结为这些差异。

到目前为止，伊壁鸠鲁只是仿效德谟克利特而已。但在其理论的某些部分，伊壁鸠鲁偏离了德谟克利特的教导——在大多数情况下，似乎都是为了回应亚里士多德对最初形式原子论的批评。早期原子论者留下的一个未解决的问题涉及原子本身的性质。虽然他们认定原子在物理上是不可分的（也就是说不能被分割），但他们是否认为原子在数学上是可分的（也就是说至少在思想上可分割），这一点并不清楚。[①] 因此，亚里士多德反对原子论者的理

[①] 参见《早期希腊科学》，p.47。

由是，他认为原子论者未能区分物理的不可分性和数学的不可分性。伊壁鸠鲁的回答是假定两种类型的最小单元，并且清楚地区分它们。原子是物理上的最小单元，是组成物体的不可分割的单元，但原子本身是有尺寸的，它包含着并且由数学上不可分的部分所组成。

同样，在原子的形状问题上，早期原子论者也许认为，正如原子的数量是无限的，它们的形状也是无限多样的。但这样一来，有人也许会反驳说，如果形状无限多样，那么一些原子会变得非常大，肯定大到可以看见，这显然是不可接受的。伊壁鸠鲁的回应是，原子的形状——和尺寸——并非无限（infinitely）多样，而只是无定限地（indefinitely）多样。

但伊壁鸠鲁所引入的最重要的修正是关于重量的。留基伯和德谟克利特认为，原子的首要性质是形状、排列和位置。伊壁鸠鲁又补充了重量——早期原子论者认为重量是原子聚集成世界时所获得的一种次要性质。因此，早期原子论者和伊壁鸠鲁对世界的形成过程作了完全不同的解释。留基伯和德谟克利特认为，原子朝四面八方永恒地运动，其偶然碰撞导致了积聚，而积聚物又转而吸引其他原子。而伊壁鸠鲁则设想，在世界形成之前，所有原子都沿同一个方向运动，即在空间中"向下"运动。此外，比如亚里士多德认为，物体越重，下落速度就越快，而伊壁鸠鲁则认为，在虚空中，速度并不随重量而改变，重原子和轻原子的下落都"快如思想"。但那样一来，没有原子会彼此相遇或者碰撞，也不会形成世界，伊壁鸠鲁因此提出了他那著名的或者说是臭名昭著的"微偏"（swerve）学说。一个原子偶尔会极其微小地偏离垂直方向。这种偏离是没有原因的,它纯粹是一种无因之果。但他认为,这种偏离必然会发生,无论在世界形成之初,还是在形成之后的世界里。虽然证据不够完整,有些地方也不太清楚,但伊壁鸠鲁明显是用微偏学说来解释灵魂,将他的道德哲学从决定论中拯救出来。

在古代,这种学说就已是人们嘲笑的对象。然而,道德论证并不像人们常常认为的那样愚蠢。作为一个唯物论者,伊壁鸠鲁用灵魂原子的物理相互作用来解释心灵事件,他的问题是说,道德责任在这样一个体系中意味着什么。人们常常认为,他的解决方案是对每一项"自由"行动都假定灵魂原子发生微偏。然而,没有直接的证据表明这就是他的观点,事实上,通过假定一个无因的事件在做出决定的那一刻介入来解释选择是很奇怪的。正如最近有人指出的,[①] 更有可能的情况是,伊壁鸠鲁对责任的解释和亚里士多德的解释一样,更多地依赖于他的品质概念,而微偏的作用仅仅是在灵魂原子运动的某一点上引入不连续性,以便为自由选择的可能性留出余地。微偏不需要也不应该在所选择的时刻发生:所需的仅仅是,灵魂原子在某个阶段发生微偏,从而为其相互作用是完全确定的这一规则提供一个例外。

关于微偏的宇宙论论证的解释争议较少。一旦假设所有原子都以相同速度朝同一方向运动,那么要想解释宇宙的形成过程,就必须有例外。我们知道,这个世界至少是存在的:因此,原子的碰撞一定以某种方式发生了。此外,他关于单个原子不时地偏离常

---

① 参见 D. J. Furley, *Two Studies in the Greek Atomists*, Princeton University Press, Princeton, 1967。

规的说法,对我们来说可能并不像对某些古人那样令人震惊。古代通常构想的(尽管并非唯一的)物理定律必然无一例外地适用于特定现象的每一个实例——这与现代把物理定律看成一种对统计概率的陈述形成了鲜明对照。此外,根据海森伯(Heisenberg)的不确定性原理,单个核子的行为无法被完全描述——也就是说,我们无法同时确定它的位置和动量。然而,这种表面上的相似性不应掩盖伊壁鸠鲁学说与核物理学在动机和背景上的根本区别。当伊壁鸠鲁假定规则的例外时,他是按照惯常的古老的严格必然性概念来构想这一规则的——这种想法已经为现代物理定律概念所取代。他的微偏假说与其说是对现有的原子信息进行研究(无论在逻辑上还是经验上)的结果,不如说是为了将其宇宙论和道德哲学从其物理学理论的后果中解救出来而采取的孤注一掷的措施。

伊壁鸠鲁认为,存在的只有原子和虚空,对于这样的基本原理只能给出一种解释。但在给出特定自然现象的原因时,他采用了一种不同的解释方法。这里他坚持认为,某一特定现象的原因可能不止一个,而且通常不止一个。如果存在若干种可能的解释,那么只要不与证据相矛盾,所有解释都有成立的可能。他在《致毕索克勒斯的信》(86 *f*)中说,天界现象"可以有多种原因","如果我们接受一种原因而拒斥另一种与现象同样符合的原因,我们就显然彻底脱离了自然研究,而陷入了神话"。

实际上,伊壁鸠鲁不仅将这一原则应用于雷电、彗星、冰雹或旋风的本性等问题——当时的认识还很原始——还应用于已经做过许多成功研究的天文学问题。例如,以下是他在《致毕索克勒斯的信》(94)中对月相的评论:

只要一个人不是那么热衷于单一的解释方法，以至于会毫无根据地拒绝其他解释，而根本不考虑一个人可能——和不可能——研究什么，那么月亮的盈亏有可能通过月亮的运转，或者气的位形，或者其他物体的介入，或者地界现象促使我们解释这种现象的任何其他方式而发生。

在诸如此类的段落中，伊壁鸠鲁学说中那些非科学的甚至反科学的方面变得明显起来。他认为，如果研究不能促进心灵的宁静，那就是徒劳的。他禁止对某种现象的几种相互冲突的解释中哪一种正确作进一步研究，并且谴责那些试图作这种研究的人，首先是因为他们在适用多重原因原则的问题上非常教条，其次是因为他们沉迷于迷信和神话。然而，正是那些被伊壁鸠鲁蔑视的天文学家很久以前就给出了关于月相的正确解释。

伊壁鸠鲁的学说是一种奇特的混合体，在这种混合体中，对物理学一些基本问题的认真研究与研究特定自然现象的本质上负面的态度结合在一起。伊壁鸠鲁对原子论做出了某些修正，以回应其批评者，在此过程中对有关物质最终组分的争论做出了贡献。但在天文学等领域的细节问题上，一旦研究给出了一些似是而非的解释，而且相信神话的最初诱惑已经消除，研究就停止了。伊壁鸠鲁的学说清楚地说明了背后的哲学假设是如何影响科学工作的本质的，但在这种情况下，这些假设的影响有利有弊，因为它们在鼓励对基本物理问题作抽象研究的同时，更加强有力地抑制了经验研究。

斯多亚学派竞争性的、从长远来看更具影响的哲学体系是由基提翁的芝诺（Zeno of Citium）、阿苏斯的克里安提斯（Cleanthes of Assus）和索利的克吕西普（Chrysippus of Soli）创立和发展起来的。这三个人都主要在雅典工作，前两位是伊壁鸠鲁的同时代人，年纪略轻，第三位比他们小 50 岁左右。正如我们在卢克莱修那里看到的，伊壁鸠鲁学派的学说在该学派漫长的生涯中始终保持明显的恒定性，而斯多亚学派的学说却经历了许多修正，不仅在最早的时期，而且尤其是在所谓的中期斯多亚和晚期斯多亚或新斯多亚时期。这些修正者包括罗德岛的帕奈提乌斯（Panaetius of Rhodes，生于约公元前 185 年）、阿帕米亚的波西多尼奥斯（Posidonius of Apamea，约公元前 130—公元前 50）和塞涅卡（Seneca，公元 1 世纪）等。不过，我们这里关心的是该学派创始人的学说。主要的物理学理论大多出自芝诺本人，克吕西普则负责许多细节学说和论证，以帮助巩固体系，反驳对手的批评。

正如我们所说，研究自然现象的潜在动机对于斯多亚学派和伊壁鸠鲁学派都是一样的，即获得心灵的宁静。但除此之外，这两个学派在物理学的几乎每一个重要议题上都存在根本分歧。伊壁鸠鲁认为只有原子和虚空存在，而斯多亚学派则否认世界内部有虚空，尽管世界之外有无限的虚空。他们驳斥了这样的论证，即虚空对于解释运动是必需的。世界是一个实满（plenum），但这并不妨碍世界内部有运动发生。正如鱼在水中游动，任何物体也可以在这种被视为弹性介质的实满中运动。斯多亚学派反对物质以不可分割的单元形式而存在，认为世界是一个连续体，其物质是无限可分的。此外，伊壁鸠鲁认为空间和时间由最小的部分所组成，而斯多亚学派则认为它们是连续的。

在原子论中,定性的差异被归结为原子在形状、排列和位置上的差异。与原子论者本质上定量的理论相反,斯多亚学派的物理学本质上是定性的。其宇宙论的出发点是区分两种基本的本原——主动者和被动者。被动者是无性质的物质或质料,主动者则被认为是原因、神、理性、普纽玛(*pneuma*,气息或生命精气)、灵魂和命运,等等。这两种本原都是物质性的,为了描述它们之间的关系,斯多亚学派使用了"完全混合"(*krāsis di'holōn*)这个术语,以服务于一种关于不同组成模式的原创性理论。*krāsis* 被定义为两种或两种以上物质的完全相互渗透,例如在葡萄酒和水这两种液体的混合物中。它既不同于"混合"(*parathesis*)——仅仅将各个部分并置在一起,比如在两种种子的混合物中——也不同于"融合"(*synchysis*)——在融合中,就像在我们所谓的化合中一样,组成物质遭到破坏,结果形成一种新的物质。于是,主动本原被认为是整个世界所固有的,并且渗透于它的每一个部分。

这两种基本本原是不生不灭的。但物体的物理元素和宇宙本身一样,是有生有灭的。继恩培多克勒、柏拉图和亚里士多德之后,斯多亚学派也认为,所有其他物质都由四种元素所组成:火和气分别与热和冷有关,是更主动的元素,水和土分别与湿和干有关,是更被动的元素。当火先变成气,然后变成水,最后变成土时,宇宙演化过程就开始了。反过来,当这个过程被逆转,其他元素又变成火时,这个世界就周期性地遭到毁灭。就这样,世界始于火也终于火,这个过程被无数次地重复。

到目前为止,斯多亚学派的元素理论和宇宙演化论与传统形式相近,但在其普纽玛(气息或精气)学说中,他们更具原创性,尽管这种观念在某种程度上也要归功于之前的哲学。从相互矛盾的证言来判断,对这一学说的解释已经给古人造成了某种困难。然而,尽管有一个文本暗示普纽玛是与其他四种元素处于同等地位的第五元素(就像亚里士多德那里的以太一样[①]),但还是可以相当清楚地把它看成主动本原的一种形式:事实上,就像几位权威所说的那样,由于存在于每一个事物中,所以普纽玛必定渗透于一切事物之中。据说普纽玛由气和火所组成,因为这些是更活跃的元素。根据盖伦的说法(K VII 525 II ff),"普纽玛般的($pneuma\text{-}like$)物质产生内聚性,质料般的物质($matter\text{-}like$)被内聚在一起,因此他们说,气和火产生内聚性,土和水被内聚在一起"。

普纽玛学说把我们引向了统一结构的不同层次。无论是离散的整体,比如军队,还是由联结在一起的要素所组成的相邻接的东西,比如一艘船,其中任何一个要素都可以在所有其他要素被摧毁的情况下继续存在;与此不同,统一的结构则存在着部分之间的共感($sympatheia$),以至于任何影响单个部分的东西也会影响整体。但统一的结构有不同的种类。首先,最简单的类型具有所谓的"品质"($hexis$),一种结合在一起的状态,这可见于石头、木头和金属等事物;其次,在更复杂的组织层面上存在着"本性"($physis$),这种统一结构由植物等表现出来;第三,动物不仅就其生长和繁殖而言拥有本性,而且就其能够运动和感觉而言还拥有"灵魂"($psychē$)。于是,统一的东西拥有不同的结构类型,但在每一种情况下,将它们结合在一起的都是普纽玛,普纽玛不是一种静态的、

---

① 参见《早期希腊科学》,pp. 109 ff。

外在的约束性力量,而是一种动态的内在张力。

该学说适用于整个宇宙,因为后者也是上述意义上的一个"统一的"东西。例如,据说克吕西普相信整个世界是由一种全然渗透于其中的普纽玛统一起来的。整体是一个动态的连续体,如同一个生物,其中所有部分都处于一种张力状态,彼此传递着任何影响它们的东西。

小宇宙与大宇宙的类比是斯多亚学派最喜欢的一个类比,事实上,它并不仅仅是类比。宇宙不仅像一个生物,而且就是一个生物。和人一样,它充满了生命精气(pneuma)、生命/灵魂(psychē)和理性(nous)。主动本原不仅是内聚性的本原,而且是一种生成力。在对宇宙产生过程的描述中,神被称为宇宙的"生殖原则"(seminal formula),他的生产活动被设想为像动物的生殖一样。此外,遍布宇宙的理性不仅是一种智能的原因,而且是一种神意的原因。但神意并不意味着物理原因和影响链条的中断。恰恰相反,它更像是那个链条的名称:因果序列既是命运,又是神的意志。偶然性被消除了,或者更确切地说,偶然性被纯粹主观地解释为人类认知中模糊不清的东西。虽然在伦理学领域,斯多亚学派并不否认道德责任——借助于对不同种类原因的区分,他们认为,我们行为的某些部分在依赖于我们品格的意义上"受制于我们"——但他们是一贯的物理决定论者。与伊壁鸠鲁的对比同样很显著。伊壁鸠鲁否认世界是一个生物,否认世界表现出设计,否认世界上存在着不可改变的因果链,而斯多亚学派则坚持所有这三种学说。此外,斯多亚学派不仅认为未来是确定的,还认为未来原则上是可以预测的,并试图通过各种占卜来做到这一点。

这里我们无法详细讨论学说的细节和有争议的解释观点,但或许已经足以勾勒出早期斯多亚学派物理学的主要轮廓。这是古代第一个得到详细阐述的物质连续体理论。其他哲学家否认虚空的存在,并试图对不同的混合模式加以分析。但基于各个部分相互联系的连续体概念,斯多亚学派第一次提出了一个详细的物理体系。普纽玛的概念(pneuma)、完全混合或相互渗透的理论(krāsis)、共感学说(sympatheia)、作为连续体的时空概念,所有这些构成了一个精心构思的协调一致的整体的一部分,其因果链概念便是由这个理论衍生出来的。而他们相信有可能预测未来,则与他们的决定论相一致,事实上是其决定论所蕴含的。给他们占卜的尝试贴上"不科学"的标签是没有意义的。我们必须认识到,在他们看来,物理学家试图通过归纳而得出一般定律,而占卜者则试图通过观察和技艺来预测未来,这两者之间没有任何本质区别。其预测的相对成功或许有所不同,但其程序的合理性却是相同的。在斯多亚学派看来,和科学本身一样,占卜的理性基础是在哲学上相信坚不可摧的因果链。

伊壁鸠鲁和早期斯多亚学派的物理学建立在对物质最终组分问题反思的基础上。这两个学派虽然都对许多天文学、气象学和生物学现象提出了因果解释,但都没有明显参与经验研究。然而,他们的争论揭示了原子论和连续体理论这两种根本上对立但又互补的物质观之间的分歧。物质要么以离散的微粒形式存在,被虚空隔开,要么是一个相互联系的连续体。每一种物质观都与一种不同的运动学说相关——微粒说和波动说:运动要么是物质微粒在虚空中的运送,要么是干扰在弹性介质中的传递。尽管同名的不同理论之间存在着根本差异,但可以认为,希腊原子论是所有微粒物质理论的原型,而斯多亚学派的物理学则是后来物质连续体理论的先驱。事实上,斯多亚学派物理学的主要现代权威桑伯斯基(S. Sambursky)已经指出,我们可以从普纽玛渗透于物质的学说中看到"19世纪物理学中发展出来的力场的原型",尽管他又补充说,"重要区别在于,在数学物理学的时代,力场概念完全失去了任何纯粹物质意义上的实体性"。[①]

在伊壁鸠鲁主义和斯多亚主义中,自然科学同伦理学和神学密切相关。两个学派都把因果关系问题与选择和责任的道德问题一般地联系起来,而且都认为理解神的真正本性是从物理学研究中获得的好处之一。最重要的是,其自然研究的动机都是伦理上的,这从根本上影响了他们研究主题的类型和研究方式。虽然两个学派都认为了解物理学的基本问题对于心灵的宁静是必不可少的,但他们都没有为详细考察任何特殊的科学分支提供任何激励。毋宁说,他们强调思辨研究的实际道德目标——认为科学是达到目的的手段,而不是目的本身——对他们从事任何此类研究起到了强烈的抑制作用。虽然伊壁鸠鲁和早期斯多亚学派在一般物质理论方面的工作很重要,但他们都没有[②]对任何主要依靠观察的

[①] *Physics of the Stoics*, Routledge and Kegan Paul, London 1959, p. 37.
[②] 不过,在后来的斯多亚学派中也有例外,其中最重要的是波西多尼奥斯。因篇幅所限,这里无法讨论他的工作。我们只需指出,虽然对这个极富争议的人的大多数评价仍然存在争议,但有充分证据表明,他就某些物理问题做了经验研究。比如我们从在基督教时代之初编写了《地理学》(*Geography*)的斯特拉波(Strabo)那里得知,波西多尼奥斯对潮汐的周期性作了观察,并且最早提出了一种令人满意的全面解释。

科学领域做出任何重大贡献。公元前3、前2世纪在天文学和生物学等学科中取得的巨大进展归功于这样一些人:虽然他们常常受到哲学假设的影响,但他们自己主要不是哲学家,而是数学家或医生。现在就让我们转向他们的工作,先对数学本身作一简要概述。

第四章　希腊化时期的数学

到目前为止，我们一直在讨论那些自认为主要是哲学家的人的作品。我们现在要考虑这样一个群体，他们对传统哲学问题（无论是物理学、伦理学还是逻辑学）很少表现出兴趣或根本没有兴趣，其中大多数人宁愿放弃哲学家的头衔，而更愿意被称为数学家。"数学"（*ta mathēmata*）一词源于"学习"（*manthanein*），在希腊语中不仅指我们所谓的数学研究，而且一般地指任何学问分支。比如在公元前4世纪，柏拉图在《理想国》中不仅用它来指算术或计算、平面几何、立体几何和天文学，还指对善的理型的研究。亚里士多德第一次对数学（*mathēmatikē*）和物理学（*physikē*）做出了系统区分。物理学研究的是自然物本身，自然是通过运动或变化的能力来定义的。数学对象（面、线、点和数）虽然事实上与感觉对象无法分离，却是从感觉对象中抽象出来加以研究的。在数学的各个分支中，他认识到一种等级结构。首先要研究算术、平面几何和立体几何，从属于这些的是数学的"更物理的"分支，如光学、和音学、力学和天文学，在这当中，亚里士多德（修改了柏拉图着重论述的一个论题）又进一步区分了数学光学（几何学的一个特殊应用）和物理光学：例如，物理光学包括对彩虹的研究，被认为是数学光学的一个特殊应用。

第四章　希腊化时期的数学

作为一种演绎研究,数学发展的转折点出现在公元前5世纪。在那之前很久,也就是在希腊人从事这项研究之前很久,埃及人和巴比伦人已经发现了许多数学命题,并且完善了许多数学运算。然而,尝试对数学定理进行严格证明是一个新的起点,这主要归功于公元前5世纪的希腊数学家。但他们的作品几乎没有保存下来,几乎在所有情况下,我们都不得不依靠后世的记述和间接提及。从公元前4世纪末开始,我们的资料状况有了很大改善。留存至今的第一部重要数学著作是欧几里得的《几何原本》(Elements)。除了其他流传下来的欧几里得的著作,阿基米德和阿波罗尼奥斯的大部分著作也仍然存在,从而为研究亚里士多德逝世后150年里数学的发展提供了丰富的资料。在评论这一点时,我将集中考察这样一些证据,它们有助于阐明数学的目标和假设、数学的方法以及数学在其他科学领域的应用。

我们对欧几里得本人知之甚少。我们的大部分信息都来自其众多希腊评注者中最重要的一位——公元5世纪的普罗克洛斯(Proclus)。他告诉我们,欧几里得生活在托勒密一世(公元前283年去世)的时代,"比柏拉图的学生们年轻,但比埃拉托色尼(Eratosthenes)和阿基米德年长"。[①] 从这份记述的措辞中可以清楚地看出,普罗克洛斯本人并没有关于欧几里得出生日期和地点的确切信息。但认为他活跃于公元前300年左右很可能是正确的。不论他是否出生在亚历山大里亚,我们的一些资料来源都表明他与那个城市有关。托勒密问欧几里得,几何学中是否存在比

---

① *Commentary on the first book of Euclid's Elements*, p. 68 17 *ff*.

《几何原本》更便捷的道路,普罗克洛斯记述了欧几里得对托勒密的回复:"几何学无捷径可走"。由帕普斯(Pappus)《数学汇编》(Mathematical Collection VII, 35, 678 10 ff)中的一段文字可以推断,欧几里得在亚历山大里亚教书,那段文字说,阿波罗尼奥斯在那里和欧几里得的学生们待了很长时间。除了《几何原本》,欧几里得还写过关于天文学、光学和音乐理论的著作。他的一些短篇作品(如《光学》[Optics])仍然存在,但有些被归于他的著作,比如《反射光学》(Catoptrics)或《镜论》(Theory of Mirrors),并不真实。

《几何原本》与之前发生的事情之间的关系引出了一个问题。根据普罗克洛斯的说法,欧几里得"将各个基本命题(elements)集合在一起,收集了欧多克索的许多定理,完善了泰阿泰德(Theaetetus)的许多定理,并以无可辩驳的证明提供了在前人那里证明不够严格的命题"。据说从公元前5世纪末希俄斯的希波克拉底开始,有几位作者编写了《几何原本》的各卷,普罗克洛斯还告诉我们,塔兰托的阿基塔斯和雅典的泰阿泰德(他们都是柏拉图的同时代人)"增加了定理的数量,并朝着一种更加科学的安排发展"。亚里士多德解释了"elements"一词是如何使用的:"我们把这些几何命题命名为'基本命题'(elements),其证明蕴含在对所有或大多数其他命题的证明中"(《形而上学》998a 25 ff)。由基本命题可以推导出其他命题。我们可以推测,之前的作者在基本命题方面的总体目标与欧几里得本人类似,即系统地展示一系列基本的数学证明。

在许多情况下,欧几里得从前人那里得到的益处是可以确认的。把线定义为"没有宽的长"(第一卷定义2)与亚里士多德在

《论题篇》(*Topics*,143b II *ff*)中引用和批评的定义是相同的。第十卷的一位评注者指出,其中证明的命题是泰阿泰德的发现,该卷的另一位评注者说,其中三种主要的无理线是泰阿泰德区分的。第五卷的一位评注者告诉我们,该卷的一般比例论——通常被认为是整个《几何原本》中最出色的成果之一——要归功于尼多斯的欧多克索。对比例的兴趣可以追溯到希腊数学的最初阶段。但欧多克索理论的最大优点是,它既适用于可公度量,又适用于不可公度量(即既适用于 1∶2,又适用于 $1:\sqrt{2}$),以及任何种类的量(数、线、面、体、时间等)。第十二卷中两个命题的证明同样被一位不亚于阿基米德的权威归功于欧多克索。这两个命题是第十二卷命题 7 和命题 10:命题 7 表明,任何棱锥都是与之同底同高的棱柱的三分之一;命题 10 证明,任何圆锥都是与之同底同高的圆柱的三分之一。①《几何原本》的其他一些部分从早期希腊数学那里得到的益处——比如第七卷到第九卷即所谓的算术卷得益于毕达哥拉斯的数论——更难用文献证实,但几乎同样确定。

由这些观察引出的一个显而易见的问题是,《几何原本》中典型的欧几里得特征是什么?这本书中似乎并没有多少命题和证明是他自己的发现。毋宁说,他自己的主要贡献在于整部著作的组织方式。《几何原本》是一部高度系统化的作品。第一卷阐述了某些基本假设,并且讨论了平面几何中的一些简单问题(I 47 包含着对毕达哥拉斯定理的著名证明,即直角三角形斜边的平方等于其

---

① 根据阿基米德的说法,这些命题本身起初是由德谟克利特陈述,但首先被欧多克索严格证明。

他两边的平方和)。这种讨论在接下来三卷中继续进行,当处理的问题涉及更复杂的几何图形时,将借助于进一步的定义来解决。第五卷介绍了比例论,然后在第六卷中,比例论被应用于平面几何问题。第七卷到第九卷补充了关于数的进一步定义,然后讨论了整数的本质和属性。第十卷讨论无理数。在第九卷到第十三卷中,欧几里得转向了立体几何问题,并且(在最后两卷)使用了基于第十卷命题1的穷竭法。除了第五卷和第七卷是重新开始以外,后面各卷都是以前面各卷的结论为前提和直接基础的。诚然,某些不规则和反常的情况是存在的,比如第一卷中的三个定义——长方形、菱形和长菱形——此后在《几何原本》中从未使用,但整本书仍然是对大量数学证明条理清晰、连贯协调的展示。

与任何之前的著作相比,《几何原本》是公理化演绎系统观念的例证和体现,但对于这种观念本身的起源,我们必须回到更早的数学和哲学文本。柏拉图在《理想国》(510 b—d)中一段著名但令人费解的话中声称,一切真理和实在都源于第一原理——善的理型——他称之为"非假设的",以便将其地位与数学假设的地位进行对比,数学假设暂时被认定为真,但需要得到证实。亚里士多德更清楚地指出,并非所有真命题都能得到证明。他坚持认为,证明的起点是本身不可证明但被公认为真的原理,他区分了三类这样的原理:定义、假设和公理。欧几里得的《几何原本》实际上是一系列从第一原理出发的证明,这些原理本身并没有得到证明,而只是直接被断言。他也是从三种第一原理开始的,这些第一原理与亚里士多德所说的类似,但并不完全相同,即定义、公设和公理。公理大致上与亚里士多德的公理相对应,事实上,亚里士多德给出的一个公理的数学例子作为欧几里得的第三个公理在《几何原本》中重新出现:"等量减等量,其差相等。"然而,欧几里得的公设与亚里士多德的假设有所不同,至少就《后分析篇》72a18 ff 中对这个术语所作的严格定义而言是如此。那里说,假设是关于某些事物存在的假定,通常的例子是点和线;而欧几里得五条公设中的前三条都是关于实现某些几何构造的可能性的假定(例如,"从任一点到任一点可作一条直线"),最后两条公设假定了与这些构造有关的某些真理,即所有直角都彼此相等,非平行的直线在某一点相交。公理是适用于整个数学的自明原理,而公设则是欧几里得几何学背后的基本几何学假定。

欧几里得关于公理系统的形式和基础的总体构想,与亚里士多德在研究一般推理的背景下所表述的那些构想有明显的相似之处,尽管我们无法确定这些相似之处在多大程度上缘于两者之间的直接影响,也无法确定欧几里得在多大程度上遵循和发展了在之前的数学家那里已经流行的想法。他所提出的那些定义、公设和公理有助于说明他的数学和整个希腊数学的本性。比如他在第七卷对单元和数的定义表明,"一"不被当作数来处理。每一个存在的事物凭借单元而被称为一(定义1),数是由若干单元组成的(定义2)。这里,欧几里得与后欧几里得时代的数学之间的差异不仅仅是出于惯例。在欧几里得那里,"一"本身就是不可分的,在第七卷的算术中,分数是作为数之间的比率或比例来处理的。为了理解这一观点的背景,我们可以回顾一下巴门尼德和埃利亚的芝诺在公元前5世纪提出的涉及一与多的哲学问题。欧几里得也许受到了柏拉图(《理想国》525de)所记述的那种论证的影响,柏拉图说,某些数学家不允许"一"被划分,"以免它看起来不是一个,而是许多个部分"。他们似乎认为,如果"一"可以被划分,那么"一"就会同时变成多:为了避免这个明显的矛盾,"一"——就像巴门尼德的"存在"——必须是不可分的。

埃利亚学派的论证可能再次与我们对欧几里得第五条公理的理解有关。第五条公理说,"整体大于部分"——这似乎毫无问题。但我们从亚里士多德那里得知,芝诺反对"多"的论证之一旨在证明"一半时间等于它的两倍"。

关于平行线的著名的第五公设争论背景更为复杂。亚里士多德(《前分析篇》65a4 ff)的一段话表明,当时关于平行线主题的流行的数学理论被认为犯了循环论证的错误,因为他评论说,那些"自认为能够构造平行线的数学家无意识地假定了倘若平行线不存在就无法证明的东西"。欧几里得的立场则截然不同,他先是在第一卷定义 23 中定义了"平行",然后把非平行直线在某一点相交这一命题以公设的形式接受下来。没有证据表明,欧几里得或其他任何希腊几何学家设想过自罗巴切夫斯基(Lobachewsky, 1792—1856)以来所构想的那些几何学的发展。但值得注意的是,欧几里得的《几何原本》不仅是一个公理系统,而且是一个明显假设性的系统——该系统基于一些公设和公理,他必定知道,其中有些命题曾经遭到其他希腊哲学家或数学家的质疑或否定。

欧几里得先是以定义、公设和公理的形式阐述了他的假定,然后着手证明命题,并且解决他的构造问题。在他使用的论证方法中,有两种尤其突出,即所谓的穷竭法和更一般的"归谬"法。穷竭法可能是欧多克索的发现。该方法的基本原理在第十卷命题 1 中说明：给定两个不等的量（A 和 B），从较大量（A）中减去一个大于它的一半的量，再从余量中减去大于该余量一半的量，这样继续作下去，则会得到某个小于较小量（B）的余量。尽可能地重复这个减法过程，最终得到的余量将小于任何给定的量。在几何学中，这种方法的一个明显应用是确定由曲线围成的面积，比如一个圆的面积。这可以通过在其中内接规则的图形来实现，这些图形的面积将逐渐接近圆本身的面积。从一个正方形（图 1 中的 ABCD）开始，每次将图形的边数加倍（也就是将弧 AB、BC 等平分，然后将弧 AE、EB 等平分，以此类推），由此可以增加内接图形的面积，直到它与圆的面积之差小于任意给定的量；然后可以认为圆的面积等于内接多边形的面积。

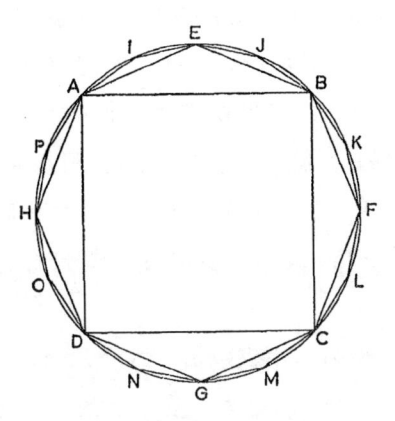

图 1　穷竭法的一个应用

亚里士多德在其逻辑学中提到并讨论了"归谬法"，这种方法在欧几里得之前显然也在数学中得到了广泛应用。这种方法先假定与有待证明的命题相反的命题，然后导出不可能的或荒谬的结果。例如,它被用来证明素数的数目是无限的这个命题(第九卷,命题 20)。首先假定素数的数目有限,然后证明这一假定是错误的:他表明,假定素数是一个有限集合,即 A、B、C、……X,那么由这些数的乘积加上 1 所形成的数(A×B×C……×X)+1 要么本身是一个不在这个集合中的新的素数,要么可被一个新的素数整除。正是由于这种简单而严格的证明,《几何原本》理所当然地成了名著,并且作为教科书取得了惊人的成功:直到 20 世纪,基于欧几里得译本的作品仍被用于各个学校的数学教学。

我们要考虑的下一位思想家是叙拉古的阿基米德。作为数学家,他远比欧几里得更具有原创性,事实上是希腊科学所造就的最伟大的创造性天才之一。我们知道他死于公元前 212 年,当时马塞卢斯(Marcellus)统治下的罗马军队占领并洗劫了叙拉古。在《数沙者》(Sand-Reckoner)中,他把自己的父亲费迪亚斯(Pheidias)和欧多克索、阿里斯塔克一道列为"早期天文学家"。正如我已经指出的,我们的资料来源表明,阿基米德是叙拉古统治家族的朋友和亲戚。据说他曾访问亚历山大里亚,他当然知道埃拉托色尼并与之通信。但其一生中的大部分时间似乎都是在他的家乡叙拉古度过的。

阿基米德兴趣很广,不仅包括算术和几何,还包括光学、静力学和水静力学、天文学和工程学。在我们的二手资料中,有几个关于他的故事与其工程师技能有关,我将在第七章讨论这一点。但是,除了阿拉伯文献中可疑地提到一本关于水钟的书之外,他唯一写的技术主题的书是《论球的制造》(*On Sphere Making*,现已不存),它讨论了如何构造一个球体来表示太阳、月亮和行星的运动——阿基米德本人显然制作了这样一架行星仪,它一直保存到西塞罗(Cicero)时代。西塞罗曾数次提到它,并且表达了对阿基米德技巧的钦佩,但遗憾的是,他并没有提供关于这个球体的本性或其运作方式的许多信息。此外还失传了一部光学论著和几本关于算术、几何和静力学的书(如《论天平》[*On Balances*])。即便如此,我们还是有至少九部完整或近乎完整的作品,以及其他几部作品的片段或拉丁文、阿拉伯文译本。

作为阿基米德在算术方面工作的一个例子,我们可以举《数沙者》为例,它讨论了处理非常大的数所涉及的某些问题。在这部著作中,阿基米德给自己规定的任务是,基于三条主要假设来计算宇宙(即恒星天球)中包含的沙粒数量:(1)直径为一指宽的 1/40 的球体所包含的沙粒数量不超过 10000 颗;(2)地球的周长不超过 3000000 斯塔德;(3)恒星天球的直径与半径为日地连线的球体直径之比等于该直径与地球直径之比。进一步的假设和计算给出了第四个命题,即太阳绕地球运转的轨道周长小于 30000 个地球直径。在这部著作的导言中,他提到了阿里斯塔克的日心说(见下文)。阿基米德之所以提到这一观点并非因为赞同它(事实上他并不赞同),而是因为阿里斯塔克曾经提出,地球绕太阳运转的轨道直径与恒星距离之比,就如同该球体的中心与其表面之比。但既然球体中心没有大小,阿里斯塔克的说法暗示,恒星天球是无限的——这就使阿基米德的数沙问题变得不可能。因此,为了解决他的问题,阿基米德采用了上述形式(3)的假设。他得出的半径为日地连线的球体直径不大于 10^{10} 斯塔德,恒星天球的直径不大于 10^{14} 斯塔德。

虽然阿基米德描述了他为查明太阳直径在眼睛里所张的角而作的某些天文观测,但是显然,在这部论著中他之所以对天文学数据感兴趣,仅仅是因为他必须用这些数据来确切说明问题的条件。他深知,地球的周长远不及 300 万斯塔德,他还提到,一些天文学家计算出来的地球周长约为 30 万斯塔德。为使问题的条件尽可能严格,他采用了一个大得多的数。他在求解时,先是阐述了他发明的用来描述极大数的符号。希腊数学符号常常因其笨拙而受到批评——这是有原因的,虽然无论是缺少用来表示乘、除、等于、成比例等概念的符号,还是字母记数系统(其中 α 代表 1,β 代表 2,γ 代表 3,ι 代表 10,ια 代表 11,κ 代表 20,ρ 代表 100,等等),都不妨碍进行与极大数或复杂分数有关的乘、除等复杂运算。但我们看到,阿基米德设计了一种能对一直到 $10^{8 \cdot 10^{16}}$ 的数进行命名的符号,他用七个希腊词极为简洁地将这个数称为 *hai mȳriakismȳriostas periodou riakisr mȳriakismȳriostōn arithmōn mȳriai mȳriades*,字面意思是"万万个第万万周期的第万万级的单元"(a myriad myriad units of the myriad-myriadth order of the myriad-myriadth period)。于是阿基米德根据其最初的假设能够表明,恒星天球所能容纳的沙粒数目很容易用这种符号表示出来。他得出的实际结果是,这个数不大于我们所表示的 10^{63}。

阿基米德的主要兴趣在于几何学,现存的大多数论著都致力于几何学。例如,在《论圆的测量》(*On the Measurement of the Circle*)这部短篇著作中,他确定了圆的面积和周长,并且给出了 π 的算术近似值,即 $3+\frac{1}{7}>\pi>3+\frac{10}{71}$。在其他地方,他还讨论了诸如确定抛物线弓形或螺线弓形的面积,以及求球体或球冠的表面积和体积等问题。例如,在《论球体和圆柱体》(*On the Sphere and Cylinder*)中,他证明了以下定理,等等:(1)球体的表面积等于该球体大圆面积的四倍(即表面积$=4\pi r^2$);(2)球冠的表面积等于半径为从球冠顶点到球冠底圆上任一点所引线段的圆的面积(见图2);(3)底等于球体大圆、高等于球体直径的圆柱体积比球体体积大半倍(由此可知,球体体积是$\frac{4}{3}\pi r^3$);以及(4)包括底面在内的球外切圆柱的表面积比球体的表面积大半倍。阿基米德将自己的工作与早期数学家的工作小心翼翼地区分开来,并承认自己受益于他们。但他在这部论著的导言中说,这些都是以前从未得到证明的新定理。

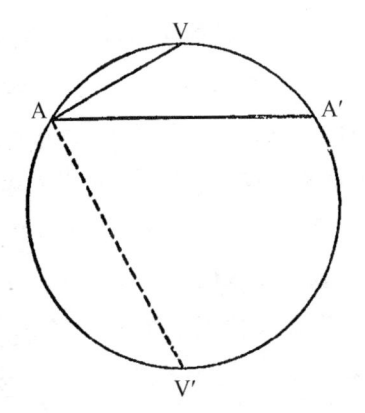

图2 阿基米德《论球体和圆柱体》第一卷命题42证明,球冠AVA′的表面积等于半径为VA的圆的面积(V是该球冠的顶点)。第一卷命题43类似地证明,对于大于半球的球冠,球冠AV′A′的表面积等于半径为V′A的圆的面积。

几何学论著的表达风格与欧几里得的《几何原本》类似。必要时,他会首先陈述定义和公设,然后按顺序证明定理,虽然与欧几里得不同,并且主要是由于欧几里得的工作,阿基米德能够将几何中许多基本定理的证明视为理所当然。他的论证方法也沿袭了欧几里得,但在某些方面也超越了欧几里得。例如,我们发现他修改了穷竭法。欧几里得往往是通过连续内接更大的正多边形来穷竭一个给定的面积,而阿基米德则常常是两面夹击。他同时使用内接和外切图形,以把它们压缩到与待测的曲线图形合并。这就是《论圆的测量》第一个命题的证明所依据的方法,第一个命题说,圆的面积等于两直角边分别等于圆的半径和周长的直角三角形的面积,正是这个方法给出了 π 必定落在其中的上限和下限。

阿基米德方法的一个更具原创性的方面是把力学概念应用于几何学问题。例如,基于静力学原理(特别是杠杆定律)的论证被用来解决确定未知面积或体积的问题。把一个平面图形想象成由一组排得无限紧密的平行线所组成,然后想象这些线被一个已知面积的图形中对应的相同大小的线所平衡,这样就可以根据已知面积求出所要求的面积。同样,把一个立体想象成由一组平面所组成,然后想象这些平面被一个已知体积的立体中的对应平面所平衡,这样就可以根据已知体积求出未知体积。

在写给其同时代人埃拉托色尼的未完成著作《方法》(The Method)中,阿基米德谈到了这种方法:

> 我认为应当在同一本书中为你写出并且详细解释某种方法的特点,借助于这种方法,你将有可能开始通过力学来研究一些数学问题。我确信,这种程序甚至对于证明那些定理本身也同样有用;我先用一种力学方法弄清楚某些事物,尽管此

后必须通过几何学来证明它们，因为用上述方法对它们所作的研究并未提供实际证明。但若先用这种方法获得对问题的一些了解，当然要比在事先没有任何了解的情况下提供证明更容易。①

阿基米德举了一个例子，并且称之为"我通过力学而知晓的第一个定理"，即任何抛物线弓形的面积都是与之同底等高的三角形面积的三分之四。但在阐述了如何用力学方法发现这个定理之后，他继续说道："这里陈述的事实并没有被使用的论证所证明；但那个论证对结论为真给出了某种暗示。"然后他又提到了他在《论抛物线的求积》(On the Quadrature of the Parabola)中给出的对这个定理的证明，在那里他的确提供了两个证明，一个使用了力学方法，另一个使用了纯几何方法。

正如希思所指出的，引人注目的是，现代数学家会认为力学论证足以证明这个定理，而阿基米德则坚称他的力学方法不是证明的方法，而只是发现的方法。事实上，正因为他相信这种方法可能对其他研究者有用，他才讲述了自己最初是如何发现这个定理的。在通常情况下，发现过程的所有痕迹都已经从希腊数学文本中移除了。一般说来，希腊数学家们愿意发表的——也就是愿意与同行交流的——仅仅是他们研究的最终成果，显示为一组得到严格证明的定理，并以一个演绎系统出现。我们看到的是所谓的"综

---

① 出自 T. L. Heath, *The Works of Archimedes*[Cambridge University Press, 1912; Dover Books(no date)]中的译文。

合",而前面的"分析"①或者任何发现过程的痕迹都没有保留下来。阿基米德对其力学方法的论述实属例外,但是显然,他也赞同通常的观点,即定理的发现不如定理的证明重要。

对力学概念的运用是阿基米德几何学的一个区别性特征。相反,他对某些力学问题的处理是几何的。这方面最好的例子是静力学和流体静力学,在这些领域,他的工作同样极富原创性。虽然以前有过关于杠杆定律的讨论,比如在《论力学》(*On Mechanics*)中,这部论著是亚里士多德的一位追随者写的,见于亚里士多德全集,但阿基米德在《论平面的平衡》(*On the Equilibrium of Plane*)中才第一次对静力学的基本定理加以证明和系统化,而在流体静力学领域,据我们所知,在他之前根本没有什么有名的先驱者。

维特鲁威讲述的阿基米德如何解决王冠问题的故事与现存的水力学著作本身之间的对比很有启发性。在《建筑十书》(*On Architecture*,第九卷,前言 9 *ff*)中,维特鲁威说,国王希罗要阿基米德去查明为他做的王冠是否是纯金的。王冠的重量与承包商收到的黄金重量相符,但承包商是否在黄金中掺入了白银呢?据说阿基米德在浴缸中发现了问题的解决方法,他观察到,他的身体越

---

① 希腊几何学分析的本性是有争议的,尽管很明显,它先假定所需的结论,然后寻求证明。有一种观点认为,它是通过演绎推理实现的,考虑的是所假定结果的推论。但另一种观点认为,它其实是在寻找得出给定结论的前提。比如 Pappus(*Mathematical Collection*,VII,I,634 13 *ff*,trans. T. L. Heath,*A History of Greek Mathematics*,Oxford,Clarendon Press,1921,Vol. 2)中有这样一段话:"我们假定了所寻求的结果,就好像它已经找到了,然后追问这个结果是从哪里来的,以及它的前件是什么,等等,这样一步步追溯下去,直到发现一些已经知道或属于第一原理的东西。"于是,综合是朝着相反的方向进行的,按照"自然顺序"——也就是按照证明中所呈现的顺序——来处理前件和后件。

是沉入水中，溢出浴缸的水就越多。这使他想到制作另外两块与王冠等重的东西，一块是金的，另一块是银的，将它们分别浸入盛满水的容器中，测量每一块排出的液体量：如果王冠排出的水比等重量的黄金更多，则表明存在一种合金。每一位学生都知道，阿基米德跳出浴缸，赤身裸体地跑回家，大喊着："尤里卡——我找到了！"

这个故事在几个方面值得商榷。甚至对合金比例的证明方法可能也不正确。阿基米德并未测量这三个东西排出的水量，他可能只是把它们放在水中称了一下，然后记录下它们明显减轻的重量。这同样可以揭示出三个东西比重的差别和合金比例，而且事实上，与第一种方法不同，它所运用的方法包含了所谓的阿基米德原理。然而，即使维特鲁威的故事是虚构的，它仍然捕捉到了发现问题解决方案那一刻的兴奋。但那样一来，这个故事和阿基米德本人的论著《论浮体》(On Floating Bodies)之间便形成了明显反差。在《论浮体》中，发现的兴奋被代之以几何学证明的冷静逻辑。这部著作先以纯正的欧几里得风格提出了第一条假设，它与必须假定的液体性质有关。例如，第一卷证明了"任何比液体轻的固体如果置于液体中，其浸入的深度将使固体的重量等于排出液体的重量"（命题5，希思的释义），以及包含所谓阿基米德原理的命题：

> 比液体重的固体若被置于液体中，将会沉到液体底部，它在液体中减少的重量将等于与固体体积相同的液体的重量。[48]（命题7）

对最后这个命题的证明非常简单，但此后，所证明的命题以及在证明中使用的几何学变得越来越复杂。在第一卷论述了关于球冠的另外两个命题之后，阿基米德又在第二卷论述了关于旋转抛物面的问题（抛物线绕轴旋转所生成的图形），还研究了不同形状和比重的抛物面弓形在液体中的稳定性条件。

静力学著作《论平面的平衡》也采用了类似的形式。秤和各种杠杆的使用早已使人们熟知杠杆的某些基本性质。《论力学》中讨论过一些实际问题，比如为什么较大的秤比较小的秤更精确，为什么同一个绞盘周围较长的杆比较短的杆更容易移动。阿基米德著作的新颖之处在于对静力学的基本命题作了严格的演绎证明。他先是提出了七条假设，比如"相等距离的等重物体保持平衡，不等距离的等重物体不保持平衡，而是朝着距离较远的重量倾斜"（假设1）。然后证明了一系列简单命题，大多是通过"归谬法"。这为在两个基本命题（命题6和命题7）中证明杠杆定律铺平了道路。在这两个基本命题中，他先后就可公度量和不可公度量证明了，两个量在与量成反比的距离上保持平衡。第一卷和第二卷的其余部分讨论了如何确定平行四边形、三角形和抛物线弓形等各种平面图形的重心。与《论力学》中反复引用经验数据完全相反，阿基米德的著作讨论了用理想的数学方式表述的静力学问题。摩擦、秤本身的重量，事实上每一个额外的物理因素都没有被理会。这种处理方法纯粹是几何的，全书是以欧几里得的《几何原本》为典范所作的演绎证明练习，而它本身又是将数学应用于物理问题的典范。

另外两位重要的希腊化数学家，即昔兰尼的埃拉托色尼和佩尔吉的阿波罗尼奥斯，可以更简要地讨论一下。正如我们所看到的，埃拉托色尼与阿基米德同时代并与之相识，他在数学、天文学、地理学、音乐、哲学、语言学和文学等许多领域都享有盛誉。因此，他获得了"五项全能和第二"(Pentathlos and Beta)的昵称——暗示他在任何领域都不是至高无上的。尽管如此，托勒密三世还是邀请他教导儿子菲洛帕托(Philopator)，并任命他为亚历山大里亚图书馆的馆长。不幸的是，我们关于他的信息完全依靠二手资料。就其科学工作而言，我们知道他为自公元前 5 世纪以来困扰着数学家的立方倍积问题提出了一种新的解决方案。他还被认为发现了一种寻找素数的粗糙方法，即所谓的埃拉托色尼筛法。

但从我们的观点来看，埃拉托色尼最有趣的工作是把数学应用于地理学。希腊地理学家很早就把世界划分成不同的区域，但埃拉托色尼的地图是第一幅根据经纬线系统详细绘制的世界地图。他还根据在阿斯旺和亚历山大里亚所作的观测给出了地球尺寸的近似值。在夏至日正午，一根直立的日晷在阿斯旺没有投下影子，而在亚历山大里亚，日晷在同一时刻投下了 7.2° 的影子。通过简单的几何学，可以给出阿斯旺-亚历山大里亚这个弧在地心所张角度的近似值（见图 3）。埃拉托色尼认为，阿斯旺和亚历山大里亚在同一经线上（尽管事实上阿斯旺在亚历山大里亚以东 3°），并且取两点之间的距离为 5000 斯塔德。由此可得地球周长为 250000 斯塔德，尽管有其他文献记载，他实际采用的是 252000 斯塔德——无论是重新观察的结果，还是（这是更有可能的）纯粹为了有一个更方便的数字来细分周长。人们自古以来就知道斯塔德有不同的值，我们无法确定埃拉托色尼使用的是哪个值。通常认为，他使用的斯塔德是 157.5 米，由此给出两极周长为 39690 公里，与现代值 40009 公里相近，但至少有另外两种截然不同的可能性——斯塔德分别为 $\frac{1}{8}$ 和 $\frac{1}{10}$ 罗马英里,即大约 186 米和 148.8 米,由此给出的结果大大偏离真实的数值,大约高 17% 或低 6%。不过,其结果的准确性不如他使用的方法重要。

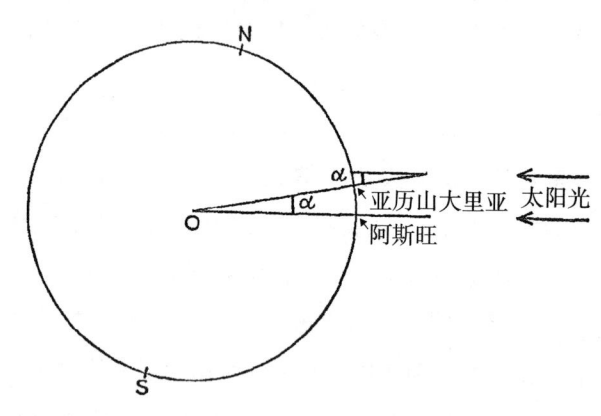

图 3 埃拉托色尼计算地球周长的方法。标有 α 的两个角相等。

最后,阿波罗尼奥斯比埃拉托色尼和阿基米德年纪略轻,主要活跃于公元前 220 年到公元前 190 年之间。他出生在潘菲利亚的佩尔吉,访问过以弗所和帕加马。我们也听说过他在亚历山大里亚,他的大部分工作可能就是在那里完成的。我们的资料中提到了一些数学和天文学论著,但他的一部主要作品是《圆锥曲线论》(*On Conics*)。此书分为八卷,其中前四卷以希腊文保存下来,第五卷到第七卷则保存在阿拉伯文译本中,第八卷失传了。

这是希腊数学的一部杰作。以前曾有几位数学家讨论过圆锥曲线,比如我们听说过欧几里得有一部关于圆锥曲线的论著。但阿波罗尼奥斯第一次对它作了全面系统的讨论。椭圆、抛物线和双曲线这三种圆锥曲线的名称都来自阿波罗尼奥斯。它们在阿波罗尼奥斯之前的名称与最初获得这些曲线的方式相对应：它们被认为是顶角分别为锐角、直角和钝角的三种直圆锥体的截面，在每一种情况下，截面都是垂直于圆锥母线的平面（见图 4）。阿波罗尼奥斯在第一卷前几个命题中引入了新的希腊术语——椭圆、抛物线和双曲线，并由此导出了这三种曲线的基本性质。证明了这些之后，阿波罗尼奥斯全面研究了与圆锥曲线有关的问题，由某些数据来构造圆锥曲线、切线、焦点性质、圆锥曲线的相交，等等。

椭圆　　　　　　抛物线　　　　　　双曲线

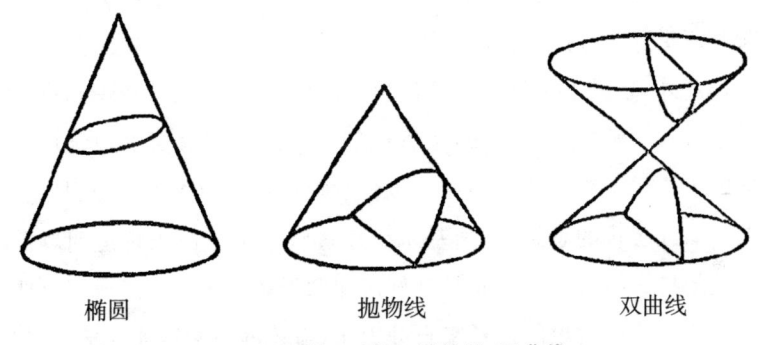

图 4　圆锥截面：椭圆、抛物线、双曲线。

公元前 3、前 2 世纪数学家的工作也许是希腊科学最伟大的——当然也是最持久的——成就。在之前的几个世纪里，数学的作用及其与物理学和哲学的关系基本上是不确定的，例如，这可见于被亚里士多德归于毕达哥拉斯学派的"万物皆数"学说，它虽然具有启发性，但却不易理解。[①] 然而在柏拉图之后，特别是在亚

---

① 参见《早期希腊科学》，pp. 25 *ff*。

52 里士多德之后，数学更加独立于哲学，并且在一系列杰出的著作中走向成熟。诚然，正如我们已经看到的，希腊数学背后的许多基本假设仍然反映着哲学上的争论，它的一些论证方法是严格数学的，另一些则是一般的演绎逻辑所共有的，但数学被更明确地界定为一门独立的学科，这反映在公元前3、前2世纪从事数学的人更大程度的专业化上。他们的兴趣往往更加局限于数学本身的各个分支，而将物质构成或自然物质的分类等主题排除在外。柏拉图曾指出，数学从属于辩证法。但是在公元前3、前2世纪，数学为系统地展示知识体提供了最佳范例。欧几里得、阿基米德和阿波罗尼奥斯对证明清晰而有条理的呈现成为希腊科学其余部分的典范。

此外，希腊人不仅在纯粹数学方面出类拔萃，而且认识到有可能用数学来解决物理问题，尽管他们只在一些相对简单的领域这样做了。伊壁鸠鲁和斯多亚学派哲学家在物质构成等物理问题上大胆而纯思辨的思想，与阿基米德通过将数学应用于物理问题而得到的持久结果——尤其是杠杆定律和浮体定律——形成了鲜明的对比。我们讨论的例子来自静力学、流体静力学和地理学，其他例子可见于和音学和光学。然而，更重要的是数学在天文学中的应用，这需要单独讨论。

第五章　希腊化时期的天文学

直到公元前4世纪末，天文学理论的主导模式仍然是欧多克索的同心球学说。这种学说将每颗行星、太阳和月亮的复杂运动都归结为若干同心球简单圆周运动组合的产物。虽然欧多克索、卡利普斯和亚里士多德对球的数量和本性有不同看法，但他们三人都采纳了这一假说的某个版本。[①] 地球被想象成静止于这个体系的中心。当然，这是通常的看法，但曾经存在而且一直存在着例外。公元前5世纪的一些毕达哥拉斯主义者把地球变成了一颗行星，主要是出于象征的或宗教的理由，他们坚持认为宇宙中心被一种看不见的中心火所占据。公元前4世纪的赫拉克利德虽然相信地球位于中心，但认为它可能在运动。他指出，某些现象也许可以通过假设地球每24小时绕轴自转一周来解释。到了公元前3世纪，天文学中引入了两个特别引人注目的观念：阿里斯塔克的日心假说，以及阿波罗尼奥斯的本轮和偏心圆模型。

关于阿里斯塔克的理论，我们只有一些二手信息。他唯一保存下来的作品是短篇的《论太阳和月亮的尺寸和距离》(*On the Sizes and Distances of the Sun and Moon*)，其中并不包含日心说

[①] 参见《早期希腊科学》，第七章。

的迹象,甚至也没有必要提到它,因为对太阳、月亮的尺寸和距离的研究与太阳或地球是否被当作行星体系的中心无关。但是,尽管我们没有阿里斯塔克本人关于这个主题的文本,但他提出日心说有无可置疑的证据。正如我们在上一章所看到的,比阿里斯塔克年纪略轻的阿基米德在《数沙者》导言中提到了这个理论:

> 阿里斯塔克写了一本关于某些假说的书,该书假定宇宙比现在所谓的宇宙大很多倍。他假设恒星和太阳保持不动;地球沿一个圆的圆周围绕太阳运转……;与太阳大致有同一中心的恒星天球是如此之大,以至于他假设地球运转所沿的圆周与恒星的距离之比就如同此球体的中心与其表面之比。

正如我们已经指出的,阿基米德对最后这个建议所作的评论是,"既然球心没有大小,我们不再能够设想它与球面成任何比率"。但很明显,阿里斯塔克在这一点上的初始意图仅仅是,坚持认为恒星天球要远远大于地球绕太阳运转的轨道的球体。

阿基米德所描述的理论很清楚。首先,阿里斯塔克并未设想恒星天球每 24 小时绕天界旋转一周,而是和赫拉克利德一样认为恒星天球保持不动,地球则绕轴自转。其次,他不是把太阳和我们所谓太阳系的其他行星描绘成绕地球运转,而是坚称地球(可能还有行星)绕太阳运转。认为金星和水星围绕太阳运转,这种想法也许以前提出过,尽管将这一学说与赫拉克利德联系起来的证据很弱。但只需简单观察就可以发现,金星和水星总是离太阳很近(它们既是晨星,又是晚星),而火星、木星和土星等外行星与太阳之间却没有这种明显的直接联系。阿里斯塔克的原创性就在于他把太阳当作整个体系的中心。我们不知道他在多大程度上试图详细解释行星的运动，甚至不知道他是否理解日心假说为行星的留和逆行提供了基础（见下文）。即便如此，与欧多克索的同心球模型相比，他的理论具有显著的简单性和经济性。地球的绕轴自转使欧多克索分别赋予八个球体的运动可以被解释成同一个运动。同样，欧多克索分别假定了一个单独的球体来解释太阳、月亮和行星沿黄道的运转，而日心假说却能根据一个统一的假设来解释这些视运动。

然而，尽管阿里斯塔克理论的主要内容并无争议，但他提出这种理论的意图却存在一些疑问。阿基米德说他"写了一本关于某些假说的书"，而普鲁塔克（Plutarch）却在300多年后写道（《柏拉图问题》[*Platonic Questions*]VIII,1,1006 c），阿里斯塔克和塞琉西亚的塞琉古斯（Seleucus of Seleucia）坚持地球"转动和旋转"的观点，"前者只是假设了这一点，后者则也断言它"。普鲁塔克在这里为什么要把阿里斯塔克与塞琉古斯区分开来，以及这种区分有何证据，目前尚不清楚。也许普鲁塔克所依据的仅仅是阿基米德使用的"假说"一词，但无论如何，我们先要确定阿基米德用在阿里斯塔克身上的这个词的分量。

正如我们所看到的，希腊数学家在其著作通常会从陈述假设开始，比如"定义""公理"以及"公设"或"假说"。欧几里得的《几何原本》就是以这种方式开始的，阿基米德的一些作品也是如此。此外，唯一幸存的阿里斯塔克的论著也是从阐述某些假说开始的，比如"月亮从太阳那里得到光"，这使包含日心说的书更有可能采用类似的形式。如果是这样，那么阿基米德提到的假说——"恒星和太阳保持不动"，"地球围绕太阳运转"，等等——就是某些结论所依据的前提，而这些假说本身却在未经证明的情况下被采用。

此外，希腊数学家有时也会采用他们明知是错误的假说。比如我们看到，为使问题条件尽可能地严格，阿基米德在《数沙者》中采用的地球周长远远超出了他所知道的近似正确的数值。阿里斯塔克《论太阳和月亮的尺寸和距离》中的两个假说也是为了书中的计算而被采用的。比如他提出了这样的假说："地球与月亮天球相比就如同一个点和中心。"这通过忽略视差而简化了他的计算，视差缘于观察者的位置在地球表面，而不在地心。其次，更引人注目的是，他假定"月亮对着黄道一宫的十五分之一"，也就是2°，这个值远远超过了约为0.5°的真实值。早在阿里斯塔克之前很久，就已经有人对太阳和月亮的角直径做出了合理的估算。事实上，阿基米德的另一段话暗示，阿里斯塔克为月亮的角直径指定的值是0.5°。即使《论太阳和月亮的尺寸和距离》写在阿利斯塔克得出那个值之前，他似乎也不大可能认为2°这个值是完全正确甚至是大致正确的。更有可能的是，这个值乃是我们所理解的假说性的，也就是说，采用它仅仅是为了论证。我们自然期望，一部被冠以这个标题并以阿里斯塔克的形式写成的论著主要是为了得出某些具体的结果，即对太阳和月亮的实际尺寸和距离做出估算。但几乎可以肯定，阿里斯塔克本人的主要动机与此大不相同。他感兴趣的其实是数学练习，也就是解决他的问题所给出的几何问题。他所讨论的确定太阳尺寸和距离的问题首先是一个演绎推理问题，较之被他取作月亮直径的数值有多准确，他更关心如何解决这个几何问题。①

那么,日心假说的地位是什么呢?显然,由阿里斯塔克的书中包含这个假说并不能推出他会断言太阳是宇宙的中心。如果普鲁塔克是可信的,那么阿里斯塔克也许不会这样做,而塞琉古斯却会这样做,尽管我们并不知道普鲁塔克的观点是否有独立的根据。不过,虽然我们在这一点上必须谨慎判断,但没有理由怀疑,日心假说是作为一种用来解释天体运动的可能的数学模型而被严肃提出的。由这些假说的提出方式,特别是由阿里斯塔克对日心说面临的一个主要反驳即观察不到恒星视差的小心防范,可以清楚地看到这一点。如果地球围绕太阳旋转,那么从地球轨道的不同位置观察到的恒星相对位置应该会有某种变化,然而在古代并没有观察到这种变化。②但阿里斯塔克认为,如果恒星距离地球足够远,这种反对意见就不再有效。他并未试图证明恒星的巨大距离。相反,他的初始假设之一是,"恒星天球……是如此巨大,以至于……地球运转的圆周与恒星距离相比,就如同该球体的中心与其表面之比"。如果恒星的距离无限远,那么就不会观察到恒星视差。阿里斯塔克促请天文学家们思考的不仅是太阳位于宇宙的中心,更是一套精心设计的相互关联的假设。

这便引出了一个问题,为什么日心说在古代如此不受欢迎呢?据我们所知,塞琉西亚的塞琉古斯是古代唯一采用阿里斯塔克理

---

① 因此,阿里斯塔克的结果是以比例或比率的形式,而不是以绝对的数值给出的,例如"太阳与地球的距离要比月亮与地球时距离大18倍,但小20倍"(命题7),以及"太阳直径与地球直径之比大于19比3,但小于43比6"(命题15)。

② 恒星视差直到1835—1840年贝塞尔(F. W. Bessel)等人的工作才被观测所证实。

论的天文学家。塞琉古斯是一位迦勒底或巴比伦的天文学家,大约活跃于公元前2世纪中叶。公元前3—公元前2世纪的两位最伟大的天文学家,即佩尔吉的阿波罗尼奥斯和尼西亚的希帕克斯,都保留了地心说,使该学说盛行于古代,尽管阿里斯塔克的理论不时被各种作者提及。

阿波罗尼奥斯和希帕克斯本人拒绝接受日心说的理由没有记载。不过,借助于托勒密等人的资料,我们可以重构公元前3—公元前2世纪的这场争论中使用的一些论证。首先,一些外行拒绝接受阿里斯塔克的理论明显是出于宗教理由。我们曾经说过,早在公元前5世纪,就有希腊思想家把地球移出了宇宙的中心,部分原因在于,他们认为地球没有高贵到足以占据这个位置。然而,对大多数希腊人来说,地球位于宇宙中心的想法不仅是常识,而且是一种宗教信念,这种信念反映了他们对地球本身神圣性的构想。在这一点上,有一位作者明确反对阿里斯塔克。他就是斯多亚学派三位早期领袖中最缺乏原创性的一位——克里安提斯,该学派虽然在伦理学和宇宙论方面很强大,但在自然科学的特殊分支上却普遍很弱。普鲁塔克告诉我们,克里安提斯"认为希腊人应以不虔敬的罪名起诉阿里斯塔克,因为他让宇宙的火炉[即地球]运动了起来"(《论月面》[On the face on the moon]第六章,923a)。

虽然我们没有理由认为希腊人采纳了克里安提斯的建议,实际起诉了阿里斯塔克,但许多人一定对他的理论感到震惊。不过需要强调的是,据我们所知,阿里斯塔克的天文学家同行们拒斥日心说的主要理由与宗教无关,而与他们认为日心说会遭到天文学和物理学上的严重反驳有关。

这些反驳主要有三种。首先是亚里士多德的自然运动论证。这个论证是这样的,我们观察到,重物自然会朝向地心运动。假设这一定律适用于任何地方的重物,那么可以推测,地球中心与宇宙中所有重物的重心相一致。此外,重物一旦到达它的"自然"位置——其自然运动所导向的位置——就会停下来。将这种观点也用于整个地球,便可得出结论:地球不仅静止于宇宙中心,而且除非受到某个足以克服其自然倾向的力,否则地球不可能运动。

其次,有些论证基于对在空气中运动的物体的观察。如果地球绕轴自转或者作任何运动,那么——该论证指出——这应当对物体在空气中的运动产生明显影响。古代天文学家肯定知道,如果地球每24小时绕轴自转一周,地球表面上某一点的速度一定非常快。那么,在空中穿行的云或炮弹如何能够克服地球的这种运动呢?它们永远不可能获得任何向东的运动,因为地球总是先它们一步。从托勒密《至大论》(*Almagest*,第一卷第七章)叙述这个论证的一段话中可以清楚地看出,古人已经想到了一种可能的辩护思路,即不仅地球,而且周围的空气,都在绕地轴旋转——希腊人关于下层空气(*āēr*)和上层空气(*aithēr*)的常见区分促进了这种想法。然而,正如我们将要看到的,托勒密始终对这种辩护不以为然。他认为,即使空气随地球一起旋转,在空气中运动的坚实物体仍然可以提供地球旋转的证据。

第三,与物理学论证相反,主要的天文学论证是恒星视差的缺失所导致的困难——阿里斯塔克显然意识到了这一反驳,故而在最初的假设中加入了恒星距离地球无限远这一假说(见上文)。现在,即使对于那些认为地球处于宇宙中心的人来说,恒星视差的缺失也令人有些尴尬——为什么从地球表面的不同位置观测到的恒星的相对位置没有变化呢？然而，对于地心说而言，这只是一个小小的难题。假设恒星天球比地球大得多当然要比日心说的拥护者不得不作的假设容易得多，即恒星天球比地球绕太阳运转的轨道所围的球体大得多。

　　这三种反驳的说服力各不相同。亚里士多德关于自然位置和自然运动的学说虽然表面上非常合理，其本身却充满了困难。如果所有"重"物都朝同一个位置移动，那么天体的运动该如何解释呢？亚里士多德否认天体的运动是受迫的或人为的，并断言天体必定由第五元素以太（aithēr）所组成，它与地球上和地球周围物体所由以构成的四元素完全不同，因为它既不热也不冷，既不轻也不重。然而，这留下了许多基本问题没有解决，比如以太区域和月下区的关系是怎样的。但如果拒绝接受以太学说，自然运动理论又如何能够适用于行为既不像地球上的"重"物也不像"轻"物的星体呢？至于对日心说的其他两项主要反驳，古代思想家已经想到了辩护论证的关键——用当前可用的仪器既观察不到恒星视差，也观察不到地球旋转对穿越大气的坚实物体的影响。

　　然而，尽管任何针对日心说的反驳本身都不是决定性的，但它们的累积效应足以说服最重要的希腊天文学家拒绝接受这一假说。我们不知道阿波罗尼奥斯和希帕克斯更多是受到了物理学因素还是天文学因素的影响。不过后来，在托勒密本人那里，物理学论据变得至关重要。正如我们将在第八章看到的，他之所以更喜欢地心说，主要是出于与他的亚里士多德主义物理学说特别是自然位置学说有关的理由。但他接受这些学说不仅是因为亚里士多德的权威性，而且还因为它们显而易见的合理性，它们与对运动物体的观察是一致的。

第五章 希腊化时期的天文学

在拒绝日心假说的过程中,古代天文学家可能也受到了一个事实的影响,即日心假说本身无助于解释一个重要而明显的天文学事实,事实证明,这已经构成了欧多克索理论的困难,那就是用至点和分点衡量的季节的不等——当然,这里把太阳还是地球当作该体系的中心是无关紧要的。取代了欧多克索同心球理论和阿里斯塔克斯日心假说的学说是本轮和偏心圆这两个模型。这保留了两个关键假设:(1)地心体系,(2)匀速圆周运动。[①] 与竞争者相比,其优势在于全面。许多天文现象都可以用本轮或偏心圆非常经济地加以解释。天体要么被设想为在一个圆("本轮")上运动,本轮的中心本身又沿着中心为地球的另一个圆("均轮")运动(图5);要么被认为沿着一个"偏心"圆的圆周运动,该圆的圆心与地球中心并不重合(图6)。

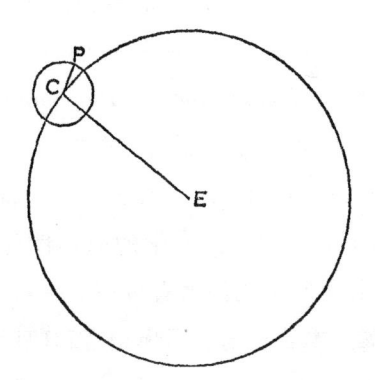

图5 本轮运动。行星(P)沿一个本轮的圆周作圆周运动,本轮的圆心(C)又围绕均轮的圆心(E)地球运转。

[①] 据说柏拉图表述了理论天文学的主要问题,即用匀速圆周运动的组合来解释行星运动的视不规则性,参见《早期希腊科学》,pp. 84 f.

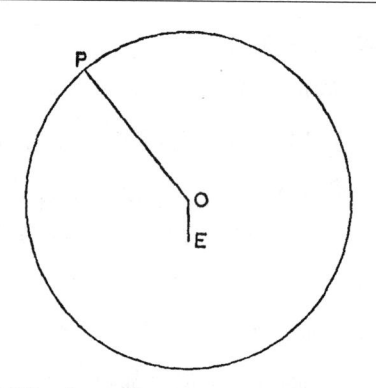

图 6 偏心圆运动。行星(P)沿一个圆的圆周作圆周运动，圆心(O)与地球(E)不重合。

在试图追溯这两种模型的起源和早期发展时，原始文本的缺乏再次构成了障碍。我们虽然有阿波罗尼奥斯的《圆锥曲线论》，但并没有他的天文学著作。尼西亚的希帕克斯(活跃于公元前 2 世纪中叶)唯一幸存的作品[①]是相对次要的《欧多克索和阿拉托斯的〈现象〉评注》(Commentary on the Phaenomena of Eudoxus and Aratus)。具有讽刺意味的是，这部作品之所以能够幸存下来，还要归功于阿拉托斯的诗歌(一部公元前 3 世纪的作品，它以欧多克索为基础，但并不以对天文学的原创性贡献而自居)的流行。通常情况下，托勒密是我们最有价值的资料。他本人的天文学体系包含并发展了本轮和偏心圆模型，而且显然极大地得益于

[①] 除了天文学，希帕克斯还在地理学(参见 D. R. Dicks, The Geographical Fragments of Hipparchus, University of London, Athlone Press, 1960)和动力学方面做出了重要工作：在《关于亚里士多德〈论天〉的评注》(Commentary on Aristotle's On the Heavens)中，辛普里丘在讨论和捍卫亚里士多德的运动观点时引用了希帕克斯《论物体因重量的下落》(On Bodies Carried Down by their Weight)中的内容。

他经常提到的希帕克斯的工作。托勒密和我们的其他资料较少引用阿波罗尼奥斯，但现在一般认为，将本轮和偏心圆概念引入天文学主要应当归功于阿波罗尼奥斯，而不是希帕克斯。正如我们已经提到的，金星和水星围绕以太阳中心的圆（也就是围绕着后来所谓的本轮）旋转的想法可能在公元前 4 世纪就已经有人提出了。但第一个尝试将本轮和偏心圆模型应用于太阳、月亮和行星运动问题的人，几乎可以肯定是阿波罗尼奥斯。此外，他可能知道甚至已经证明了两个模型的几何等价性，即他表明，如果取适当的参数，那么对于每一个偏心圆体系，都可以构造一个本轮体系，使之产生完全等价的结果（图 7 显示了最简单的情形）。因此，在任何特定的情况下，偏心圆模型和均轮模型之间的选择将取决于两者中哪一个能够提供更简单的解，即数学上更容易处理的解。

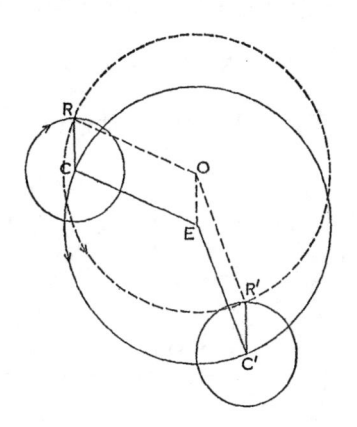

图 7 偏心圆运动与本轮运动等价的最简单情形。当均轮半径（CE）等于偏心圆半径（RO），且本轮半径（RC）等于偏心距（OE）时，如果调节角速度使 R 和 E 始终为平行四边形 CROE 的顶点，则这两个模型会给出完全等价的结果。

我们可以用一些简单的例子来说明这两种模型实际上是如何运作的。我们说，欧多克索的理论遇到的困难之一是季节的不均等性。欧多克索的继任者卡利普斯对四季的长度做出了准确估算。从春分开始，他计算出的四季长度分别为 94 天、92 天、89 天和 90 天，这些值已被相应地修正为最接近的整数。但如果假设太阳围绕着一个圆心与地球有一定距离的圆作匀速圆周运动，那么就可以比任何同心球理论更简单地解释观测数据。图 8 显示了这种情况是如何发生的。A、B、C 和 D 分别为太阳在春分、夏至、秋分和冬至时的位置，E 是地球，O 是太阳绕之运转的圆的圆心，X 和 Y 分别为太阳在"远地点"和"近地点"的位置。弧 AB（对应于春季）＞BC（夏季）＞DA（冬季）＞CD（秋季）。有了观测到的季节长度的估计值，就可以计算出地球的位置。托勒密（《至大论》第三卷第四章）记载了希帕克斯的值。他采用了与卡里普斯略为不同的季节长度的估算值（春季 94.5 天，夏季 92.5 天），计算出地球到太阳绕之运转的圆的圆心距离"非常接近于该圆半径的 $\frac{1}{24}$"，他估计弧 XB 约为 $24°30'$。

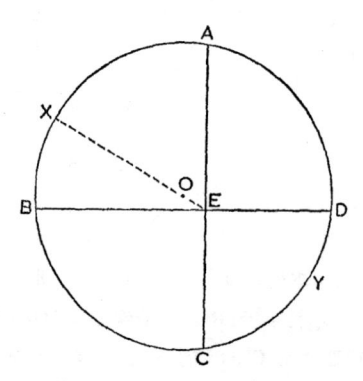

图 8　用偏心圆假说来解释季节的不均等性

简单的偏心圆体系为季节的不均等性提供了简洁的解释，同时也解释了太阳视距离的微小变化。但月亮和行星的运动要复杂得多。就行星而言，主要问题是解释它们的"留"和"逆行"。行星相对于恒星的位置有时会一连数日保持不变，接着行星会自东向西逆行穿过恒星一段时间，短暂停留之后又继续相对于恒星向东移动。欧多克索通过他的"马蹄形"解释了这一现象——8字形是每颗行星最低的两个天球运动的产物。① 但本轮运动假说可以再次为这个问题提供一个更为简单的解决方案。在这种情况下，行星在本轮上的运动与均轮的运动沿着相同的方向（而不像太阳和月亮是沿着相反的方向）（见图9并对比图7）。当本轮和均轮的运动沿着相同的方向共同起作用时（如图9中的P_1和P_2），行星看起来会更快地自西向东穿过恒星。而当行星落在均轮的圆周内部时，沿本轮的运动开始抵消均轮的运动：行星初看起来保持静止，然后逆行向西穿过恒星（如从P_4到P_5）；当两个运动再次相互抵消时，行星又会停留一段时间，最后，当两个运动再次沿同一方向起作用时，行星将继续相对于恒星向东移动。于是，这些现象原则上可以用一个在几何上极为简单的体系精确复制出来。66

在它们之间，对偏心圆运动和本轮运动的假说进行调整，可以对一些极为复杂的天文现象做出经济的、往往足够准确的描述。67 对于太阳的运动，偏心圆假说是首选的。而对于月亮和行星的运动，一般会使用本轮模型。我们不知道阿波罗尼奥斯在多大程度

---

① 参见《早期希腊科学》，pp. 86 ff。

上试图为各种天体的偏心圆和/或本轮运动指定精确的数值,尽管从托勒密(《至大论》第十二卷第一章)那里可以清楚地看出,他认识到本轮假说如何能被用来解释行星的留和逆行。但据说希帕克斯不仅明确估算了太阳的偏心率,还试图就困难得多的月亮的情况给出精确解释。不过就行星而言,托勒密(《至大论》第九卷第二章)告诉我们,希帕克斯满足于收集比以前更精确的观测数据,以及证明当时行星运动理论的不足。然而,偏心圆模型和本轮模型是如此灵活,以至于充当了后来大多数希腊天文学推测的基础。特别是,这两种模型连同其他某些观念为古代阐述的最全面的天文学体系即保存在《至大论》中的体系提供了基础,我们将在第八章讨论它。

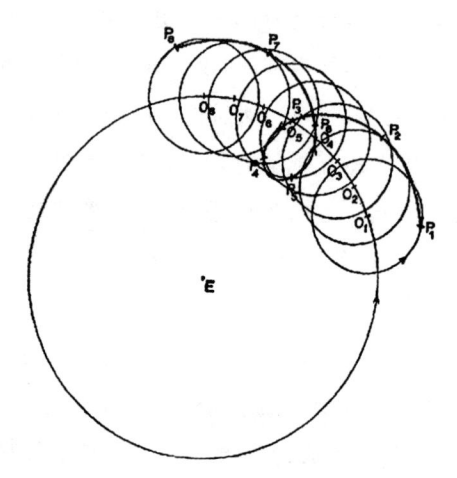

图9 用来解释行星逆行的本轮模型

希腊化时期的天文学家主要致力于设计数学模型来解释天体的运动。与此同时,他们在纯粹的观测天文学方面也做出了重要

第五章　希腊化时期的天文学

工作。尽管希腊人仍然常常被说成疏于收集数据，因为他们善于构建理论来解释数据，但这远非事实，至少就希腊化时期的天文学而言是如此。

希帕克斯在观测天文学上的成就尤为显著。虽然古代天文仪器发展史在许多方面仍然模糊不清，但可以相当肯定的是，他改进了屈光仪这种基本的观测和测量仪器。比如托勒密（《至大论》第五卷第十四章）和普罗克洛斯（《天文学假说概要》[Outline of the Astronomical Hypotheses]第四章）都把他们所谓的"四肘杆"(four-cubit rod)屈光仪归功于希帕克斯。屈光仪本质上是一根带有两个瞄准器的长杆，其中一个瞄准器是带有针孔的固定板，观察者可以透过它观看，另一个瞄准器是与目标排成一线的可移动板①（图10），尽管在亚历山大里亚的希罗（《论屈光仪》[On the Dioptra]第三章，图11）所描述的更为复杂的仪器版本中，瞄准器被安装在一个可沿任何方向绕轴旋转的青铜圆盘上。也有人认为，希帕克斯已经使用了类似于托勒密在《至大论》第五卷第一章中描述的星盘（见下文），但这一点缺乏确凿的证据。

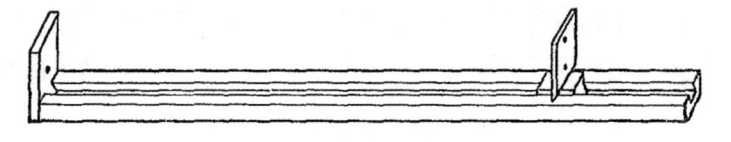

图10　简单屈光仪

---

①　阿基米德在《数沙者》中用来测量太阳直径的装置也包含一条类似的原理。

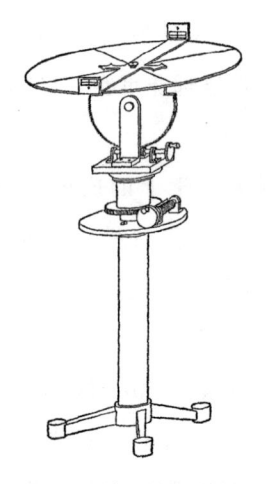

图 11　希罗的屈光仪

可以肯定的是,希帕克斯对恒星作了比前人更加详尽的研究。普林尼在《自然志》(*Natural History*, II 24, 95)中写道,

> 这位希帕克斯是怎样赞誉都不为过的,因为没有人比他更能显示人与星辰的亲缘关系,并且证明我们的灵魂是天界的一部分。他发现一颗新的、不同的星星出现在他那个时代。它的闪烁和运动使他怀疑这是否经常发生,以及我们认为固定不动的星星是否移动了。因此,他敢于做一些即使对神来说也很鲁莽的事情,即为其后继者给星星编号,并且用名字来核对恒星。为此,他发明了一些仪器来显示星星的若干位置和星等,这样不仅很容易发现星星是否消亡和诞生,还可以查明它们是否改变了位置或者发生了移动,以及亮度是否有增减。他把天界作为遗产留给了全人类,如果有人可以宣称拥有那份遗产的话。

无论普林尼关于希帕克斯从事这项研究的直接起因即发现一颗新星的说法是否正确,他对希帕克斯全面研究的钦佩都不无根据。虽然这项研究本身没有流传下来,但它显然用黄道坐标(经度和纬度)给出了大约850颗或更多恒星的位置,并且构成了托勒密《至大论》第七卷到第八卷中恒星目录的基础。

最后,希帕克斯的观测直接使他发现了一项重要的天文学数据,即所谓的"岁差"。分点(黄道与天赤道的交点)相对于恒星的位置并非保持恒定,而是以大约每年50秒的速率自东向西移动。这种现象现在被解释为主要因为地球不是一个完美的球体,而是在赤道处微微隆起。太阳和月亮的吸引倾向于将赤道隆起拉入黄道面,这导致地轴略有震荡:它围绕一根垂直于地球轨道的轴非常缓慢地转动,大约26000年旋转一周(见图12)。

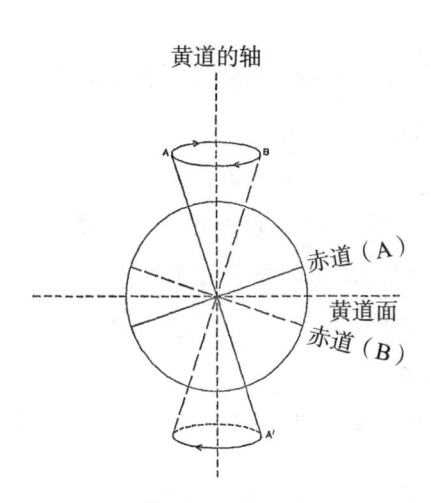

图12 岁差。地球的极轴(AA′)围绕黄道的轴缓慢转动,大约26000年旋转一周(从A转到B再转到A)。

通过将自己的观测结果与大约 160 年前两位天文学家阿里斯蒂洛斯（Aristyllus）和提摩恰里斯（Timocharis）的观测结果进行比较,希帕克斯发现了分点与恒星相对位置的变化,事实上,他对这种变化的速率做出了极为准确的估算。托勒密在《至大论》(第七卷第二章)中记录了希帕克斯的发现：

> 在其著作《论至点和分点的位移》(On the Displacement of the Solstitial and Equinoctial Points) 中,希帕克斯基于他那个时代的精确观测和提摩恰里斯更早的观测对月食进行了比较,并且得出结论说:按照黄道各宫的逆序[即自东向西]测量,角宿一[①]与秋分点的距离在他那个时代为 6°,而在提摩恰里斯时代则近乎 8°。[②]

假定这个运动是均匀的,希帕克斯得出结论说,一百年里有不小于 1°的位移,也就是每年 36 角秒,托勒密本人承认这个数值是正确的。但如果这是希帕克斯设定的进动速率的下限,那么文中引用的数据表明,他得到的实际数值可能更接近于真实数值。假定提摩恰里斯的观测比希帕克斯的观测早 160 年,我们得到的数值为 160 年 2°,即每年 45 角秒,这与现代天文学家测定的角度相差不到每年 6 角秒。

希腊化时期天文学家的主要目标是"拯救现象"(sōzein ta

---

① 室女座中的一颗星。
② 出自 T. L. Heath, *Greek Astronomy*, London, Dent, 1932 中的译文。

phainomena），尽管这个短语本身在现存的著作中很少见。这是一个复杂的概念，我们必须小心翼翼地将它与当时其他解释模式区分开来，比如伊壁鸠鲁的多重原因概念。首先，在确定"现象"本身方面存在着明显对比。正如我们已经看到的，经验研究与伊壁鸠鲁学派和斯多亚学派是格格不入的，他们的天文学思辨基本上在尝试解释日月食和月相等最明显的现象。诚然，我们不应夸大天文学家进行系统观测以验证现象的程度。在大多数情况下，希腊化时期的天文学家都满足于作极少量的观测，从中推出更一般的结果。托勒密（《至大论》第四卷第一章）的证据提供了一个典型的例子，表明月亮的运行轨迹通常是由观测月食期间月亮的位置来确定的。另一个原因是，用来发现季节长度的观测数据可能非常少。此外，我们必须承认，自公元前3世纪以来，对观测天象的许多激励都出自今天被认为不科学的动机，即对占星学的兴趣。包括希帕克斯和托勒密在内的许多最伟大的希腊天文学家都相信，有可能通过星象，尤其是通过绘制天宫图来预测未来。这也许就是普林尼在刚才引用的那段话中写道，没有人比希帕克斯更能显示人与星辰的亲缘关系时所暗示的。另一方面，希帕克斯在观测天文学方面的工作充分显示了天文学家与希腊化时期哲学家之间的对比，这些工作不仅包括岁差的发现，而且根据前引托勒密的那段话，也包括更精确地确定了行星的运行轨迹。

但"拯救现象"不仅意味着建立一个数学模型，还意味着建立某种特定的模型。整个希腊理论天文学背后的关键假设是，天体运动的不规则性可以用规则而均匀的运动来解释。天文学家们认识到，某些现象，如太阳的运行轨迹，可以用几种不同的数学模型来解释。这与伊壁鸠鲁的"多重原因"有着根本差异。伊壁鸠鲁的学说可能而且经常沦为纯粹的借口，不去对所提出的解释做出批判性评价。而天文学家所理解的解释则要严格得多，因为他们需要的是可以简化复杂现象的最简单的数学解决方案。

73　　他们的目标与阿基米德在静力学和流体静力学等领域的目标类似。正如阿基米德在这些学科中把这些问题当作应用数学问题而不是物理学问题来处理，天文学家也在寻找一种一般的数学理论来解释天体的运动。正如阿基米德在静力学中忽略了我们所谓摩擦力的影响，天文学家也选择忽略他们所认为的数据中的细小差异或者不重要的细节。例如，行星的轨道与黄道面并不完全吻合——然而希腊天文学家在设计模型来解释行星的运动时，往往忽略了这种复杂性。再者，虽然某些物理预设是其理论基础，但他们很少或根本没有试图解决天体运动所引出的力学问题。星星常常被认为有自己的"自然"运动，或者被认为是活的。但其运动机制问题在希腊化时期几乎没有引起关注。

　　然而，尽管希腊理论天文学存在着数学上的偏见，而且往往忽略问题的某些物理方面，但在更深的层次上，物理考虑仍然很重要。尽管日心说在某些方面明显比其竞争者简单得多，但它的不被接受表明希腊人抵制与某些基本物理假设相冲突的思想。最后，"未能"将椭圆几何学应用于天文学似乎也令人惊讶，但这表明均匀性原则是最为重要的。正如我们在第四章看到的，阿波罗尼奥斯——正是他提出了本轮和偏心圆模型——广泛研究了包括椭圆在内的圆锥曲线。然而，椭圆几何学直到开普勒才被应用于天文学。初看起来，希腊人似乎是由于想象力的缺乏或纯粹的固执才坚持圆周运动的假设。但首先必须指出,地球、月亮和行星的椭圆轨道与真正的圆形轨道之间的实际差别在某些情况下是微乎其微的(地球椭圆的偏心率为 0.01672)。其次,更重要的一点是本轮和偏心圆模型非常灵活。通过选择适当的参数,如果允许改变本轮和均轮的转动速度,则本轮模型可以产生或直或曲的任何形状:如图 13 所示,即使没有这样的速度变化,本轮模型也可以产生一个椭圆轨道。鉴于其模型有很强的适应性,坚持圆周运动的假设符合他们一般的解释原则,特别是符合基本的均匀性原则。圆周运动是最简单、最均匀的运动,正如我们所看到的,通过将非均匀运动归结为均匀运动来"拯救现象"是不言自明的。

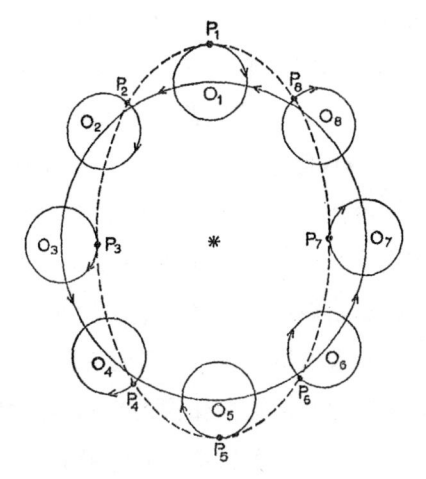

图 13　椭圆作为本轮运动的特例。行星在本轮上旋转一周的同时,(沿相反方向运动的)本轮的中心也围绕均轮的中心旋转一周。

第六章　希腊化时期的
生物学和医学

可靠一手证据的缺乏阻碍了我们关于希腊化数学和天文学的讨论。当我们转向生物学和医学时，这个问题变得尖锐起来。公元前4世纪末和公元前3世纪，这些领域涌现出许多名人，比如卡利斯托的狄奥克勒斯（Diocles of Carystus）、科斯岛的普拉克萨哥拉斯（Praxagoras of Cos）、尼多斯的克吕西普（Chrysippus of Cnidus）、卡尔西顿的希罗菲洛斯、凯奥斯岛的埃拉西斯特拉托斯（Erasistratus of Ceos），但这些作者没有一部完整的论著幸存下来。这似乎将使评价他们的工作变得不可能。然而，由于塞尔苏斯（Celsus）、鲁弗斯（Rufus）、索拉努斯（Soranus）和盖伦等后来的医学作者经常对其前辈做出非常详尽的引用和评注，所以情况并不像初看起来那么令人绝望。盖伦是我们最宝贵的资料。虽然他的写作时间要比希腊化时期那些伟大的生物学家晚400多年，但对他们的工作却非常熟悉。盖伦常常对他们表示钦佩，并且对其工作深表感激。希罗菲洛斯和埃拉西斯特拉托斯这两位最重要的生物学家至少有一部分著作有充分的间接证据，尽管还没有关于其现存著作引文的令人满意的现代版本。两人都于公元前3世纪上半叶生活在亚历山大里亚，希罗菲洛斯年纪较长。两人都接受过医生训练，但都有医学以外的其他兴趣。

亚历山大里亚的生物学家们做出了一项短暂但却重要的成就：他们是最早进行人体解剖的人。在他们之前，所有能做的解剖都是在动物身上进行的。无论是希波克拉底学派的作者（他们很少提到解剖）还是亚里士多德（他提到解剖要频繁得多）都没有解剖人体。我们的一些资料谈到，希罗菲洛斯和埃拉西斯特拉托斯不仅对人进行解剖，还进行活体解剖。无可否认，有些证据是不可信的。当基督教作者德尔图良（Tertullian，约公元200年）将希罗菲洛斯称为"那位为了研究自然而切割无数尸体，为了知识而憎恨人类的医生或屠夫"（《论灵魂》[On the Soul]，第十章）时，他的证词本身没有什么分量。德尔图良完全反对异教研究者的科学研究，尽一切可能诋毁他们和他们的工作。

然而，我们还有更可靠的权威。普林尼和鲁弗斯都泛泛地谈到了人体解剖活动，而没有具体指明是谁最早从事这项工作。但公元1世纪的罗马医学作者塞尔苏斯既确认了相关人士，又讲述了被用来捍卫人体解剖和活体解剖的理由。在《论医学》一书的导言（23 ff）中，塞尔苏斯这样谈论一群被称为教条论派（Dogmatists）的医生：

> 此外，由于疼痛和各种疾病都发生在内脏部位，他们认为，对这些部位一无所知的人无法对其进行治疗。因此有必要切开死者的尸体，检查他们的内脏和肠子。希罗菲洛斯和埃拉西斯特拉托斯采取了最好的做法：他们把活人——国王释放出狱的罪犯——剖开，在其还在呼吸的时候，观察自然先

前隐藏的部位,它们的位置、颜色、形状、大小、排列、软硬、光滑、接触点,每一个部位的凸起和凹陷,以及是否有什么部位彼此嵌入。

教条论派认为活体解剖比解剖更有优势,并且针对说他们不人道的指责为这种观点辩护,声称善大于恶:"通过牺牲少数罪犯为后世的无数无辜者寻求治疗,并不像大多数人说得那样残忍。"

与德尔图良不同,塞尔苏斯不应被指责为恶意歪曲。塞尔苏斯本人并不同意教条论派的观点。他后来在导言(74f)中说:"剖开活人的身体既残忍又多余;对医学学生来说,剖开死人的尸体是必要的,因为他们应该知道身体各个部位的位置和排列——尸体比受伤的活人更能展示这些东西。至于其他只能从活人身上了解的东西,在治疗伤者的过程中,经验本身会将它们更慢但也更温和地显示出来。"他整个叙述的基调非常克制,我们没有充分的理由拒绝它。毫无疑问,宗教和道德方面的因素在古代阻碍了人体解剖,无论人是死的还是活的。但这并不是说,这些禁忌在任何情况下都不能克服。在公元前3世纪的亚历山大里亚,雄心勃勃的科学家和科学的赞助者们以特殊的方式联合在一起,使这一时期的亚历山大里亚明显是个例外。尽管古人尊重死者,但科学家以外的人对尸体的亵渎已经够多了。此外,当我们想到古人经常在法庭上当众拷问奴隶以便获取证据,以及盖伦等人记录的对罪犯使用新毒药以测试其效果的案例时,也就不难相信托勒密王朝为何会允许对死刑犯实施活体解剖了。

然而,虽然我们没有充分的理由否认希罗菲洛斯和埃拉斯特拉托斯进行了人体解剖和活体解剖，但他们的研究到了什么程度是另一回事。据我们所知，他们对人体内部解剖学的了解仍然相当有限。他们做出了一些值得注意的发现，尤其是希罗菲洛斯关于十二指肠和肝脏的描述，表明他拥有关于这些人体器官的有限的一手知识。不过，他们仍然会犯一些相当低级的错误，比如据说希罗菲洛斯坚持认为——就像几位希腊解剖学家所相信的——视神经是中空的。

希罗菲洛斯的主要工作是解剖学，在这方面他写了几部论著，包括若干卷的《论解剖》(On Dissections)，他在书中创造的一些术语或直接或通过拉丁文翻译进入了解剖学词汇。比如我们知道，他对脑进行了认真研究，认为脑是神经系统的中心，这与亚里士多德的观点不同。他区分了主要脑室，在其中确认了他所谓的"脉络膜连接"(chorioid concatenations)——（如盖伦所说）由精致的膜连接在一起的静脉和动脉丛，并将其命名为脉络膜，因为它与胚胎的外膜（绒毛膜）类似。他描述了"写翻"(calamus scriptorius)——第四脑室底部的洞，这个名字源于他将其与书写笔的沟槽相比较，在对脑血管的论述中，他确认了窦汇，并称之为"榨汁机"(lēnos)，后来的解剖学家以他的名字将其命名为"希罗菲洛斯窦汇"(torcular Herophili)。他解剖了眼睛，辨别了它主要的膜：他将这些膜比做网，这正是用来表示视网膜(retina)的希腊词"网状"(retiform)的起源。根据盖伦的说法，希罗菲洛斯是最早对神经进行广泛研究——尽管仍然很不完整——的人之一，事实上，他和埃拉西斯特拉托斯也是最早开始明确区分感觉神经与运动神经，以及区分这些神经和在希腊语中同样被称为"神经"(neura)的其他组织

（比如肌腱和韧带）的人之一。从盖伦和鲁弗斯的其他记述也许可以推断，希罗菲洛斯描述了主要心室以及与心脏相连的血管。这些内容表明，他把心耳当作心脏的独立部分，与心房分离开来，他还为我们所说的肺动脉创造了一个名字——"动脉性静脉"（arterial vein），这个词一直沿用到哈维时代。他成功创造的另一个解剖学术语是十二指肠（duodenum），这是其希腊名称 dōdekadaktylon 的拉丁文翻译，源于人的十二指肠的长度（十二根手指的宽度）。

在许多情况下，除了希罗菲洛斯为他所确认的结构而创造的术语，他的工作几乎没有留下痕迹。不过，在盖伦引用的《论解剖程序》(On Anatomical Procedures，第六卷第八章）的一个较长的片段中，我们发现希罗菲洛斯谈到了比较解剖学的问题。在简单描述了人的肝脏之后，他继续说：

> 肝脏并非全都相似，而是不同的动物在肝脏的宽度、长度、厚度、高度和肝叶数量上有所不同，在肝脏最厚的前部和最薄的拱顶部也有所不同。有些肝脏根本没有肝叶，而是圆的、未分化的。但也有肝脏有两叶，有些更多，还有许多有四叶。①

希罗菲洛斯对生殖器官的研究也因其对卵巢的发现而引人注目，他将卵巢的结构和功能与雄性睾丸的结构和功能进行了比较。

---

① 基于 C. Singer, Galen, *On Anatomical Procedures*, Oxford University Press, 1956 中的译文。

第六章 希腊化时期的生物学和医学

事实证明,这种类比是卓有成效的,尽管这也使他得出了一些错误的结论。

希罗菲洛斯采用了早期希腊医学作者的一种体液病理学理论,写过营养学和药理学方面的著作,并有一些处方流传下来。但他对当时临床医学最重要的贡献无疑是对脉诊价值理论的发展。尽管之前的作者偶尔会提到脉搏,比如亚里士多德在其《动物志》(521a6 f)中,但最先将脉搏限制于一组明确的血管,并认为可以用脉搏来显示疾病的是希罗菲洛斯的老师普拉克萨哥拉斯。希罗菲洛斯在几个方面纠正了这位老师的教导,认为脉搏并非动脉的天生能力,而是动脉从心脏那里得到的能力,并且从定性和定量上将脉搏与源于肌肉的心悸、震颤和痉挛区分开来。最重要的是,他和他的追随者们按照"幅度""速度""强度""节奏""均匀性"和"规律性"对不同类型的脉搏作了系统分类。他清楚地知道,脉搏频率的差异取决于年龄,并且确认了与正常脉搏有不同程度偏离的三种主要类型的异常脉搏("并行心律""异行心律"和"心律失常"),以及其他特殊类型的异常脉搏,比如他所说的"蚂蚁状"(*myrmēkizōn*)和"羚羊状"(*dorkadizōn*)脉搏。

当我们想到希罗菲洛斯并没有精确的手段来计时脉搏率时,他尝试提出一种系统性的脉搏理论就很令人惊讶了。对这项工作的很大激励来自音乐理论。正如盖伦(K IX 464)所说:"正如音乐家们根据某些特定的时间周期安排来确立他们的节奏,将上拍(*arsis*)与下拍(*thesis*)进行比较,希罗菲洛斯也认为,动脉的扩张对应于上拍,动脉的收缩对应于下拍。"希罗菲洛斯试图将脉搏数据归结为类似于音乐理论的数学表达关系是注定要失败的。但如果后来的临床医生忽略他的许多细微区分，那么他坚持脉搏在诊断中的重要性是具有持久价值的。

和希罗菲洛斯一样，埃拉西斯特拉托斯首先也是医生。我们的信息虽然不全，但表明他有各种各样的不同兴趣。他似乎是一位谨慎的临床医生，批评放血和强力泻药等希腊医学中常见的激烈疗法。此外，他还提出了一种大胆而原创的生理病理学说。

最突出的特征是用我们所谓的力学观念来解释有机过程。一个例子是他对消化的论述。例如亚里士多德提出，食物在胃里经历了一种质的变化——"消化"，他认为这种变化由身体中的"固有热"(innate heat)所引起，并将它与沸腾进行了比较。埃拉西斯特拉托斯拒绝接受亚里士多德的类比，指出消化所涉及的热量远远小于沸腾，他试图尽可能地用力学方式来解释消化道里发生的过程。他知道食物是通过食道的蠕动和胃的收缩沿着消化道推进的。于是，食物不是（就像盖伦所认为的那样）受胃吸引，而是通过肌肉活动沿着消化道推进。在胃里，食物受到进一步的力学作用，即"研磨"或捣碎，然后以乳糜的形式被挤压出来，经由胃壁和肠道进入与肝脏连接的血管。最后，营养透过血管壁被组织吸收。为了解释这部分过程，他诉诸"惧怕虚空"原理，即自然倾向于填补虚空。他假定，由于排空某些残留物，在组织中形成了部分虚空，他认为正是这个虚空导致血管中的一些物质被吸收到组织本身当中。

埃拉西斯特拉托斯使用力学解释的第二个例子是他关于胆汁和尿液等残留分泌物的论述。盖伦再次批评他忽视了肝脏和肾脏的自然"吸引"功能。但埃拉西斯特拉托斯的理论提到了简单的形态因素。在肝脏中,未经净化的血液通过一组不同口径的血管,正是由于血管的相对大小,胆汁才从纯血液中分离出来。尽管盖伦抱怨他没有给出关于尿液分泌的清晰解释,但在这个问题上,他可能也通过肾脏血管的相对口径而提出了类似的理论。

埃拉西斯特拉托斯生理学中最有趣的部分是对血管系统的论述。首先,他清楚地认识到静脉和动脉这两种血管之间的区别。在这一点上,他当然不是完全原创的。亚里士多德和希波克拉底学派的几位作者知道两者之间的某些一般的解剖学区别,不过在大多数情况下,他们继续使用"血管"(phleps)这个术语来不加区分地指称静脉和动脉。然而在埃拉西斯特拉托斯那里,这两种血管在生理上是有区别的,因为他继承并详细阐述了一种亦见于某些希波克拉底著作的观点,即静脉含有血液,动脉含有气。

在试图理解为什么许多希腊医生都持有这种观点时,我们必须注意到,首先,artēriā 一词本来不仅适用于与心脏相连的主要动脉血管,而且尤其适用于呼吸道的主要导管,即气管和支气管。我们所说的"气管"(trachea)一词来自希腊语中表示这种导管的词——hē trācheia artēriā,字面意思是"粗糙的动脉"。在支气管和我们所说的动脉之间有了明确区分之后,这个词又继续使用了很长时间。其次,大多数解剖学研究都是在动物尸体上进行的,在它们身上,血液从动脉系统自然地流入静脉系统。第三,动脉血和静脉血的颜色(压力)之间的显著差异也被用来说明,这两种血管的内容物是不同的。

许多认识到这种差异的理论家对此的解释是,静脉只含有血液,动脉则充满了血液和气(pneuma)。但埃拉西斯特拉托斯等其他一些生理学家则认为,在正常状态下,动脉只含有气。然而,从盖伦那里可以清楚地看到,埃拉西斯特拉托斯很清楚动脉被切断时血液会流出来。但这是一个损伤,他自认为可以根据他在其生理学的其他地方运用的一般力学原理来解释发生的事情。动脉系统中含有气,但是当动脉被切断时,这种气会逸出,形成部分虚空,从而将血液从相连的静脉吸入动脉。

然而,尽管埃拉西斯特拉托斯坚持这种关于动脉内容物的非常错误的观点,但他对血管系统其他特征的认识却比任何之前的——事实上也比之后的许多——希腊理论家更加清楚。首先,他认识到心脏的四个主要瓣膜的作用:事实上,他可能是第一个认识到这一点的人。[①] 盖伦对埃拉西斯特拉托斯这部分工作的广泛讨论表明,他对心脏瓣膜的形式和功能都有详尽的了解。特别是,他知道每一个瓣膜都是一个单向阀。比如位于右心室入口处的三尖瓣允许血液进入,但不允许回流到右心房和腔静脉。在动脉性静脉(即肺动脉)底部有第二个半月形的瓣膜(肺动脉瓣),它允许血液流向肺部,但不允许回流到心脏。类似地,还有两个瓣膜——二尖瓣和主动脉瓣——控制着进出心脏左侧的血液,尽管在埃拉西斯特拉托斯看来,进出心脏的是气,而不是血液。其次,他认识到心脏就像一个泵,直接引起动脉的扩张。他把心脏比作风箱,把动脉比作气囊或气袋。他正确地认为,心脏因为扩张而充气,动脉

[①] 名为《论心脏》(On the Heart,第十章和第十二章)的论著描述了主动脉和肺动脉底部的半月瓣,可能也谈到了房室瓣(尽管文本非常模糊不清)。然而,虽然这部著作被收录在希波克拉底全集中,但它的年代还远未确定,很可能是在埃拉西斯特拉托斯的研究之后撰写的。

第六章 希腊化时期的生物学和医学

则因为充气而扩张。事实上,盖伦的一个文本(《论解剖程序》第七卷第十六章)表明,埃拉西斯特拉托斯用实验确立了这个论点,他将一根管子插入暴露的动脉,观察到管子下面(远侧)的动脉中仍有脉搏。盖伦重复了这个实验,却得到了相反的结果,他声称,管子下面的动脉没有脉搏。第三,埃拉西斯特拉托斯推断,动脉和静脉的末端之间必定有通道("*anastomōseis*"或"*synanastomōseis*")连接。然而,虽然到目前为止他的猜测是正确的,但他对这些通道功能的理解与我们赋予毛细血管的功能有很大不同,任何关于他提出了血液循环概念的说法都是错误的。在他看来,血液只有在动脉被切断或其他损伤持续等非正常的情况下才会流过这些"通道",此时血液是从静脉流向动脉(而不是从动脉流向静脉)。"通道"概念在部分程度上基于解剖学观察,但对于他的理论来说是必不可少的,因为他认为,动脉通常只含有气,但动脉被切断时血液会流出来。

我们的证据与埃拉西斯特拉托斯的理论之间仍然存在空白,但从他零散的作品残篇中可以呈现出当时的一种非常全面的生理学。虽然盖伦抱怨说,他并没有解释血液本身是如何或者在哪里产生的,但他显然认为,静脉系统将消化过程的最终产物输送到身体的各个部分。血液通过腔静脉被输送到右心,然后经由肺动脉被泵入肺部,他可能认为肺动脉的主要功能是为肺部提供这种血液作为营养。呼吸系统、动脉系统和神经系统都依赖于气,都与静脉系统无关。他知道,当胸部扩张时,大气中的气通过气管和支气管被吸入肺部。但他也(错误地)认为,在每个舒张期,气经由肺静脉进入心脏的左心室,然后在每个收缩期,气被泵出到全身的动脉。某种形式的气①似乎也负责神经的功能,神经就像动脉和静脉一样,其进一步细分超出了我们的感知范围。事实上,他推测,由静脉、动脉和神经组成的难以感觉到的三重复合体是每一个人体组织和器官的基本要素。

身体的异常功能——和它的正常过程一样——也尽可能用简单的力学方式来解释,"惧怕虚空"原理再次变得特别重要。一个例子是方才提到的血液从静脉流入动脉。这可能出现在损伤发生时,或者食物和运动不平衡导致身体血液过多时。当流入动脉的血液遇到从心脏泵出的气(pneuma)时,就会造成充盈(plēthōrā)状态,从而导致炎症和发烧。其他更具体的情况有其他起促进作用的原因,但形态因素再次被诉诸,比如在论述水肿时,它被解释成肝脏通道变硬随之变窄的结果。

埃拉西斯特拉托斯的作品是认真观察与大胆(有时是疯狂的)思辨的非凡结合。我们的资料将他与亚里士多德的学派联系起来,很容易推测他对惧怕虚空原理的运用受到了斯特拉托论虚空著作的影响,尽管埃拉西斯特拉托斯在其他地方拒绝接受一些关键的亚里士多德主义学说,比如认为"固有热"在身体自然过程中具有首要的重要性。盖伦批评他没有清晰地阐述物质本身的最终构成,但就有机组织而言,神经-静脉-动脉这一基本的三要素概念

---

① 盖伦的文本认为,埃拉西斯特拉托斯区分了"生命精气"(pneuma zōtikon)和"灵魂精气"(pneuma psychikon),"生命精气"包含在动脉和左心室中,而"灵魂精气"则负责神经系统,由"生命精气"得到详细说明,主要位于脑部。这两种类型的"精气"最终来源于我们呼吸的空气,但我们并不清楚它如何变成了两种精气,也不清楚盖伦在多大程度上将埃拉西斯特拉托斯的观点吸收到了他本人的类似理论中(见下文)。

为一场可以追溯到前苏格拉底时期的争论增加了新的想法,在那场争论中,医生和哲学家都在推测"人的本性"和人体的最终构成。不过,虽然他频繁地推测有哪些东西超出了感知的界限,但他的一些理论得到了比我们在大多数希腊作者那里看到的更多的观察支持。尽管他被盖伦批评为生理学家,但作为描述性的解剖学家,他不仅因为对心脏瓣膜的描述,还因为对脑和神经系统的研究而赢得赞誉。此外,有证据表明,他试图通过审慎的试验来支持他的一些理论。我们已经提到这方面的一个例子,即在动脉中插入一根管子来研究脉搏的实验。另一个例子来自匿名作者伦迪南西斯(Anonymus Londinensis, XXXIII, 43 ff)的医学史。根据这部医学史的说法,埃拉西斯特拉托斯采用了早期理论家的一个学说,即身体会发出一些看不见的流溢物,并试图通过对一只活鸟做试验来确立这一点。他先将这只鸟称重,把它封闭在一个空间里一段时间,然后连同其排泄物一起重新称重,发现总重量比开始时少了——正如我们的资料所说,埃拉西斯特拉托斯认为这个事实表明"发生了很大的流溢"。

希罗菲洛斯和埃拉西斯特拉托斯代表着亚历山大里亚生物学的巅峰。他们认识到不仅需要解剖动物尸体,还需要解剖人体,并且有幸在这方面得到托勒密王朝的支持。我们只需将这些亚历山大里亚人论述眼睛和心脏的著作与之前亚里士多德、希波克拉底或前苏格拉底作者的著作进行比较,就能意识到亚历山大里亚在短时间内所取得的解剖学进步。生理学问题并不像他们研究的一些解剖学问题那样容易解决。然而,尤其是埃拉西斯特拉托斯贡献了一些巧妙的想法,即使——正如他的动脉内容物理论所显示的那样——在提出一些猜想时，他不得不把一些众所周知的材料解释过去。不过有趣的是，关于科学研究所需要的决心和坚持，埃拉西斯特拉托斯本人为我们提供了希腊科学中的一个经典陈述。这段文字出自他的著作《论瘫痪》（*On Paralysis*）第二卷，我们的资料来源同样是盖伦（《论习性》[*On Habits*]第一章）：

> 那些完全不习惯于做研究的人在初次训练其心灵时会感到盲目和茫然，并因为精神疲劳和一种与未经习惯就参加比赛的人类似的无能感而立即放弃研究。而一个习惯于做研究的人在研究过程中则会尝试每一种可能和每一个方向，他不会一天之内就放弃研究，而会终生致力于研究。他把注意力转向一个又一个与所研究事物密切相关的想法，不懈地努力，直到达到目标。

在希罗菲洛斯和埃拉西斯特拉托斯之后的几代人那里，生物科学的历史是模糊不清的，但人体解剖活动即使没有完全消失，也明显减少了。我们必须问为什么会这样。我们的主要证据来自鲁弗斯和盖伦。鲁弗斯（公元1世纪末）的一段话显示，虽然他认为人体解剖是一种理想，但这其实是过去的事情："我们将试着教你如何通过解剖与人最相似的动物来为内部器官命名……过去他们常常更正确地在人身上讲授这一点。"（《论人体部位的命名》[*On the Naming of the Parts of Man*]，134）。但盖伦《论解剖程序》中的两段话提供了更全面的信息，从而在一定程度上修改了这幅图像。在第一段话（第一卷第二章）中，他提到了对骨骼的研究：

第六章　希腊化时期的生物学和医学

不仅要努力获得关于每块骨骼形状的准确的书本知识，还要用自己的眼睛勤勉地考察人体骨骼本身。这在亚历山大里亚是相当容易的，因为那里的医生用视觉演示向学生讲授骨骼学。因此，试着去访问亚历山大里亚吧。①

这表明，在一种语境下（骨骼研究）和在一个地方（亚历山大里亚），在盖伦本人的时代（公元2世纪）继续进行着人体解剖。对于其他目的，以及在希腊罗马世界的其他地方，这要困难得多。盖伦在同一段话中继续写道：

但如果你无法［访问亚历山大里亚］，你仍然可以看到一些人体骨骼。至少在打开坟墓时，我经常这样做。比如河水曾经淹没了一个匆忙挖掘不久的坟墓，轻而易举就把它粉碎了，并把尸体完全冲毁了。肉已经腐烂，尽管骨头仍然紧紧连在一起……这副骨架仿佛是一位医生特意为这种基础教学准备的。还有一次，我们看到一具强盗的骷髅躺在离路不远的高地上。他被某个反抗其进攻的旅行者杀死了。没有一位居民愿意埋葬他，但出于对他的仇恨，他们欣见其尸体被鸟吃掉，几天以后，鸟吃光了他的肉，留下了骨架，仿佛是作为证明似的。

第二段话出自同一部论著的第三卷第五章，他在讨论血管研

---

① 基于 C. Singer, *Galen, On Anatomical Procedures*, Oxford University Press, 1956 中的译文。

究时谈到需要经常练习动物解剖,

> 如果你有幸解剖人体,你将很容易把每一个部位都展示出来。这种运气并非人人都有,一个工作不熟练的人不可能在短时间内完成解剖。即使是医生中最伟大的解剖学专家,甚至在从容地考察身体的各个部位时,显然也会犯许多错误。因此,即使是那些试图解剖在反抗马库斯·安东尼努斯(Marcus Antoninus)的战争中牺牲的日耳曼敌人尸体的人,也只能知道内脏的位置。但一个事先在动物身上尤其是猿身上练习过的人,将会极其轻松地将解剖的每一个部位都展示出来。

鲁弗斯和盖伦都认为,正确的方法是对人体进行解剖,在这方面,盖伦至少有一些实际经验。但其他作者对这一观点提出了质疑。一些人对解剖的总体价值持怀疑态度,强调死尸与活人之间的区别,认为医生的任务是治愈活人,从对死人的研究中学不到任何有用的东西。另一些人虽然主张解剖,但认为动物解剖已经足以达到目的。尽管在道德或宗教的背景下,许多古代作者强调人与动物之间的灵魂差异,但为了研究人的身体,人们常常认为,可以用动物特别是猿或其他与人接近的物种作为指导。

人体解剖从来没有被普遍接受为医学训练的一个必不可少的组成部分,更不用说研究的一部分了。连医生自己对它的价值也有不同看法。那些和盖伦一样认识到其用途的人面临着难以克服的实际困难,尤其是获得人体。正是在这里,盖伦的处境与希罗菲洛斯和埃拉西斯特拉托斯的处境形成了最明显的对比。日耳曼士兵的故事表明,在公元2世纪,当局偶尔会提供尸体进行解剖。但除此之外,正如盖伦的另一段话所表明的,医生只能抓住眼前的偶然机会。在这种情况下,即使是那些视人体解剖为理想方法的人也选择了简单省事的办法,在大多数研究中用动物做实验对象。

我们无法讲述解剖学和其他特殊医学分支的详细历史。但这里必须简要提到埃拉西斯特拉托斯之后医学的两个总体特征,即医学派别的增多,以及医学与哲学的持续互动。其中一些派别是以希罗菲洛斯和埃拉西斯特拉托斯等人的名字命名的:在公元2世纪,有一些医生被称为埃拉西斯特拉托斯学派。另一些群体的名字则来自他们在关于正确医学方法的长期复杂争论中所持有的观点。两个主要学派是教条论派(Dogmatists)和经验论派(Empiricists)。① 教条论派认为,关于"隐秘原因"的知识——特别是关于人的构成和疾病原因的知识——对医学实践是必不可少的,这种知识只能通过用推理和思辨补充经验来获得,而经验论派则反对这一点,他们断言,在这些问题上进行思辨既不合法也无必要。对经验论派来说,看不见的东西是无法认识的:医生的任务是治疗个体病例,为此他必须避免推理,只关注病人的明显症状。

---

① 第三个派别被称为方法论派(Methodists),公元1、2世纪在罗马成为时尚,其最著名的代表是以弗所的索拉努斯,他写了重要的妇科学和病理学著作。这一派的起源模糊不清,其学说可以追溯到公元前1世纪的泰米森(Themison),尽管我们可能应当认为下个世纪初的泰萨洛斯(Thessalus)才是这个派别的创始人。经验论派采取了一种接近于学园派怀疑论者的认识论,断言非自明的东西是无法把握的,而方法论派的立场则符合后来怀疑论者的立场,认为应当悬搁判断(例如参见 Sextus Empiricus, *Outlines of Pyrrhonism*,I 236—241)。

这场争论反映了当时关于知识基础的哲学争论，而且无疑受到了后者的直接影响，尽管这两种观点在很大程度上都要归功于之前的医学作者。亚里士多德主义者、斯多亚学派和伊壁鸠鲁学派都坚持知识的可能性，尽管对知识的基础给出了不同解释。针对这些人，不同类型的怀疑论哲学被提了出来，首先是伊利斯的皮浪（Pyrrho of Elis，公元前4世纪），然后是阿尔克西劳（Arcesilaus，公元前3世纪）领导下的学园，接着是埃奈西德谟（Aenesidemus）及其追随者（公元前1世纪）。一些怀疑论者否认知识是可能的，另一些怀疑论者则认为，这种否认本身就是一种教条主义的主张，对于诸如此类的问题，怀疑论者必须悬搁判断。但所有人都同意，确立明确知识标准的一切尝试都是无法接受的。不过，虽然医学作者在关于医学的目标、方法、本性和理由的争论中继承了一般的认识论论证，但他们也会引证直接源于其自身医疗经验的考虑。有的时候，特别是经验论派把自己明确区别于哲学家。这可见于塞尔苏斯对他们观点的记述（《论医学》，导言，27 ff）。他们认为，自然之所以不能被理解，部分原因在于哲学家和医生对原因的看法不同。"如果推理能够使然，那么即使是哲学学生也会成为最伟大的医生；但事实上，他们掌握了丰富的词汇，却没有任何关于治疗的知识。"

理论与实践、言语与行动之间的区别在希腊思想中很常见，这一主题在医学上可以追溯到我们最早的文本——希波克拉底学派的论著。当它再次出现在希腊化晚期医学的方法论争论中时，它有时与怀疑论观点结合在一起。在经验论派那里，可以说医学成了数学的对立面。数学是最卓越的理论研究，是确定知识的典范。医学为怀疑论者提供了许多主要例证和论据,至少公元2世纪有一位著名的怀疑论哲学家——塞克斯都·恩披里柯(Sextus Empiricus)——也受过医生的训练。与此同时,经验论派对理论和推理的拒斥反映了他们对医学实用目标的看法。他们认为,思辨不仅不合法,而且多余,因为医生要治愈病人,不需要求助于一般的理论。

第七章 应用力学和技术

和任何类似的一般性问题一样,研究古人对于将科学知识用于实际目的持何种态度非常困难,而且容易做过分简化的处理。尽管如此,还是有文本可以帮助我们了解古人在这个问题上的一些态度。在公元前6—公元前4世纪的某些情况下,技术知识的实用性得到了表达。[①] 在亚里士多德之后,理论研究与实践研究之间的区分也常常被明确规定,不同作者就如何将知识付诸实践发表了自己的看法。在相关文本中,有趣的首先是在"力学"这个标题下包含了什么,其次是如何理解知识的"实用性",第三是对我们所谓科学研究的"纯粹"领域和"应用"领域的相对评价。

我们最完整的文本之一载于公元4世纪初亚历山大里亚的帕普斯的《数学汇编》(VIII,1—2)。

> 力学研究……对生活中许多重要的事情都有用,哲学家合理地认为它值得高度认可,所有对数学感兴趣的人都热衷于它……
>
> 与希罗有关的力学家们说,力学有一个理论部分和一

---

① 参见《早期希腊科学》,pp. 133 *ff*。

个实践部分。理论部分包括几何学、算术、天文学和物理学，实践部分包括冶金、建筑、木工、涂绘以及与之相关的手艺。他们说，一个人如果从小在这些知识分支中长大，在这些技艺领域获得了技能，并且具有多才多艺的天性，那么他将成为机械装置的最佳发明者和最好的技艺大师(architektōn)。但如果这个人无法擅长数学的诸多分支，又未能学习我们所提到的那些技艺，他们就会推荐一个希望致力于力学研究的人，利用他所掌握的那些特殊技艺来实现有用的目的。

在所有力学［或机械］技艺中，从生活所需的角度来说最重要的是：(1)滑轮制造者的技艺，古人称他们为力学家，凭借机械，他们用较小的力就能克服很大重物的自然倾向，将其提升到高处。(2)武器制造者的技艺，他们也被称为力学家。他们制造了弹射器，能将石头和铁以及类似的物体投掷到很远的距离。(3)严格意义上的机械制造者的技艺。例如，利用他们制造的提水器，很容易把水从很深的地方提上来。(4)古人还把那些制造奇妙效果的人称为力学家。有些人发明了气动装置，比如希罗(Hero)的《气动力学》；另一些人似乎通过肌腱和绳索来模仿生物的运动，比如希罗的《论自动机的制造》(Automata)和《论天平》；还有些人使用浮体，比如阿基米德的《论浮体》(On Floating Bodies)，[①]或者用水来计时，比如

[①] 考虑到阿基米德这部著作的本质——关于流体静力学问题的一种抽象的数学讨论，见上文——令人惊讶的是，这里竟然用它来说明"制造奇妙效果"的力学分支。

希罗的显然与日晷研究有关的著作《论水钟》(*On Water-Clocks*)。(5)他们也把那些擅长制造球体的人称为力学家，后者通过水的匀速圆周运动来构造天的模型。

类似的传统也潜藏在普罗克洛斯《关于欧几里得〈几何原本〉第一卷的评注》[*Commentary on the First Book of Euclid's Elements*],413 ff)的论述背后，他特别引用了公元前1世纪的数学家和天文学家盖米诺斯(Geminus)的工作。在普罗克洛斯那里，力学被定义为"关于感官所感知的物质对象的研究"的一部分，它包括：(1)制造用于战争的武器；(2)基于气流、重物或绳索制造产生奇妙效果的装置；(3)对平衡和重心的研究；(4)制造球体；(5)"一般意义上关于物体运动的整个主题"。

这两份清单的一个显著特征是突出了战争武器的设计和制造，而这实际上是希腊化时期应用和发展力学思想的主要领域之一。第二个更令人惊讶的特征是提到了"制造产生奇妙效果的装置"，例如模拟生物的运动。当帕普斯从实用性的角度将其列为力学中"最必不可少"的分支之一时，他所理解的实用性显然很宽泛：相关装置的"实用性"在于其娱乐价值，或者被用来产生"奇妙"效果，从而为宗教服务。此外，两位作者都提到，力学的一个分支是制造球体来表示天体的运动，就像阿基米德所做的那样（见上文）。"实用性"显然也包括天文学研究中使用的装置。

我们刚才提到的文本只是将理论研究和实践研究对立起来，而没有对这两种研究的相对价值表达任何看法。但古代作者其实多次做出过这种评价。作者对此表达直截了当意见的一个经典文本可见于普鲁塔克的《马塞卢斯传》(Life of Marcellus),书中描述了阿基米德的机械发明是如何在公元前212年围攻叙拉古的战役中阻挡罗马军队的,普鲁塔克还评论了阿基米德天才的理论和实践两个方面。根据普鲁塔克的说法(第十四章),

> [阿基米德]绝不会认为机械制造是值得认真努力的工作,它们大都只是为了娱乐而从事的几何学的附属品,因为昔日里,希罗国王曾经希望并最终说服阿基米德将他的技艺从抽象的概念变成物质的东西,通过把他的推理以某种方式应用于明显的需求,使之对普通人更加有用。①

普鲁塔克进而概述了力学的早期历史,他说力学起源于欧多克索和阿基塔斯,他们的工作引起了柏拉图的愤慨:

> 柏拉图痛斥他们败坏和毁掉了几何学卓越的纯粹性,使几何学背弃了抽象思想的非物质事物,堕落到感觉事物上,而且还利用了需要这种卑贱的手工劳动的事物。由于这种抨击,力学变得完全不同于几何学,长期以来被哲学家所忽视,渐渐被视为一种军事技艺。

叙述了阿基米德在工程学上的一些功绩之后,普鲁塔克总结

---

① 基于 B. Perrin, *Plutarch's Lives* vol 5, Cambridge, Mass., Harvard University Press; London, Heinemann, 1917 的 Loeb 版译文。

说(第十七章)：

> 然而，阿基米德拥有如此崇高的精神，如此深邃的灵魂，如此丰富的理论洞察力，尽管他的发明为他赢得了超人般睿智的名声，但他不同意留下关于这一主题的任何论著，而是将工程师的工作以及任何旨在满足生活之所需的技艺都视为卑鄙和庸俗。他只把自己最真诚的努力投入到那些精妙性和魅力不受必要性影响的研究中去。……虽然他有许多杰出的发现，但据说他让亲戚朋友们在其坟墓上只放了一个里面包着球体的圆柱体，其铭文给出了圆柱体超出球体的比例。

考虑这段话时，我们必须首先认识到普鲁塔克并没有直接引用阿基米德的话，而是把某些观点归于他。普鲁塔克本人并非工程师，而是一个富有的乡绅，一个对历史和哲学感兴趣的同情柏拉图主义的文学家。当他暗示阿基米德把自己的数学工作看得比其他一切都重要时，这听起来很真实。关于阿基米德墓志铭的故事很可能是杜撰的，但考虑到他在数学方面的非凡成就（见上文第四章），他希望主要因为这些成就被人铭记并不奇怪。而当普鲁塔克还提出阿基米德鄙视"任何旨在满足生活之所需的技艺"时，我们也许会有更多的怀疑，怀疑普鲁塔克是否在这里强行加入了自己的柏拉图主义偏见。有人曾将阿基米德与以他的名字命名的螺旋（据说他在访问埃及时发明了这样一种提水装置）和复式滑轮（据说他曾徒手将一艘满载的船拉向自己）等机械装置联系在一起，这很可能源于传统的虚构。但它们的确表明，无论理论上还是实际上,阿基米德对力学问题都很感兴趣。

如果不是完全捏造,那么普鲁塔克显然夸大了阿基米德对工程学的厌恶。不过,我们在《马塞卢斯传》中看到这些观点,仍然具有重要意义,即使它们更多是普鲁塔克自己的观点,而非阿基米德的观点。普鲁塔克所代表的那些有教养的精英对工程师生活的蔑视常常反映了对工程师工作的无知。这种态度得到了柏拉图和亚里士多德的有力支持,在古代的各个时期无疑占据着主导地位。

然而,问题还有另外一面。普鲁塔克本人没有力学方面的实际经验。但除了对工程师的工作发表评论的那些历史学家、哲学家或文学家,力学论著偶尔也会由至少在这一领域有某些直接经验的人撰写。尤其应当提到四个人:亚历山大里亚的克泰西比乌斯(Ctesibius of Alexandria,活跃于公元前270年左右)、拜占庭的斐洛(约公元前200年)、维特鲁威(Marcus Vitruvius Pollio,约公元前25年)和亚历山大的希罗(约公元60年)。他们每个人都写过力学方面的东西,虽然克泰西比乌斯的著作失传了,但流传下来的仍有斐洛所谓《力学汇编》(Mechanical Collection)的一部分、维特鲁威的《建筑十书》以及希罗一些作品的希腊文或阿拉伯文译本,比如《气动力学》、《论火炮制造》(On Artillery Construction)和《论自动机的制造》(On the Construction of Automata)。[①] 这些文本为工程师的工作条件、研究的问题以及感兴趣的装置等提供了直接证据。

[①] 希罗还写了大量关于几何学和测量的著作,例如《度量》(Metrica)和关于欧几里得《几何原本》的一部评注(只有一些片段幸存下来)。

维特鲁威本人是奥古斯都雇佣的建筑师兼工程师,也是我们关于他所属职业最有价值的资料来源。所谓"建筑师"不仅要负责建筑物乃至整个城镇的规划和建设,还要负责各种机械设备尤其是战争武器的设计、建造和维护。因此,维特鲁威被雇来修理和重建帝国军队的战争机器。和医生一样,建筑师也常常渴望树立自己的职业声望。维特鲁威坚持认为,建筑师应当像他一样既接受技术培训,又接受哲学和数学等学科的通识教育。他否认研究"这门技艺"是出于唯利是图的动机:"我宁愿在不挣什么钱的情况下追求良好声誉,而不是不光彩地追求大量财富"(第六卷《序言》5)。建筑师在寻求被富人或城市雇用时所面临的困难清楚地表现出来。这个行业竞争非常激烈,维特鲁威谈到了支付佣金方面的腐败现象。建筑师对赞助人的依赖是一个经常出现的主题,事实上,《建筑十书》的一个主要动机就是赢得奥古斯都的青睐。

古代力学作者讨论了各种问题,描述了各种机械装置。我们通常无法确定某项特定的发明或技术发展应当在多大程度上归功于某位理论家,尽管有相当数量的装置,包括泵、水钟以及弹射器的改进,都被归功于克泰西比乌斯。毫无疑问,在许多情况下,更重要的技术进展是对理论问题兴趣不大或毫无兴趣的工匠做出的。然而,力学作者们不仅描述了一些复杂的装置,而且讨论了其中涉及的力学原理。他们偶尔也会提供证据,表明为找到一个实际问题的最佳解决方案而作的审慎研究。

通过应用力学原理而取得技术进展的一个重要领域是战争,在这方面,我们可以用遗存的实物证据来补充书面文本,特别是对古代武器的陈述。马斯登(E. T. Marsden)的研究使古代世界火炮发展史的大致轮廓变得愈发清晰。他表明,从改进简单的弓开始,越来越多的有效武器被设计出来,特别是那些包含扭转原理(torsion principle)以利用扭曲的毛发或肌腱力量的武器(见图14)。通过一些古代武器的复原,他估算出其性能的极限,比如他得到弹射器的最大有效射程为400码。从公元前4世纪初开始的大约150年时间里(据我们所知,第一次在围城战中使用火炮是在公元前397年的摩提亚),进步相对较快,并且一直持续到公元1世纪。拜占庭的斐洛的一段文字有助于部分解释这种发展。斐洛告诉我们,工程师在其研究中得到了托勒密王朝的资助,他还对这些研究本身的性质给出了重要解释:

> 一些古人发现,炮膛[即容纳盘绕绞纱(twisted skeins)的圆]的直径是制造火炮的基本要素、原理和量度。但决不能以偶然的方式确定该直径,而应通过某种明确的方法,用这种方法也可以确定[仪器上]所有大小的恰当比例。但除非增大或减小炮膛的直径并试验结果,否则不可能做到这一点。正如我所说,古人并未成功地通过试验来确定这个大小,因为他们的试验并非基于许多不同种类的表现,而仅仅与所要求的表现有关。不过,后来的工程师们注意到了前人的错误和后来的实验结果,将结构原理归结为一个基本要素,即容纳盘绕绞纱的圆的直径。这位亚历山大里亚工程师最近在这项工作中取得了成功,他得到了渴望名声并且对手艺和技艺怀有好感的国王们的大力支持。因为仅仅通过理性和力学方法显然不可能完全解决所涉及的问题,许多发现只有作为试验的结

果才能做出。(《论火炮制造》,第三章,50 20 ff)[①]

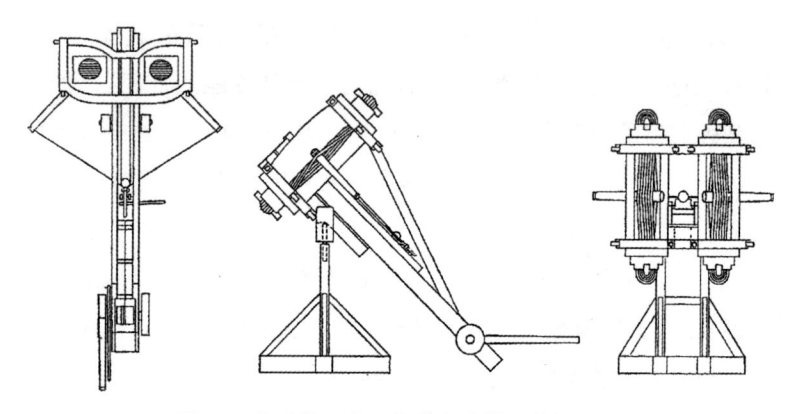

图14 公元前1世纪维特鲁威描述的投石机

这段话清楚地表明,古人有时的确意识到需要进行系统的试验,以便孤立出相关变量,确定它们之间的关系。斐洛既反对简单的试错法,又反对先验的教条主义,而主张受控实验的方法。对所要求的表现进行试验并不揭示操作原理,解决方案也不能仅仅通过"理性和力学方法"来获得。

出于显而易见的原因,军事技术有时会得到国家的大力支持。但希腊工程师的聪明才智被用于其他领域,以及设计其他许多用途各异的装置。在古代世界已知的五种主要简单机械中,杠杆、滑轮、楔子和绞盘这四种早在公元前4世纪末就已经在使用了。但据我们所知,第五种简单机械即螺旋乃是公元前3世纪的创新。

---

① 基于 M. R. Cohen and I. E. Drabkin, *A Source Book in Greek Science* (second edition), Cambridge, Mass., Harvard University Press, 1958 中的译文。

我们已经提到它最早的应用之一，那就是仍然被称为阿基米德螺旋的提水装置（见图15）。无论做出这项发明的是否是阿基米德本人，螺旋都远比其他任何简单机械更依赖于实现和应用一种数学构造。它的第二个重要应用是螺旋压力机。最简单的榨油机或榨酒机是一根直接被施予压力的杠杆或横梁。起初是用各种机械（比如一个螺旋或绕在筒上的一根绳子）对它进行改进，以增加对杠杆末端的压力。然后出现了严格意义上的螺旋压力机，其压力不是间接施加在横梁末端，而是直接由一个螺旋或一对螺旋施加在压力机本身的顶部。普林尼在公元75年左右写道（XVIII, 74, 317），它是"在过去22年里"被引入的，虽然维特鲁威（约公元前25年, VI, 6, 3）似乎提到了某种螺旋压力机。希罗（《论力学》第三卷第十九章，见图16）详细描述了双螺旋压力机，除了在许多小工具中使用螺旋外，他还首次描述了用来切割螺旋的机器。在我们的力学文本中，有用的设备还包括一系列其他的提水器、起重机、测量仪器和钟表。比如在维特鲁威斯所描述的提水装置中，他特别将其中的一种归功于克泰西比乌斯（X 7）：它被称为"火机"，因为希罗将其称为"在大火中使用的虹吸管"。这是一种双力泵，包括一个由阀门、气缸和活塞组成的系统（见图17）。不论它是否真的被用来扑灭大火，考古证据已经证实了阀门和活塞在古代普通水泵中的使用，我们没有理由怀疑克泰西比乌斯对其中所涉原理的兴趣。维特鲁威（IX 82 ff）还告诉我们，克泰西比乌斯是最早研究水钟构造原理的人之一。他认为克泰西比乌斯发明了一种恒水头水钟以及可以根据季节来调整小时长度——古人认为小时不是绝对的时间单位，而是对一个日照周期的分割——的各种装置（见图18）。

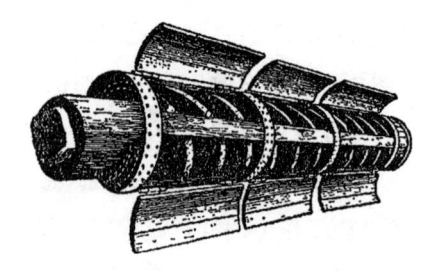

图 15　橡木制成的阿基米德螺旋，出自西班牙索蒂尔的一座矿山。

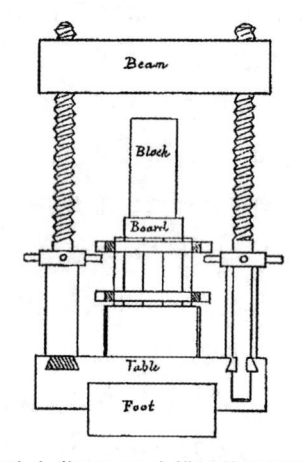

图 16　对希罗《论力学》III 19 中描述的双螺旋压力机的重构

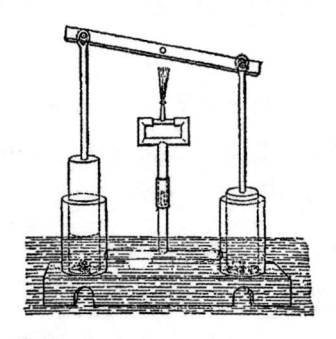

图 17　克泰西比乌斯的"火机"

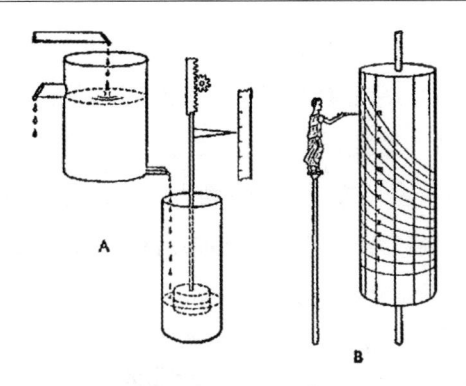

图 18　带有简单指针的恒水头水钟(A)和(B)，
　　　一种按照季节调整小时长度的方法。

我们刚才谈论的所有装置都是为某种实用目的而设计的，但还有许多小机械纯粹是为了娱乐而发明的。正如我们已经看到的，帕普斯和普罗克洛斯都把发明制造奇妙效果的装置看成力学的一个独立分支，这与之前那些力学文本所表达的观点相一致。比如在《气动力学》的导言中，希罗区分了"满足人类生活之亟需"的装置和"产生惊讶和奇迹"的装置。他对气动原理的许多应用都属于后一类。他描述了二十多种小机械，这些小机械由秘密的隔间、相互连接的管道和虹吸管所组成，能够产生奇特的效果——比如可以从中倒出两种不同液体的神奇角制酒杯，或者能在倒空时（从一个隐藏的蓄水池中）自行加满的神奇混合容器。其中几种小机械是专门用于宗教祭仪的。《气动力学》第一卷第十二章描述了其中一个这样的装置，它利用了加热时的空气膨胀。在这个装置中，当祭坛上点火时，站在中空祭坛上的人物会倾倒奠酒；火使祭坛内的空气膨胀，排出祭坛基座内的液体，使之沿着隐藏在人物体内的导管流上来,仿佛由祭坛上的人物倾倒出来(图19)。还有一种更加雄心勃勃的装置(《气动力学》第一卷第三十八章),当火点燃时,庙门可以自动打开和关闭,动力同样是空气的膨胀和收缩(图20)。还有一些装置使用蒸汽动力。例如,亚里士多德曾对此作过评论,他观察到:"当液体转变成蒸汽和水蒸气时,装有物质的容器因空间不足而爆裂(《论天》305b 14 ff)。"这些小机械中最著

图 19　祭坛上的火产生奠酒

图 20　祭坛上的火自动打开庙门

名的是希罗《气动力学》第二卷第十一章所描述的玩具。这里,一个附有弯曲导管的空心球围绕架在一口大锅上的枢轴旋转,锅中的水被加热以产生蒸汽(图 21)。①

图 21 靠蒸汽旋转的希罗的球

最后,所有玩具中最精致的是"自动剧场",希罗在同名论著中作了描述:一个小舞台映入眼帘,一场木偶剧正在上演,例如展现一家造船厂的工作,然后舞台退场——所有这一切都是自动的。德拉赫曼(A. G. Drachmann)将其机制描述如下:

驱动力来自装满粟米或芥子的容器中的一个重物;芥子从一个窄洞中流出,重物以确定的速度下降。用绳子将重物悬挂在一根轴上,从而转动这根轴。所有运动都通过绳子来自这根轴。木偶或其他任何东西都是由一根绕在筒上的绳子

---

① 它有时被相当误导地称为希罗的"蒸汽涡轮机"。这种运动当然是旋转的,但希罗所描述的是一种玩具,而不是一利用蒸汽动力的实用装置(见下文)。

转动的；若想把木偶转回来，要把这根绳子绕过筒上的一根销钉从相反方向绕回来。要使木偶移动、停止、再移动，两个线圈之间有一段松弛的绳子……木偶手臂的移动，例如锤击，是由作用于杠杆短端轮子上的钉子产生的。[①]

研究古代力学作者的文本时，给我们留下深刻印象的主要有三点：首先，他们独创性地对有限数量的简单力学原理作了新的应用；其次，他们对这些原理本身以及整个力学的理论方面表现出了兴趣；第三，他们意识到并且区分了这些研究的两种目标或理由，即服务于实用目的，以及娱乐或引人惊奇。虽然古代作者认识到有可能将力学应用于实际需要，但令人惊讶的是，这并未带来更为丰硕的成果。从大约公元前500年到公元500年，技术远非人们有时认为的那样停滞不前。正如莫里茨（L. A. Moritz）对碾磨技术的研究所表明的，不仅在军事技术方面，而且在农业和食品技术方面也取得了相当大的进展。除了螺旋压力机，在这一时期发明的机械装置还有复合滑轮、齿轮、吸气泵和水磨，等等。尽管如此，列出的这类装置并不多，我们必须研究为什么会这样，特别是，古人为什么会迟于利用甚至完全未能利用他们所知道的力学原理。

这个一般问题只能通过一些具体例子来解决。人们经常提到的一个例子是未能利用蒸汽的力量。正如我们已经提到的，希罗描述了一个从附于其上的弯曲导管中逸出的蒸汽使之旋转的球。

[①] 载于 The Mechanical Technology of Greek and Roman Antiquity, Copenhagen, Munksgaard, 1963, p. 197.

然而，如果像有时那样宣称蒸汽机的所有要素已经潜在地存在于这个玩具中，那是荒谬的。对蒸汽的利用在部分程度上取决于能否精确铸造大的金属气缸，以及能否使活塞与气缸之间的间隙足够小，以防蒸汽随着压力的累积而逸出，还取决于能否设计出一种将直线运动转化为旋转运动的有效方法。为了制造一台高效的蒸汽机，需要解决许多困难问题。经过漫长而复杂的发展过程，人们才最终在18世纪末制造出功率超过10马力的蒸汽机。

一个更加有趣和重要的例子是水车渐渐被用作一种动力来源。从公元前1世纪开始，一些作者提到了这一点，特别是维特鲁威（Ⅹ5 2）有一个简要的描述（图22）。然而，水车似乎在很长时间之后才被普遍用作动力来源。我们几乎没有明确的考古学证据来证明古代水车的存在，也不能证明公元2世纪之前有任何水车存在。像阿尔勒附近巴贝加尔的一组16个水车那样系统地利用水力，似乎要等到更晚的时候：巴贝加尔的磨坊在公元3世纪中叶被首次使用，到了公元4世纪末，给磨坊供水成了立法和诉讼的主题。不过，这些进展来得非常缓慢。

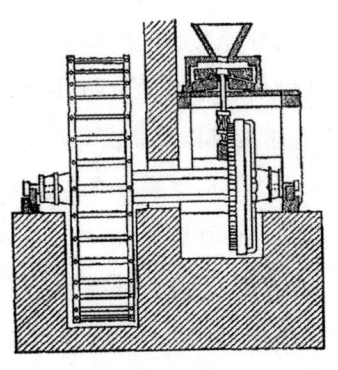

图22 维特鲁威描述的罗马水磨

107 人们经常提到的影响水车传播的一个障碍是,古代文明世界的许多地方缺乏良好的供水。理想的供水是一条终年不断的湍急溪流。虽然这在阿尔卑斯山以北很常见,但在希腊、意大利和小亚细亚却很少见。即便如此,也可以通过渡槽为水车供水来解决这个问题——事实上,业已发掘的所有主要古代水车都是这样得到供水的。此外,这个问题还可以用另一种方式来解决,即把水车建在一个固定在河中的浮式平台上,这个解决方案在古代晚期也已经为人所知。比如普罗柯比(Procopius,《论哥特战争》[*On the Gothic War*], I 19, 19 ff)就描述了这样一个建在台伯河上的浮式水磨,由贝利撒留(Belisarius)于公元537年围攻罗马期间建造。

供水问题显然不是解释水车传播缓慢的唯一需要考虑的因素。人们常常认为,解决这个问题的关键——也是解决古代技术整体落后的关键——在于奴隶制度。据说只要奴隶很容易得到,就没有动力去人为设计任何形式的动力源或节省劳力的技术。这
108 当然不无道理,比如从公元3世纪开始对水车的最终利用,很可能要部分归因于罗马帝国后来遭受的日益严重的人力短缺。然而,奴隶制的重要性不应过分夸大。古代奴隶主至少有两个很好的理由希望尽可能地减少对奴隶劳动的依赖,因为养活奴隶需要一笔不小的开支,而且奴隶可能难以控制。

我们不妨对比一下水车的缓慢传播与之前庞贝式磨坊更快的开发利用。庞培式磨坊是一种旋转磨坊,与早期磨坊相比,它有很大优势,可以使动物的力量——通常是驴子,但偶尔是马——得到利用。这种磨坊的设计相当简单(图23),制造成本也相当低廉。虽然手推石磨仍然是小户人家研磨谷物的常用工具,但在公元前

2世纪，这种磨坊似乎在地中海西部迅速建立起来。① 这里奴隶劳动显然没有阻碍对机械技术的利用。而水车则要复杂得多，建造成本也要高得多，尤其是如果必须通过渡槽将水输送到磨坊的话。水车需要大量的资金投入，而庞贝式的驴磨则不然。尽管统治者和普通公民在各种基建工程上耗资巨大，但古代世界很少有在制造业方面投入大量资金的例子。

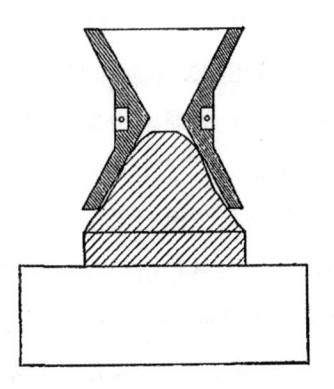

图 23　庞贝式磨坊

此外，如果说驴磨提供了一个成功引入新技术的例子，那么我们可以把水车的缓慢传播，以及未能探索把风用作动力源的可能性与之并列（尽管就帆船而言，风力是古人所熟悉的），即使水磨的工作部件相对容易由风力驱动。然而，除了希罗（《气动力学》I 109 43）简要提到用风来驱动水风琴的泵之外，没有任何证据表明古人注意到了利用风力的可能性。

---

① L. A. Moritz, *Grain-mills and Flour in Classical Antiquity*, Oxford, Clarendon Press, 1958 论述了不同类型磨坊的发展史。

由于各不相同的原因，在古代，无论蒸汽还是风都没有作为能源而得到有效利用，而水只是在我们所谈的这个时代末期才得到开发。希腊罗马技术所依赖的主要动力来源是人或动物的体能，这严重限制了机械操作的规模。木偶们做着造船、钉钉子、锯木头等动作的希罗的"自动剧场"表明，自动化概念在古代世界并不陌生。然而，尽管木偶剧场可以用重物的能量来驱动，却无法将这种想法完全转变为现实，无论希罗还是任何其他人都未尝试这样做。例如，维特鲁威著作中描述的复杂起重机是由奴隶操作的踏车来驱动的（见图24），庞贝式谷磨通常由驴子驱动。此外，对动物能量的有效利用在一个方面受到了阻碍，即古人从未设计出使马匹能被有效地用于牵引的马具。他们用在马身上的挽具基本上与用在牛身上的挽具相同。这虽然很适合牛（主要的牵引动物），却非常不适合把马用于类似的目的，因为一旦用力拉马，马的胸带就容易上滑勒住喉咙，使气管难以呼吸，从而大大降低了马的效力。①

普鲁塔克等作者对机械技艺的蔑视仅仅是阻碍古代技术发展的若干因素之一。我们不应低估整个古代技术在技术知识传播等方面的保守倾向。学徒被教导要尽可能精确地模仿现有的方法。即使是在技术确实发生了变化的谷物研磨等领域，通常情况下技术也会长时间保持不变。廉价劳动力的供应无疑也是一个重要因

---

① 对古代马具的经典研究是 R. J. E. C. Lefebvre des Noëttes, *L'attelage et le cheval de selle à travers lesâges*, Paris, Picard, 1931, 但根据 P. Vigneron, *Le cheval dans l'antiquité gréco-romaine*, 2 vols, Nancy, Faculte des Lettres de l'Université de Nancy, 1968, 其中一些结论必须有所保留。E. M. Jope, *A History of Technology*, ed. C. Singer and others, Oxford, Clarendon Press, 1956, vol 2, ch 15 作了简要讨论。

素。此外，技术在某些领域的相对成功表明，除了我所提到的那些因素，还需要考虑第四个因素。正如提到火炮的斐洛文本所显示的（见上文），当统治者的权力或威望岌岌可危时，技术并不缺乏激励。但反过来在很大程度上也是正确的：在不涉及富人利益的地方，技术往往被忽视。例如，在精细金属加工方面大量使用的技术与在整个古代持续使用的相对粗糙的金属提取法之间形成了鲜明对照。在纺织品和陶器的生产方面也有非常精美的作品问世，但几乎没有注意如何解决大规模生产的问题。简而言之，只要有可能，古人就会把他们的手艺变成艺术品：除了少数例外，他们并未试图把它们变成工业品。

图 24　公元 100 年左右一座罗马坟墓纪念浮雕的一部分，显示在建造纪念碑的过程中用一台踏车来操作起重机。

权力、荣誉和地位是古代世界最强大的动力。这并不是说利益动机不存在。恰恰相反，财富显然被积极地追求——不论维特鲁威如何否认这是他研究这门技艺的动机。但作为财富的来源和表现形式，土地是理想之物。如果一个人通过商业或制造业等其他渠道发了财，他的盈余往往会被用来购买地产，而不是作为资本再投资于原来的商业。事实上，财富往往被当作达到目的的一种手段——进入有产贵族阶层的一种手段——而不是目的本身。

　　在少数技术领域，工程师可以依靠强大的个人或国家的支持。"建筑师"有一种公认（尽管受到一定限制）的地位。但在这些领域之外，力学家不得不依靠自己的资源。他也许会表示愿意服务于实际的目的——事实上，正如我们所看到的，许多人都这样做了。但系统地利用力学概念来达到这些目的的想法是普遍缺乏的。和其他自然科学家的研究一样，力学家的研究既是为了满足自己对知识的渴望——即理解这一现象——也是为了任何其他动机。好奇心和独创性都不缺乏，但物质进步在社会价值观中未受重视，应用力学在实现物质进步方面的潜力基本上未被开发。

第八章 托勒密

到目前为止,我们主要关注的是公元前 3、前 2 世纪,在这一时期,希腊科学思想的几乎每一个分支都极富成果。在接下来的两个世纪里,重要的原创性作品要少得多。然而在公元 2 世纪,在许多方面代表着古代科学顶峰的两个重要人物使我们有机会评价古代科学在相关领域的成就。他们是托勒密和盖伦,其中一位主要是天文学家,另一位主要是生物学家。他们的工作极为成功,这在很大程度上导致我们难以重构被他们超越的一些早期科学家的贡献。

自中世纪以来,托勒密的《天文学大成》(Mathematical Composition)一般以它的阿拉伯名字《至大论》(Almagest)[①]来称呼,这是从古代流传至今的最全面的天文学论著。虽然我们只能从某些片段或者最多从一些次要著作中了解到欧多克索、阿里斯塔克、阿波罗尼奥斯和希帕克斯的天文学工作,但托勒密的整部《天文学大成》和其他著作,包括几部关于天文学主题的著作(比如《行星假说》[The Hypotheses of the Planets]和被称为《占星四书》[Tetrabiblos]的占星学著作)、《地理学》(Geography)以及音

---

① 这是在希腊语形容词最高级 megistē[最伟大的]前面加上冠词 Al 而形成的一种讹误。

乐和光学方面的著作，都流传了下来。

关于托勒密本人，我们知之甚少。《至大论》中提到他"在亚历山大里亚附近"所做的天文观测表明他生活在埃及，几乎可以肯定就在亚历山大里亚，这也使我们能够确定其主要天文学工作的大致年份。他本人最早的观测是在公元127年，[①]并且至少持续到公元141年。

托勒密非常了解前人，曾广泛利用他们的成果，并且经常表达对希帕克斯的钦佩。他在《至大论》的开篇写道：

> 我们将尽可能简洁地记录到目前为止我们认为所发现的任何东西。……为了不使本书篇幅太长，我们只记述古人究竟研究了什么，但我们应当尽可能完善那些没有得到完全理解或很好理解的东西。

托勒密称自己"[对知识]做出了从他们到现在所允许做出的贡献"。但托勒密在这里的谦逊不应使我们误以为他只是一个折中主义者。除了在观测天文学方面的成就——例如，他的星表虽然在很大程度上依赖于希帕克斯的工作，但对天体的描述比之前的任何描述都更全面[②]——他还在月亮和行星运动理论方面做了

[①] 托勒密把这一年称为哈德良（Hadrian）第11年，或者纳波那撒（Nabonassar）第874年，他统治的第一年（公元前747年）乃是托勒密年份计算系统的基线。

[②] 其中包括1028颗星星，根据 C. H. F. Peters 和 E. B. Knobel 在 *Ptolemy's Catalogue of Stars*, Carnegie Institution of Washington, 1915 中对公元100年所作的计算，经度的平均误差约为 $51'$，纬度的平均误差约为 $26'$。

第八章 托勒密

几项创新。

托勒密在该书开篇就描述了天文学的目的。他提到了亚里士多德对理论研究与实践研究的区分，并将理论研究细分成三个部分：神学，即对（被认为不可见和不变的）神的研究；"物理学"，指对月下区变化世界的研究；以及"数学"，特别是包括理论天文学。但托勒密说，神学和物理学都是猜想性的事物，而不是科学理解的事物，之所以如此，神学是因为完全模糊不清，物理学则因为所处理的事物是不稳定的。只有"数学"能够产生不可改变的知识，它通过无可争议的算术证明和几何学证明来进行。本书的目的不仅是为了获得知识，而且也是为了欣赏天体的美和秩序，事实上，托勒密声称天文学改善了人的品格：

> 在所有研究中，关于行动和品格中的高贵性，这门科学最能让人看得清楚：从与神相关的恒常、秩序、对称和宁静中，它使其追随者热爱这种神圣的美，改变自己的天性，仿佛习惯于一种灵性状态。（第一卷第一章）

托勒密进而表述并证明了他的天文学体系所基于的基本物理学论题，比如天是球形，地是球形，地球静止于宇宙中心，等等。亚里士多德学说的影响再次显示出来。在提出第一卷第三章和第四章的前两个论题时，托勒密使用了类型完全不同的论证。比如为了证明天是球形，他不仅提到了观测到的天极附近恒星的圆周运动的证据，还提到了诸如天由以太构成这样的物理因素：以太是最同质的元素，由于同质物体的表面本身也是同质的，而最同质的立体形是球形,因此可以认为以太是球形的。

第五章通过驳斥所有其他可能的位置来确定地球位于宇宙的中心。他最有说服力的论证是,如果地球不在中心,地平面将不会平分恒星天球——而事实上,天赤道和黄道都被地平线所平分。当哥白尼重新恢复日心说时,这一点的确给他带来了困难,尽管他通过诉诸托勒密本人已经预料到的考虑来面对这个困难。首先,托勒密清楚地知道,即使按照地心说,观察者在地球表面的位置和宇宙中心也并不完全一致。其次,哥白尼认为,虽然如果地球距离天球中心极为遥远——也就是相对于天球本身的尺寸极为遥远——天球将不被地平线所平分,但由此得出的正确结论并非地球中心与宇宙中心相一致,而是天球与地球相比极为巨大。托勒密本人在第一卷第六章支持这一论点,并认为地球与天球相比就如同一个小点。

接着,托勒密在第七章转向了地球是运动还是静止的问题,这一章为我们提供了古代用来驳斥地球作任何运动的论证的主要来源,其中一些论证我们前面已经提到过。首先,他重复了亚里士多德的主要论证,即重物必须时时处处朝同一方向运动,它们沿着引向宇宙中心(正如托勒密所说,它与地球中心是一致的)的直线移动。"因此至少在我看来,"他写道,

> 一旦从现象本身当中可以清楚地看出一个事实,即地球处于宇宙的中间位置并且所有重物都朝着它移动,那么寻找向中心运动的原因就是多余的。

与落到地面上的重物相比,地球相当巨大,而且也不受前者的

第八章 托勒密

影响。此外，如果地球作任何自然运动，那么按照亚里士多德的动力学原理，它的速度将与重量成正比，因此地球早已把它附近的所有物体抛在后面：

> 如果[地球]也作一个与其他重物一样的共同运动，那么它显然会在下落时领先一切物体，因为它的尺寸要大得多；动物和所有分离的重物都会悬在空中，地球很快就会完全脱离这个宇宙本身。但我们只能认为这种看法是完全荒谬的。

随后，托勒密思考并再次反驳了地球绕轴自转的假说，其主要理由是，那样一来运动速度必须非常之快。不过他指出："就与星辰有关的现象而言，也许没有什么能够阻止事物与[这种]更简单的理论相一致。"但他又说：

> 然而，从地球上和我们周围的空气中发生的事情来判断，这种想法是完全荒谬的……[这种观点的拥护者]将不得不承认，地球的旋转将是地球周围所有简单运动中最剧烈的……我们不会看到云的东移，也不会看到有任何其他东西飞起来或者被抛出，因为地球总是领先于它们，阻止其向东移动，因此其他一切事物似乎都会被甩在后面，向西退行。

他承认，那些坚持地球绕轴自转的人有一种辩护思路，即空气也随着地球旋转。但对此他回答说，在空中移动的物体似乎仍会被甩在后面。还有一种观点认为，物体本身可以随着空气和地球而旋转,因为它附着在空气中,对此托勒密评论说,这将使物体在空气中的相对位置不可能发生任何变化。它们"似乎永远不会往前走或者被甩在后面。……无论是飞行还是被甩在后面,它们都不会偏离原路,也不会改变自己的位置,尽管我们清楚地看到所有这些事情正在发生,就好像地球的运动没有使之变快或变慢似的"。

接着,在这个重要的问题上,托勒密大量利用了亚里士多德的物理学说,但他相信这些是有观察证据支持的。他反复提到观察到的下落物体、炮弹等穿过空中的物体的行为或"现象"。事实上,要想发现地球自转的影响,需要拥有比托勒密所能获得的更为精确的仪器。如果只是粗略地观察地球附近物体的运动,是没有理由怀疑地球静止的,大量数据似乎也指向这个结论。托勒密并没有考虑日心说本身,在他看来,日心说不仅会遭到他在驳斥地球在空间中运动时所提出的物理学论证的反驳,而且会遭到他在第五章驳斥把地球从天球中心移出时所提出的天文学论证的反驳。

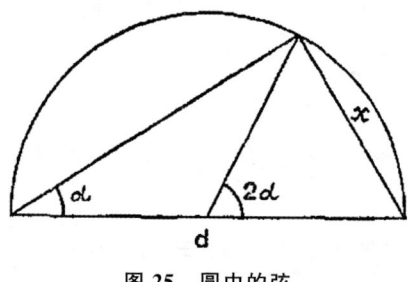

图 25 圆中的弦

最后,在第一卷的预备材料中,他阐述了弦表以及《至大论》其

第八章 托勒密

余部分将会用到的基本三角学命题。① 弦表的作用与正弦表或余弦表相同。我们所说的正弦和余弦,希腊人指的是圆弧所夹的弦:弦被表示为圆的直径的若干个 $\frac{1}{120}$,但随着六十进制分数的使用,它在数值上相当于除以 2;因此,我们的 sinα 等同于希腊的 $\frac{1}{2}$ 弦 2α。② 第一卷第十一章中的弦表是借助于所谓的"托勒密定理"编制的,它给出了直到 180°的每半度的弦值,使得给定弦 α 和弦 β,就能找到弦(α-β)。

和前人一样,托勒密也认为天文学家的主要任务是通过均匀圆周运动的组合来解释天体的视不规则运动,从而"拯救现象"。一般来说,他以阿波罗尼奥斯-希帕克斯的本轮和偏心圆模型为出发点。例如,他的太阳理论显然在仿效希帕克斯。托勒密在第三卷表明,要想解释在季节的不均等性中看出的太阳运动的不规则性,既可以假设太阳在一个圆心偏离地球的圆上运转,又可以假设太阳在本轮上运转。他证明这两个假设是等价的(这也许可以追溯到阿波罗尼奥斯,见上文),而且明确表示更喜欢偏心圆模型,因为它更简单,预设了一种运动而不是两种运动。

然而,在关于月亮和行星的论述中,托勒密对天文学理论作了几处重要修正。在第五卷,也就是讨论月亮的三卷中的第二卷,他

---

① 现存托勒密之前最重要的希腊三角学文献是以阿拉伯版本保存的亚历山大里亚的梅内劳斯(Menelaus of Alexandria,公元 1 世纪末)的《球面几何》(*Sphaerica*)。但托勒密这里同样主要得益于希帕克斯。希帕克斯似乎是第一个编制弦表的人,据说他曾写过一部十二卷的著作《论圆中的弦》(*On Chords in a Circle*)。

② 在图 25 中,d sinα＝x＝(在希腊三角学中)$\frac{d}{2}$ 弦 2α。

先是描述了如何用浑天仪——这种观测工具不能与菲洛波诺斯等人描述的平面星盘相混淆——来测定月亮的位置。浑天仪是托勒密使用的最为重要和复杂的仪器(见图26),它有一个巨大优势,那就是一旦该仪器位于一个已知的固定点(太阳、月亮或恒星)上,它就能直接确定天体的黄道坐标(黄经和黄纬),而不是通过观测天体相对于天顶和地平线的位置而进行复杂的计算。虽然这种仪器的某种形制很可能早于托勒密,但他告诉我们,他制造了自己的浑天仪,用它来观测月亮,并且揭示了月亮的实际位置与主要基于对食的观测数据的流行理论预言之间的某些差异。

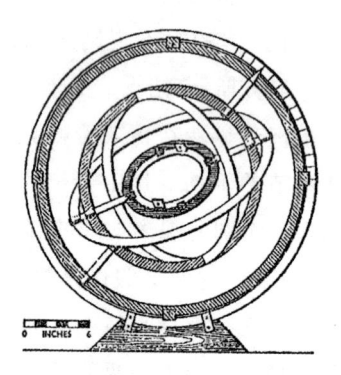

图 26　浑天仪

[他在第五卷第二章写道,]用这种方式进行观测……,我们发现月亮相对于太阳的距离与我们根据前述假设所作的计算有时符合,有时不符合,有时相差一点,有时相差很大。

"但是,"托勒密继续说,"做了越来越完整和细致的考察之后",我们发现当月亮处于合点和满月时,几乎没有或根本没有差异；而当月亮处于上弦或下弦，并且位于本轮上远地点与近地点（即距离地球最远和最近的点）的中间时，观测结果与预言结果之间的差异很大（见图 27）。

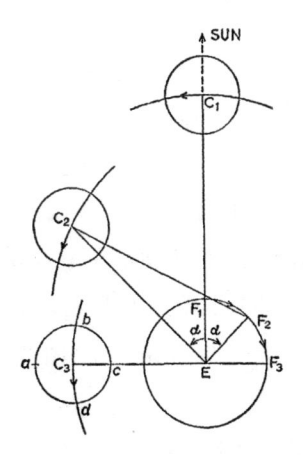

图 27 用来解释月亮第二种不规则性的托勒密模型。月亮的本轮中心 C 围绕中心 F 旋转，而 F 本身描出一个围绕地球 E 的圆。F 围绕 E 旋转的角速度与 C 围绕 F 旋转的角速度大小相等、方向相反。

在（1）处，该模型等价于简单的本轮模型。而在（3）处，当月亮位于本轮上的远地点或近地点（即位于 a 点或 c 点）时，就月亮与太阳的角距离而言，该模型再次等价于一个简单的本轮模型。但在（3）处，当月亮位于 b 点或 d 点，即位于本轮上远地点与近地点的中间时，新模型的作用是增加本轮的视直径。

托勒密处理这个问题的方式与本轮模型处理天体真的或平的圆形路径变化的方式完全一致。假设月亮在一个本轮上旋转，而本轮又围绕一个均轮旋转，他认为这个均轮的中心并不（像通常认为的那样）是地球本身，而是围绕一个以地球为中心的小圆旋转的点。在图 27 中，本轮中心 C 与均轮中心即移动的点 F 有固定的距离,而点 F 围绕地球 E 的旋转与本轮中心围绕 F 的旋转方向相反。当月亮处于合点或对点(太阳、月亮和地球排成一条直线)时,新模型与旧模型相符。但可以用新模型来解释月亮处于上弦和下弦时所观察到的差异。

122　然而,在把第一项修正引入月亮理论之后,托勒密又提出了第二项修正——"方位"学说。这与月亮在其本轮上的角距离有关。在本轮理论中,天体在其本轮上的角距离通常是由本轮中心与其规则旋转的中心(就月亮而言是地球)连线上的直径来测量的。但是运用希帕克斯的观测记录,托勒密在第六卷第五章得出结论说,月亮的角距离必须从位于本轮中心与和均轮中心 F 直径相对的移动点 N 的连线上的另一点 H 来测量(图 28)。

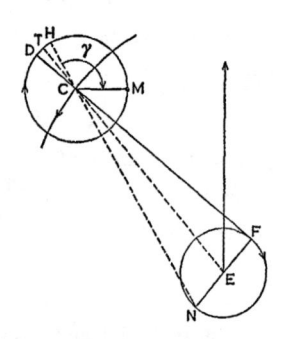

图 28　"方位学说"(根据诺伊格鲍尔的著作)。对月亮 M 在其本轮上的角距离(γ)不是从 D(位于中心 C 与 F 的连线上),也不是从"真"远地点 T,而是从一个可变的点 H("平"远地点)来测量的,它位于本轮中心 C 与和均轮中心 F 直径相对的点 N 的连线上。

123　我们已经看到,对于行星,希帕克斯未能得出令人满意的一般理论，而托勒密则为最初的本轮模型引入了类似的修正。简而言之，托勒密关于除水星以外所有行星的运动理论大体上是相同的。行星（图 29 中的 P）被想象为在一个本轮上运转，本轮的中心则围绕一个均轮运转。均轮的中心 F 是固定的，但与地球并不重合，也就是说，均轮是一个偏心圆。此外，本轮的中心并非相对于均轮自己的中心 F 匀速运转，也不是相对于地球 E 匀速运转，而是相对于直线 EFA 上的点 D（后来被称为"偏心匀速点"）匀速运转，其中 DF=FE。线 DH 以均匀的角速度围绕 D 运转，行星在其本轮上的运动也是由这条线测量的。因此，行星的经度取决于这两个变量（图中的 α 和 γ）。本轮的旋转方向与均轮相同，由此产生了逆行现象（见上文，图 9）：当行星位于本轮上的远地点（在本轮上距离地球最远）附近时，行星有最大的东向视速度，当行星位于本轮上的近地点附近时，则会出现逆行。

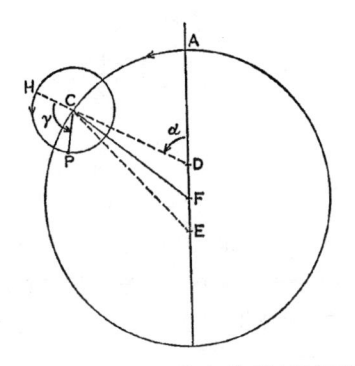

图 29 除水星以外的行星的托勒密模型（根据诺伊格鲍尔的著作）。行星 P 在一个中心为 C 的本轮上运转。C 则围绕一个中心为 F 的偏心圆运转，但运动不是相对于 F，而是相对于 D（"偏心匀速点"）是均匀的——角 α 均匀增加。偏心匀速点是从地球 E 到偏心圆中心 F 的连线上的一个点，使得 EF=FD。

对于水星来说，理论要更加复杂。同样，行星（图 30 中的 P）在本轮上运转，但是现在，本轮中心沿这样一个圆运转，其中心 G 不仅对于地球 E 是偏心的，而且它本身还围绕一个中心为 F 的圆运转，F 位于直线 EDF 上，其中 ED=DF。G 围绕 F 旋转的速度与相对于偏心匀速点 D 测量的均轮上的本轮中心的旋转速度相同，但方向相反。在图中，角 GFA 总是等于角 FDC。因此，均轮旋转一周有一个远地点（当 AGFDE 是一条直线时），但有两个近地点（当角 GFA 约为 120°时）。

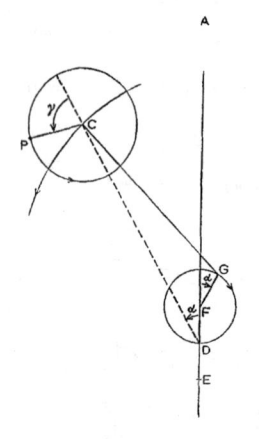

图 30 托勒密的水星模型（根据诺伊格鲍尔的著作）。行星 P 在一个本轮上运转，其中心 C 则围绕一个中心 G 可移动的偏心圆运转。G 围绕中心为 F 的圆的旋转速度与相对于 D 测量的均轮上的 C 的旋转速度相同，但方向相反。

整个体系是地心的。但对于每颗行星来说，支配其位置的两种主要运动之一与太阳有关。就三颗外行星（土星、木星、火星）而言，行星与其本轮中心的连线始终平行于地球与太阳的连线，而对于两颗内行星(金星、水星),本轮中心被认为位于那条线上(见图31)。于是,从日心说的观点来看我们可以说,对于三颗外行星,本轮代表地球围绕太阳的周年运转,均轮则对应于行星本身围绕太阳的运转。而对于金星和水星来说,情况则正好相反:本轮对应于行星围绕太阳的运转,均轮对应于地球围绕太阳的周年运转。

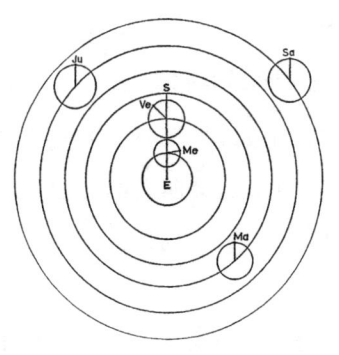

图31 对托勒密体系中行星与太阳之间关系的简化表示(忽略偏心率和偏心匀速点,不按比例)。金星(Ve)和水星(Me)的本轮中心位于地球E与太阳S的连线上。对于外行星,土星(Sa)、木星(Ju)和火星(Ma),行星与其本轮中心的连线平行于ES。

在第九卷第五章和第六章阐述了其理论的主要内容之后,托勒密在该书其余部分以及接下来四章依次对每一颗行星作了系统论述。基于他所引用的观测结果,他对于每颗行星都确定了(1)行星本轮的大小,(2)行星的偏心率(两者都被表示为均轮半径的比例),(3)可以计算出行星经度位置的星表,[1]以及(4)每颗行星逆

---

[1] 他先是在第九卷第三章列出了每颗行星的周期回归(即均轮和本轮的旋转周期),然后在第十一卷第十章和第十二章解释了如何根据他在第十一卷第十一章所给出的星表来计算行星的经度。行星的纬度运动则在第十三卷单独讨论。

行的量和持续时间。

126　　托勒密的月亮和行星理论可以完全确定它们的运动。然而，整个理论会受到两种主要类型的批评。首先，可以反驳说，当一个圆周运动被认为相对于自己中心以外的某一点是均匀的时候，比如在"偏心匀速点"理论中，这就等于违反了那条基本原则，即天体的运动应当用匀速圆周运动的组合来解释。事实上，哥白尼对托勒密月亮理论的批评既是基于这一点，也是基于"方位"学说是不合常规的。比如在《天球运行论》(*De Revolutionibus Orbium Coelestium*, 1543) 的第四卷第二章，哥白尼指出，偏心圆上的本轮运动是不均匀的，并且问道：

> 但如果是这样，我们应当怎样回应以下这条公理，即"天体的运动是均匀的，只不过看起来似乎是不均匀的罢了"呢？看起来均匀的本轮运动实际上是不均匀的，这难道不是恰好与业已假定的原则相抵触吗？

关于"方位"，他又说，"月球在其自身本轮上的运动也是不均匀的。如果试图通过不均匀运动来确证视不均匀性，我们推理的实质也就很清楚了"。

其次，月亮和行星理论都忽略了某些数据。最引人注目的例子是托勒密为月亮圆轨道的尺寸所指定的值。正如我们已经看到的，它的轨道由三个圆周运动组合而成。但托勒密给出的这些圆的半径值有一个推论与观测结果有明显的直接冲突。根据他的说法,月亮与地球的距离变化多达 34 比 65,或者近乎 1 比 2。因为对于小的角度来说,正切几乎与角度成正比,这意味着近地点月亮的视直径应为远地点视直径的大约两倍。但事实显然并非如此。此外,托勒密非常清楚一点:他在第五卷第十四章相当准确地估算了月亮距离地球最远时的直径,即 $31'20''$,帕普斯引用的他所给出的月亮距离地球最近时的直径为 $35'20''$。但在阐述关于月亮运动的学说时,托勒密对此未置一词。

不过,这其中的原因是非常清楚的,它有助于我们理解托勒密在《至大论》中的目标和假设。他的直接目的是构建一个模型来解释月亮的经纬运动,并使其位置可以预测。在这方面,他并不想尝试给出一个物理模型来解释月亮运动的实际原因。就前一目的而言,他的模型是足够精确的,但若将其当作一种物理解释,它将与事实明显冲突。

托勒密忽略了这个困难,尽管在其他地方,物理因素是其天文学的一个决定性因素。我们已经看到,他拒绝接受地球自转学说主要是出于物理原因,尽管"就与星辰有关的现象而言,也许没有什么能够阻止事物与[这种]更简单的理论相一致"(见上文)。《至大论》中的天文学体系牢固地建立在某些物理假设(大多是亚里士多德主义学说)的框架内,他并不准备放弃这些假设,尽管这样做会使他的计算更为简洁。《行星假说》(*The Hypotheses of the Planets*)同样表明,他希望得到一种物理解释。在这本书中,支配天体运动的圆被设想成若干球带,不过在描述天体运动的原因时,他拒绝了亚里士多德描述的相互作用的球体,而回到了生机论的观点:"我们不得不认为,在天体中,每颗行星都拥有一种自身的生命力,它自己运动,并将运动传递给与之自然统一的天体。"①然而,尽管他的最终目标无疑是提出一种在数学上精确且在物理上真实的解释,但在《至大论》中,他集中于前一目标,即提供一个可以计算出太阳、月亮和行星运动的几何模型。

当托勒密在第十三卷第二章试图解决行星轨道偏离黄道所引出的问题时,简单性概念在其思想中扮演的角色再次出现:

> 考虑到我们所能利用的工具的不足,不要认为这些假说令人烦恼。因为将人的事物与神的事物相比较是不合适的,从与之大相径庭的例子中导出关于这些伟大事物的论点也是不恰当的。……但我们应当尽可能地尝试用那些较为简单的假说与天界的运动相协调,如果未能奏效,就使用任何可能的假说。因为一旦所有现象都因为假说而得到拯救,为何还会对天体运动中出现这样的复杂状况感到奇怪呢?……事实上,我们不应从那些在我们看来简单的事物去判断天界事物是否简单,因为即使对我们来说,同一个事物对每个人来说也不是一样的。……我们反倒应当从天界的自然物质及其运动的不变性来判断它们是否简单。因为这样一来,一切都会显得简单,甚至比在我们看来简单的事物还要简单,因为不可想象它们的旋转会有任何费力或困难。

---

① 第二卷第七章。这本书现在只有一个译自希腊文原文的阿拉伯文译本流传下来。我的英译文出自 Sambursky, *The Physical World of Late Antiquity*, London, Routledge and Kegan Paul, 1962, p. 144。

由此可以看出,简单性概念在以两种截然不同的方式起作用。一方面,托勒密以此为标准来衡量他对某种模型的偏好。另一方面,他认识到现象以及用来"拯救"现象的工具的复杂性,认为我们从月下世界的经验中得到的简单性概念是不足和不恰当的。天体是不变的,不论在我们看来是什么样子,它们的运动都是简单的,这是不言自明的。

但必须强调,只是作为最后一招,托勒密才会诉诸亚里士多德关于神圣世界与月下世界的这种区分。尽管有其缺点——他承认仍有一些问题没有解决,而且一些工具是任意的——但《至大论》因其数学论证的严格性、数据的丰富以及结果的全面性而是一项非凡的成就。虽然对地心的放弃最终引向了一种新的综合的可能性,但是从托勒密到阿拉伯天文学家再到哥白尼,天文学理论有一种基本的连续性。正如诺伊格鲍尔在把《至大论》与10世纪初阿拉伯天文学家巴塔尼(Al-Battani)的《天文学著作》(*Opus astronomicum*)和哥白尼的《天球运行论》相比较时所说:"要想看出古代与中世纪天文学的内在连贯性,最好的方法莫过于[将这些书]并排放在一起。……一章接着一章,一个定理接着一个定理,一张表接着一张表,这些工作都是并行不悖的。第谷·布拉赫(Tycho Brahe)和开普勒打破了传统的魔咒。"[①]

除了《至大论》,托勒密的其他天文学著作中部头最大的是被称为《占星四书》(*Tetrabiblos*)的四卷本占星学论著。以前许多著

[①] O. Neugebauer, *The Exact Sciences in Antiquity* (second edition), Providence, R. I., Brown University Press, 1957, pp. 205 *f*.

名学者都拒不相信这本书就是《至大论》的那位作者写的。然而，我们没有理由怀疑其真实性。这两部作品的语言和风格，以及其中天文学理论的框架都是相同的，而且《占星四书》的导言和正文中都明确提到了《至大论》。当我们想到，古代和文艺复兴时期的其他许多天文学家，比如哥白尼、第谷·布拉赫、开普勒和牛顿，都对占星学感兴趣时，我们也不应感到惊讶。更有趣的是托勒密对这两种研究之间关系的看法。

"占星学"（astrologiā）一词既包括我们所谓的天文学，也包括我们应该称之为占星学的东西。和其他古代作者一样，托勒密也使用了"数学家"（mathēmatikos）一词来同时称呼天文学家和占星学家。但这并不是说他未能区分两者：前者分析天体的运行轨迹并尝试预言其运动，后者则试图确定天体对整个月下世界特别是对个人的影响。恰恰相反，《占星四书》第一卷的开头几章就明确做出了这种区分。此外，托勒密对前人占星学预言活动的许多特征都持怀疑态度。他断然拒绝接受他们占星学"占卜"的某些部分，比如他在第三卷中说："我们不应理会许多人缺乏任何合理性的不必要的糊涂想法，而应赞成首要的自然原因。"同样，他指出关于月下世界的预言必然是不确定和猜测性的，因为这些预言所涉及的主题本性不允许确定性，此时他又提出了一个更为基本的观点。然而，虽然他在这些方面显示出了某种谨慎，但他并未从总体上怀疑占星学占卜的可能性。除了一些不大可信的例子，他还引用了一些初步证据来证明天体对地球的影响，比如太阳对季节的影响和月亮对潮汐的影响。他相信预言是可能的，即使星辰很难解读。虽然他只作一般性的讨论，比如哪些天体是有益的，哪些是有害的，而不是试图亲自预言个人，但这种一般性拓展到四卷书的范围，旨在提供一个可以对个人进行占卜的框架。

我们必须再次注意，哪些研究能够自称是真正的知识分支，哪些不能，这在古代世界和现代世界都是一个有争议的问题。托勒密认为，基于对天体运动的观察，原则上可以对地界发生的事件作出一般性的预测。精确和确定的预测被排除在外。然而，其原因并不在于证据的本性，而在于月下物质本身的本性。和柏拉图一样，托勒密也认为在与物理对象有关的研究中不可能有确定性。出于同样的理由，他也不是宿命论者，因为他相信"较小的"原因会让位于"较大的"原因。正如他在第一卷第二章谈到占星学时所说："任何讨论物质性质的研究都是猜测性的。"然而，占星学是恰当的研究对象，他对此的辩护是，占星学旨在提供的知识能使人冷静而坚定地面对未来。

除了研究天体，托勒密还对地理学（他将其分为描述性研究——"地方地理学"，以及特别关注投影问题的理论性数学分支——严格意义上的地理学）、声学和音乐理论以及光学等各种学科感兴趣。他对光学的研究特别有启发性，因为这有助于揭示他的方法。我们的资料来源——一个12世纪阿拉伯文版托勒密著作的拉丁文译本——虽然与托勒密的文本本身隔了两步，但已经能使我们对托勒密研究的某些特征做出评价。

例如，在第三卷开头，托勒密阐述了光学的三条基本原理。这些原理是：(1)在镜中看到的物体，沿着落在物体上的视线在镜中反射的方向显现（视线被认为是从眼睛发出的）；(2)镜中的像见于从物体引向镜面的垂线的延长线上；(3)从眼睛到镜子以及从镜子到物体的反射视线的两个部分都包含反射点，并且与该点处镜子的垂线成相等的角。在图 32 中,这三条原理是:(1)B'位于 AO 的延长线上,(2)B'位于 BP 的延长线上,(3)角 TOA=角 TOB。

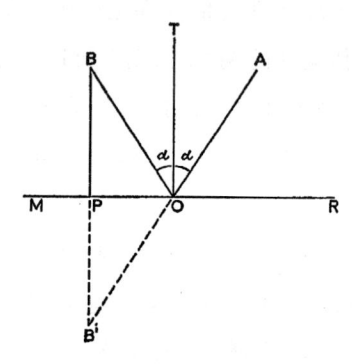

图 32　托勒密关于反射的基本原理。MR 是镜子,A 是眼睛,B 是物体,B' 是像,O 是视线落在镜子上的点,TO 和 BP 是镜子的垂线。

毫无疑问,这些原理的正确性早在托勒密之前就已经为人所知:他的贡献在于用实验来确证这些原理。比如为了确立第一条原理,他提出了一个实验,在镜面上标记出物体的像所由以显现的那些点,然后将其遮掩:"则物体的像肯定不再能看到。然而,当我们逐一移去这些点的覆盖并观察那些未被遮掩的点时,这些点和物体的像将共同见于引向视线顶点(即眼睛)的直线上。"接下来是进一步的检验,包括用测量来确证平面镜、凸面镜和凹面镜的入射角等于反射角。

托勒密在第五卷讨论折射时也采用了类似的方法。他先是指出,就像在反射中那样,在折射中,物体的像亦见于视线与从物体引向反射面或折射面的垂线之交点,他提到了一项至少可以追溯到阿基米德的检验,在这项检验中,将一枚硬币放入一个不透明的容器，使其位置恰好被容器口遮住，而当水被倒入容器时，它便显示在眼前。但他不仅陈述了折射的某些一般原理，还作了详细的研究，以测量在不同入射角的情况下和在不同介质中发生的折射量。比如在第七章及以下，他先是描述了他的仪器。为了测量角度，他使用一个圆盘，将它的每一个象限都像分度器一样分成90份。将此圆盘放入一盆清水，使水只覆盖圆盘的下半部分。将一个彩色标记置于水的上半个圆周的某一点（例如 10°），使标记、圆盘中心和眼睛成一直线。然后，沿着（水下）相对象限的圆周移动一根细小的杆，直到杆的末端看起来与彩色标记和圆盘中心成一条线（见图 33）。由此可以确定入射角[①]和折射角，托勒密认为入射角总是大于折射角，而且随着入射角的增大，折射量也会增大。[134]他详细阐述了他的结果：当入射角为 10°时，折射角约为 8°；当入射角为 20°时，折射角为 15.5°，以此类推，一直到入射角为 80°。

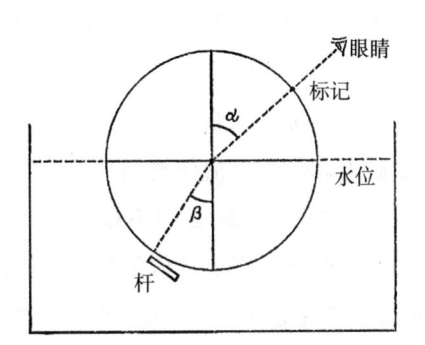

图 33 托勒密对空气与水之间折射的研究。圆盘的每一个象限都被划分为 90°刻度。α 为入射角，β 为折射角。

[①] 托勒密认为入射线是从眼睛发出的（而不是从物体发出的）视线。

在这段话的结尾,托勒密指出,"这就是我们发现水中折射量的方法",他又补充说,"我们没有发现不同疏密度的水之间有明显差别"。接着,他又对其他介质的折射作了类似的研究,比如从空气到玻璃,以及从水到玻璃。

托勒密对反射和折射的研究涉及审慎的系统性实验。有三点值得注意。首先,在这种情况下,实验比较容易进行。在这方面,比如初等光学与化学或动力学有显著不同。其次,实验明显有重复,且实验条件各不相同。因此,从刚才引用的话中似乎可以看出,在研究水的折射时,他用不同密度的水做了实验。第三,对其结果的分析表明,这些结果已经做过调整。它们被精确到半度以内。更重要的是,虽然他没有陈述一般的折射定律,但他显然认为折射角(r)与入射角(i)之间的关系是 $r=ai-bi^2$(其中 a 和 b 是常数,取决于特定的介质)。托勒密在陈述其结果时,显然已经纠正了它们,使之符合他的一般定律。也许可以说,他允许"实验错误",或者更确切地说,相比于特定的观察,他更相信一般的数学定律。在古代科学中,观察常常要服从理论。正如人们常说的那样,在天文学方面,希腊人总体上更信任他们卓越的数学方法,而不是更信任(考虑到他们使用的仪器)必然不精确的观测,这是完全正确的。但在光学中,我们也发现了类似的倾向。与此同时,托勒密对反射和折射的细致研究表明,他并没有贬低观察的作用。恰恰相反,他偏爱理论胜过了观察,这与他对观察的重要性的敏锐认识是相容的,事实上也是相伴随的。他对自己光学研究的详细描述表明,他作了大量观察来收集数据,即使这些数据随后按照他认为已经由此确立的理论悄悄得到了纠正。

第九章　盖伦

公元 2 世纪主导科学的第二个人物是帕加马的盖伦,关于他的生平,我们了解得比通常的古代科学家多得多。他的许多作品中都包含着有助于揭示其职业生涯和个性的轶事,特别是其中三部作品提供了他的生活信息:一本是《论预后》(*On Prognosis*),另外两本是短篇著作——《论他自己的书籍》(*On his own books*)和《论他自己书籍的次序》(*On the order of his own books*),在这两本书中,他列出了自己的论著并且对阅读次序提供了指导。

公元 129 年,盖伦出生于帕加马。父亲尼康(Nicon)是一位建筑师,亲自教他数学、语法、逻辑和哲学。但盖伦 16 岁那年,尼康受梦的指引让儿子也去学医。盖伦前往士麦那、科林斯和亚历山大里亚求学,并于 157 年回到帕加马,担任角斗士的外科医生长达四、五年。随后,他访问了罗马,开始在这个(用他自己的话说)不仅竞争激烈,而且腐败横行的行业建立自己的声誉。这次访问持续了三年,此时盖伦厌倦了同事们的嫉妒和背后中伤,听说帕加马的内乱已经结束,便回到了小亚细亚。然而,他回到帕加马之后不久便收到书信,召他去照料皇帝马可·奥勒留(Marcus Aurelius)和卢修斯·维鲁斯(Lucius Verus),当时(168 年)这两位皇帝正在策划一场针对日耳曼人的战役。盖伦在阿奎莱亚被介绍给军队,但是当瘟疫袭击军队时，皇帝及其直接随从动身去了罗马，盖伦不得不与受疾病煎熬的军队度过了一个悲惨的冬天。马库斯·奥勒留要盖伦陪他远征日耳曼，盖伦则恳请作为太子康茂德（Commodus）的医生留在了罗马。192年，盖伦的许多著作不幸付之一炬，因为存放这些著作的和平神庙被烧毁了。不过此时他已名声在外，在余下的职业生涯中，他继续享受着皇室的宠爱。他的去世年份尚不确定，通常认为是公元199年或200年，但证据并不充分。我们的一些证据表明，他生活在世纪之交的十年或更长时间之后。可以肯定的是，他一生致力于行医和写作，活得充实而成功。

虽然盖伦的主要工作是在生物学和医学领域，但他还以哲学家和语文学家而知名。在他看来，哲学训练不仅是对医生教育的有益补充，而且是必不可少的一部分。对此，他的《最好的医生也是哲学家》(That the best doctor is also a philosopher) 给出了三个主要原因，分别对应于哲学的三个主要分支即逻辑学、物理学和伦理学。首先，医生必须接受科学方法的训练。这里的重点不是对证据的评价，而是逻辑知识，提出证明以及区分有效论证与无效论证的能力。其次，哲学的任务是研究自然，生物学的整个理论方面——例如研究身体的构成要素和器官的功能——就属于这个范畴。第三，让医生研究哲学有一个令人惊讶的伦理上的理由。盖伦说，追求利益的动机与严肃地投身于这门技艺是不相容的。医生必须学会鄙视金钱。盖伦经常指责他的同事贪得无厌，他之所以贬低当医生的经济收益动机，正是为了捍卫医学，驳斥这种指控。正如维特鲁威对建筑所做的那样，盖伦也尽可能使医学与哲学这门最高——因为最没有私利——的研究相似。

在现存的著作中,盖伦的许多兴趣都没有得到充分体现。例如我们知道,他写了二十多部关于亚里士多德逻辑学论著的评注,但这些著作以及他的逻辑学、伦理学和语文学著作几乎都没有保存下来。即便如此,现存的论著在题材和风格上都存在极大差异。附有拉丁文翻译的 Kühn 版盖伦著作集长达近 2 万页,此外还必须加上其他仅以阿拉伯文译本流传下来的作品。它们涵盖了健康和疾病研究以及对人体本性的研究即"生理学"的每一个分支。有些是入门作品,比如题为《骨骼入门》(On Bones for Beginners)的解剖学基础课程。另一些致力于考察其他理论家的观点。对希波克拉底著作的评注是一个特例,因为对盖伦来说,他代表着医学智慧的宝库。盖伦意识到了"希波克拉底问题",但他相信,当时被归于希波克拉底的大多数作品都是真实的——或者说,即使这些作品是后来的作者创作的,它们也仍然包含着希波克拉底的真实教导。他认识到希波克拉底的知识中有一些空白,但其总体态度是对这位伟大前辈的权威性保持敬意。

但除了希波克拉底,其他医学家和哲学家也会被详细讨论。在他崇拜的作者中,柏拉图的地位仅次于希波克拉底本人,他还详细评注了亚里士多德、希罗菲洛斯,特别是埃拉西斯特拉托斯,以及阿斯克勒皮亚德斯(Asclepiades,公元前 1 世纪)和方法论派的创始人泰米森(Themison)和泰萨洛斯(Thessalus)等更晚近的医学理论家的著作。然而,和托勒密一样,认为盖伦仅仅是一个折中主义者是错误的。和亚里士多德一样,他引用前人的说法既是为了帮助表述问题,也是为了建立一套得到认同的医学观点,他常常通过反驳前人的看法来表达自己的看法。比如在一部重要的理论著作《论自然能力》(On the Natural Faculties)中,为了表达自己的看法,他以相当长的篇幅批评了埃拉西斯特拉托斯及其学派。

盖伦生理学的大部分内容都基于传统观念,比如包括火、气、水、土这四种基本元素的理论,每一种基本元素都由热、冷、湿、干这四种原初性质中的两种来刻画。他知道这是亚里士多德的学说,但把它追溯得更远,尤其是他声称,根据《论人的本性》(On the Nature of Man)中的证据,是希波克拉底首先定义了四种基本元素的性质。其他物质是由四种基本元素按照不同比例组成的复合物。他修改了亚里士多德的一种观点,区分了同质部分——比如肉、骨和血——和工具部分,比如脚和手。

到目前为止,盖伦基本上只是重述了在古代占主导地位的物理学理论。但重要的是要注意到他对这些问题的了解程度。比如他指出,基本元素在自然中很少以纯粹的状态存在。同样的说法也适用于原初性质,他承认,准确地定义热、冷、湿、干的含义非常困难。在《论混合物》(On Mixtures)的第一卷第五章,他严厉批评前人没有做到这一点。他自己则首先区分了固有的或先天的热和后天的热,或者区分本身(per se)热的东西和偶然(per accidens)热的东西。然后,在本身热的东西当中,他又区分了不同程度的热。首先是"绝对"热的东西,但只有基本元素是如此。然后是"显著"热或"相对"热的东西,也就是说,"相对"于它们的某个比较标准,比如对动物来说,这可能是同一物种的另一个成员或者其他动物。而在对药物及其效力的分析中(《论简单药物》[On Simples]),他把热的东西分为四等,从最温和的热(实际上感觉不到,但可以由理性推断出来)一直到最极端的热,即燃烧的热。

关于四种原初性质的学说是希腊生理学和生物学理论的基础，但它充满了问题、不确定性和不一致性。盖伦意识到了普遍存在的混乱，并试图使讨论变得更有条理。特别是，他的冷热等级理论代表着一种应用定量概念的尝试。这些概念没有得到系统的应用，在对热的测量没有任何客观标准的情况下，应用它们也没有任何用处。即使一个东西在现实中并不热，它也可能潜在地是热的：当它作用于其他东西或与其他东西相混合时，它可能会产生热的效果。因此盖伦提醒他的读者，看起来"热"的东西可能会有"冷"的效果。感觉和理性都不是完全可靠的指南。然而，尽管该理论存在着问题，但他仍然相信，经验将会实际表明如何确定事物的性质。

四种原初性质和四种简单元素构成了盖伦生理学的物理基础。然而，动物不仅拥有与植物共有的"本性"（*physis*），还拥有生命或灵魂（*psychē*）。虽然他自称不知道灵魂的本质是什么，但他仿照柏拉图（以及其他人）确认了灵魂的三种主要能力：理性的（*logistikon*）、精神的（*thymoeides*）和欲望的（*epithymētikon*），他把这三种主要生命功能与身体的三个主要器官联系起来——脑（神经系统的中心）、心脏（动脉的源头）和肝脏（被认为是静脉的源头）。和许多早期理论家一样，盖伦给肝脏和静脉指定的任务是从胃和肠吸收的营养中制造血液，而包括主要器官在内的身体其他部分则由血液所组成。但他区分了较为稠厚混浊的静脉血与较为轻薄纯净的动脉血，动脉血中包含着所谓的"生命精气"（*pneuma zōtikon*）：他模糊不清地写道，这种生命精气是在心脏和动脉中由我们吸入的空气以及"体液的散发"(尤其是血液)所产生的。① 最后,他谈到了另一种"精气"即"灵魂精气"(*pneuma psychikon*)②,它源自"生命精气"——尽管据说它也是由通过鼻孔吸入的空气所直接滋养——并且主要位于脑内。生命精气负责生命本身和对生命来说必不可少的过程,而灵魂精气则负责意识和神经系统的感官运动功能。

他对三个主要器官——肝脏、心脏和脑——作用的解释非常简明扼要,其理论背后的一个动机无疑是希望为从柏拉图那里继承的三种主要生命功能分别找到一个物理载体。然而,尽管该理论有很大一部分纯粹是思辨,但并非所有思辨都像有时候认为的那样异想天开。首先,鲜红色的动脉血与颜色更深的静脉血之间有显著差异,用精气或空气来解释这种差异(我们认为是富氧血与去氧血之间的差异)本身是正确的。其次,盖伦成功地驳斥了希腊人那种常见的看法,即认为动脉中只含有空气。正如我们所看到的,埃拉西斯特拉托斯持有这种观点,他认为,从被切断的动脉里流出的血液不是来自动脉本身,而是来自相邻的静脉。但是通过在切口上下方进行动脉结扎实验等方式,盖伦积累了大量证据,表

---

① 他认为空气是经由肺静脉从肺部进入左心室的,尽管在他看来,心脏需要和使用的只是精气的性质,而不是它的本质。他还认为(和许多希腊理论家一样),空气不仅是通过鼻孔吸入的,而且是通过皮肤上看不见的毛孔吸入动脉的(例如参见《论自然能力》第三卷第十四章)。

② 希腊词 *pneuma psychikon* 被译成拉丁文 *spiritus animalis*(源自 *anima*,译自希腊词 *psychē*),继而又衍生出英文词"animal spirit",研究盖伦的许多翻译家和评注家仍然在使用这个词。但由于"动物"(animal)是一个潜在里相当误导的对 *psychikon* 的翻译,我没有使用它,而是宁愿将它意译成"灵魂"(psychical)。

明动脉总是充满血液的。他用论证削弱了埃拉西斯特拉托斯的解释,以表明认为一旦动脉被刺穿,就立即会从动脉中散发出精气是多么不可信。至于他的"灵魂精气"学说,虽然认为它产生于脑底的"迷网"(retemirabile)纯粹是猜测,但该学说旨在解释一个明显的事实,即动物失去了空气就会窒息并失去意识:盖伦让空气负责脑神经功能,部分是由于观察到脑室受损同样会导致失去意识。

盖伦关于自然能力的大部分论述都没有什么价值,仅仅是对有待解释的现象的重述罢了。事实上,盖伦本人在《论自然能力》(第一卷第四章)中几乎承认了这一点,他说,"只要我们不知道起作用的原因的实质,我们就称之为能力(*dynamis*)",并以心脏的"搏动"能力和胃的"调制"或"消化"能力为例。然而,虽然这看起来像是危险地接近于假定,用莫里哀(Molière)的《无病呻吟》(*Malade Imaginaire*)中的话来说,①鸦片的效力缘于一种"催眠能力"(*virtus dormitiva*),但能力理论并不妨碍盖伦对相关的自然过程进行详细研究。他在《论自然能力》第三卷对消化的解释便是一个例子。和往常一样,他的大部分讨论都集中在对其他观点的批评上。特别是埃拉西斯特拉托斯曾试图主要通过食道和胃壁的机械作用来解释营养。盖伦并不否认这些因素所起的作用。事实上,他描述了他所作活体解剖的结果,证实了消化道蠕动和胃的收缩在消化过程中所起的作用:

---

① 这部戏剧创作完成于 1673 年,包含着对当时医学思想的许多温和嘲弄。当时的医学思想仍然深受古代医学思想特别是盖伦的影响。

> 我本人曾无数次解剖仍然活着的动物的腹膜,总是发现所有肠子都围绕其内容物收缩;但胃的情况并非如此简单,而是食物一被摄取,它就从上面、下面和所有侧面准确抓住了食物,而且没有任何运动。……同时我发现幽门总是关闭的,就像孕妇的子宫口一样。但是在消化完成的地方,幽门就打开了,胃像肠子一样蠕动。(第三卷第四章)

但与埃拉西斯特拉托斯的不同之处在于,盖伦坚持认为还必须考虑其他因素。食物不仅沿着消化道被驱动,胃还对它施加一种吸引(*holkē*)。更重要的是,某些特定物质相互吸引的观念被用来解释营养的吸收。营养绝非只涉及一个简单的机械过程:食物必须首先乳化或变成乳糜(*chylōsis*),然后经过消化(*pepsis*),最后被吸收(*anadosis*)。在最后这个过程中,相似的物质,或者彼此之间存在亲和力的物质,彼此被吸收。

虽然盖伦的生理学在很大程度上极富思辨性,但他对解剖结构和生理过程的描述都表明做过持续的细致观察。我们曾在第六章考察了一些文本,暗示人体解剖在盖伦时代只在非常有限的范围内持续做过。由此可见,盖伦的理想是对人体进行解剖,而他这样做的机会很少。退而求其次,解剖应在动物身上进行,事实上,这在任何情况下都被建议当作人体解剖的补充和准备。他在《论解剖程序》第三卷第五章说:"我希望你们能经常在它们[像人一样的动物]身上练习,这样一来,如果你们有幸解剖人体,就很容易揭示身体的每一个部分。"盖伦在自己的研究中使用了各种动物,包括猪和小山羊——有一次甚至解剖了一头大象——但他更喜欢用猿,并让他的学生们

第九章 盖伦

选择最像人的猿，比如那些下颚不突出、所谓的犬齿并不大的猿。你会发现这些猿的其他部位也像人一样排列，因此用两条腿走路和奔跑的猿……那些最像人的猿近乎有完全直立的姿势。由于股骨头与髋关节窝配合得相当倾斜，一些延伸到胫骨的肌肉[比人]伸展得更远。(《论解剖程序》第一卷第二章)

其解剖学杰作《论解剖程序》中的大部分工作都是在叟猴身上完成的。这无疑使盖伦在人体解剖方面犯了不少错误，尽管从上述几段引文及其他一些文字可以清楚地看出，他至少在某种程度上意识到了将猿与人进行类比论证的危险。

最重要的是，盖伦强调要进行解剖实践。正如16世纪伟大的解剖学家维萨留斯所要做的那样，盖伦严厉斥责那些只依靠书本知识做解剖的书斋学者。即使在他那个时代，这种习惯显然也已经开始了，当然，一旦盖伦自己的作品成为学者讲课的教科书，这种习惯就会传播开来。在解剖学以外的其他语境下，他也一再强调书本知识的不足，尽管了解过去的伟大医生是医学训练必不可少的组成部分。他还提醒学生们，让助手来做部分工作是危险的。他在《论解剖程序》第一卷第三章写道：

起初，我也有一个助手帮我剥下猿皮，使我免去了这项有损尊严的任务。然而有一天，我发现附着在肌肉上的腋窝附近有一小块肉，我无法将它与任何一块肌肉联系起来，此时我决定亲自仔细剥去一只猿的皮。我像往常一样把它淹死，以免压坏它的脖子,并试着将它的皮从表面剥下来,避开下面的器官。然后我发现,在它整个侧腹的皮肤下面有一块薄膜状的肌肉……发现这块肌肉之后,其本性将会得到充分而恰当的解释,我更加急切地想亲自剥去动物的皮,由此我发现,大自然已经造出了上述这些肌肉来完成重要的功能。①

解剖技巧很难,活体解剖的技巧就更难,只有通过长期的训练和实践才能掌握。盖伦曾多次评论说,初次尝试就能成功进行解剖是多么困难;只有不断练习,才能熟悉解剖结构,因为"除非经常被看到,否认任何现象都不可能准确迅速地识别出来"。他指出,只有多次重复同样的解剖,他的一些发现才做得出来。关于腋下肌肉的解剖,还有一段话表明了他对认真和精确的坚持:

> 在横向切入假肋时,如果不小心,你可能会扯掉我所说的进入腋下且未被解剖学家注意的小肌肉头部。它一直延伸到腋窝,在那里它的纤维汇聚成一缕狭窄的肉。如果和皮肤一道剥去它膨胀的下起端,你会发现延伸到腋窝的肉质部分裂开了。如果你很勤奋,寻找它被撕裂的地方未果,你会和我最初一样充满疑惑。但如果你粗心大意,懒散随便(就像我们的解剖学前辈在许多手术中所表现的那样),认为这片肉无足轻重,你会把它从下面的组织上切下来或撕下来扔掉。关于精

---

① 出自 C. Singer, Galen, *On Anatomical Procedures*, Oxford University Press, 1956 中的译文。

确去除那里皮肤的必要性,我们已经说得够多了。(第五卷第七章)①

但在某些情况下,解剖并不足以达到盖伦的目的。为了研究生命过程,必须进行活体解剖,尽管他建议,在解剖活体动物之前,应当先对尸体进行操作。我们前面已经提到一个对消化过程进行研究的例子。在《论解剖程序》第七卷第十二章及以下,盖伦描述了他对心脏和肺的活体解剖,这首先是为了观察心脏和动脉的搏动,其次是为了研究人工收缩心脏的效果。他谈到了手术的困难,特别是控制血液的困难:

> 手术时没有什么比大出血更让人感到不安了。请记住,当你看到向下切割血液从动脉中喷出时,请尽快将手术刀转到横向切割。然后用左手的拇指和食指抓住动脉流血的胸骨部分,从而使一根手指充当管口的塞子,两根都抓住胸骨。②

在其他活体解剖中,对自然的主动干预——创造人工条件来研究生命功能——更为明显。比如《论自然能力》的第一卷第十三章描述了用来显示输尿管功能的活体解剖。阿斯克勒皮亚德斯曾认为,尿液消散成蒸汽进入膀胱,而盖伦反对阿斯克勒皮亚德斯的观点,他首先表明,活体动物的膀胱被输尿管充满了尿液,如果把输

---

① 出自 C. Singer, Galen, *On Anatomical Procedures*, Oxford University Press, 1956 中的译文。
② 同上。

尿管结扎起来,则没有尿液进入膀胱,而输尿管本身却会因为尿液而膨胀。他进而表明这种流动的方向是不可逆的:若将膀胱底部结扎起来,尝试使尿液经由输尿管回到肾脏,则输尿管会阻止这种情况发生,充当瓣膜阻止任何液体通过它们回流。

更值得注意的是盖伦为研究神经系统而进行的活体解剖。在这些解剖中,他做了一系列试验,在脊柱的不同位置要么直接切开脊髓,要么切开脊髓的一侧,以发现这对动物的能力有何影响。他在《论解剖程序》第九卷第十三章及以下描述了活体解剖:[1]

> 因此,从所谓"最大的"骨头……[骶骨]与最后一块脊椎骨的交汇处开始,一个巨大的神经嫩芽向外生长,分布到下肢。接着,向上到脊椎骨,然后再向上。在几根神经上,你会看到……最先受到麻痹并且不再能运动的结构是腿的末端,然后是……前面的部分,然后是大腿和臀部的部分,然后是腰部。等到了胸椎,第一件发生的事情就是你会发现,动物的呼吸和声音受损了。[2]

继而有系统地上到脊柱。于是,

> 如果切口在第二胸肋后面,那就不会对手臂造成伤害,

---

[1] 出自 W. L. H. Duckworth, *On Anatomical Procedures*, The Later Books, Cambridge University Press, 1962 中的译文。

[2] 结合盖伦对嗓音的研究,我们可以注意到,他最早的解剖学发现之一是喉返神经,他在《论解剖程序》的第十一卷第三章及以后对此作了精确描述。

第九章 盖伦

只不过腋窝的皮肤以及上臂朝向躯干区域的第一分部失去了感觉。

此外，

横切第五颈椎后面的脊髓会麻痹胸腔的其余部分，阻碍它们的运动，但横膈膜几乎完好无损。

尽管缺乏有效的麻醉剂和可靠的抗菌剂，但盖伦仍然以卓越的技巧和极大的毅力进行研究。当然，这并不是否认他的许多解剖学工作是不准确的。他的一些错误来源于未能足够仔细地区分动物结构和人体结构。它们常常反映了不恰当或错误的生理学概念，或者源于过分渴望确立身体各部的用途，从而显示自然的目的性。

盖伦被错误的论点和观察所误导的一个例子是认为，血液通过室间隔直接从心脏右侧流到心脏左侧，室间隔是一个坚固的肌膜分隔，将心脏的两侧分开。这可能是他最臭名昭著的错误。盖伦知道血液是由腔静脉输送到心脏右侧的，他很清楚心脏的四个主要瓣膜的作用，每个瓣膜都充当着一个单向阀门。[1] 比如三尖瓣允许血液进入右心室，但防止血液回流进入右心房和腔静脉。他也知道，已经进入右心室的血液绝不会被用尽。心肌本身由冠状动脉血管供血。考虑到左心有血液（我们已经看到，他反驳了埃

---

[1] 然而在他看来，左心室入口处的二尖瓣不如其他三个瓣膜有效，因为它允许某种被称为"乌黑残留物"的物质从左心室排出，重新回到肺静脉。

拉斯特拉托斯的观点,即动脉和心脏左侧只包含气),他面临的问题是血液是如何到达那里的。虽然他对较为次要的肺循环着墨不多,但他认为肺动脉将血液从右心输送到肺部,肺部的血液又经由肺静脉回到左心。此外,他知道在胎儿中,血液经由"卵圆孔"之间的开口直接从腔静脉输送到左心房。这在《论人体各部分的用处》(*On the Use of Parts*)第六卷第二十一章有明确描述,在该书稍后的地方(第十五卷第六章),他还提到了出生后卵圆孔的关闭。

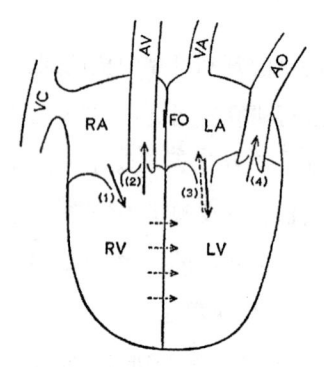

图34 根据盖伦的理论,血液在心脏中的流动。箭头表示流经心脏四个主要瓣膜的方向。如虚箭头所示,他认为血液经由室间隔直接从右心室流向左心室,而且有一些回流从左心室通过二尖瓣流向肺动脉。

略语表:VC 腔静脉　　　　　　　　RA 右心房
　　　　RV 右心室　　　　　　　　LA 左心房
　　　　LV 左心室　　　　　　　　AV "动脉性静脉"(即肺动脉)
　　　　VA"静脉性动脉"(即肺静脉)　FO 卵圆孔(在胎儿中打开,但出生后关闭)

(1)三尖瓣
(2)半月形("S形")肺动脉瓣
(3)二尖瓣
(4)半月形("S形")主动脉瓣

但有两个主要因素使他推断,必定有一些血液在胎儿出生后直接从右心通过室间隔流向左心。首先,允许血液流入流出右心室的开口口径的明显差异使他误以为,(允许血液进入的)三尖瓣口比肺动脉大,由此认为肺动脉不可能是血液离开右心室的唯一途径。其次,他通过与身体其他部位发生的情况进行类比来论证。他随同埃拉西斯特拉托斯正确地认为,动脉系统和静脉系统是通过微小的看不见的通道(anastomōseis)或毛细血管在周身互连的。他要求血液走一条从右心到左心的路线,认为隔膜内必定存在着类似的微小通道,尽管他承认,无法通过观察来直接证实其存在。"在心脏本身当中也是类似,"他在《论自然能力》(第三卷第十五章)写道,

> 血液的最稀薄部分从右心室进入左心室,这要归功于它们之间隔膜上的孔洞:这些[孔洞的]大部分[纵深]可以看到;它们就像张着大口的坑,变得越来越窄;然而不可能实际观察到它们的最末端,这既是因为它们太小,也是因为动物死后,所有器官都会变冷和收缩。然而在这里,从大自然不做任何无目的之事这一原则出发,我们也发现了心室之间的这些通道;因为出现终止于窄端的凹陷不可能是随机和偶然的。①

大自然不做任何无目的之事这一原则使我们想到了盖伦研究

---

① 基于 A. J. Brock, *Galen*, *On the Natural Faculties*, Cambridge, Mass., Harvard University Press; London, Heinemann, 1916 的 Loeb 版译文。

的动机问题。《论解剖程序》中有几段话明确阐述了这一点,它们清楚地表明,在盖伦看来,研究解剖学有几个可能的原因。例如在第二卷第二章,他以四个标题讨论了解剖学的用处:

解剖学研究首先是对热爱知识本身的自然科学家[anēr physikos]有用,其次是对并非看重知识本身,而是为了证明大自然不做任何无目的之事的人有用,第三是对从解剖学中获得材料来研究生理或心理功能的人有用,第四是对必须有效移除尖片和弹片,适当切除身体部位,或者治疗溃疡、瘘管和脓肿的医生有用。①

他进而指出(第三章),一般来说,解剖学家的注意力集中在"对医生来说完全无用,或者对他们很少有帮助或只是偶尔有帮助的那部分解剖学",并以研究心脏和与心脏相连的血管为例。研究这些问题的许多解剖学家都对更为世俗但更有用的解剖学知识一无所知:

解剖学中最有用的部分恰恰在于那种被自称的专家所忽视的精密研究。不知道心脏的每一个管口有多少瓣膜,有多少血管为之供血,它们是怎样来的、从哪里来的,成对的脑神经是怎样到达脑部的,要比[不知道]什么肌肉在延伸和活动

---

① 基于 C. Singer, Galen, *On Anatomical Procedures*, Oxford University Press, 1956 中的译文。

第九章 盖伦

上下手臂和手腕,或者大腿、小腿和脚,什么肌肉从侧向转动它们,它们各有多少肌腱,……静脉或大动脉以及它们下面的小动脉在哪里更好。

正如他在其他地方(第二章)所说:

> 对于医生来说,要想治疗战争创伤,取出弹片,切除骨头……还有什么比准确地知道手臂和腿的所有部位更有用的呢?如果一个人对重要的神经、肌肉、动脉或静脉的位置一无所知,他更有可能导致病人的死亡,而不是拯救他们。

盖伦本人显然受到了他在这段话中提到的两种主要原因的激励。作为一名执业医生和曾经的角斗士外科医生,他非常清楚解剖学知识的实际应用。与此同时,他重视解剖学既是为了表明大自然不做任何无目的之事,也是像"自然科学家"一样热爱知识本身。他热衷于平衡那些只有纯理论兴趣的人和那些因此低估了实际研究的人。但他自己的观点是包容性的,这两种因素对他来说都很重要。从《论人体各部分的用处》中一段很有启发性的话可以看出自然的目的性对他来说有多么重要,该书共分十七卷,致力于表明身体各个部位的有用功能。他曾多次用神秘宗教的术语将解剖学研究称为洞悉自然奥秘(mystēria)的入门(teletē)(例如第七卷第十四章),而在第三卷第二十章,他将自己的著作称为

> 一本神圣的书,这是一首献给神这位造物主的真正颂歌。

> 我以为,虔诚不在于用大批公牛作牺牲给他献祭,也不在于用数不清的香料和肉桂给他焚香,而在于首先自己领会他的智慧是如何之高,能力是如何之大,善是如何之宽广,然后再把这些传授给别人。

盖伦为解剖学所做的四重辩护表明,在他那个时代,这项研究需要得到辩护,就像在亚里士多德时代解剖活动需要得到辩护一样。① 事实上,讨论解剖学问题的环境有时非常不利于冷静求知。正如我所说,为盖伦提供了生计的这个职业竞争极为激烈,甚至在解剖学研究中,竞争因素也是存在的。正如医生常常在病人面前争论对病例的诊断,关于解剖学问题的争论有时也在公开演示中得到裁决。盖伦提到了埃拉西斯特拉托斯的一个例子,有人要他显示一条没有血液的动脉(《论解剖程序》第七卷第十六章)。埃拉西斯特拉托斯先是说,不付钱他不会这样做,于是旁观者拿出一千德拉克马,如果成功钱就归他。盖伦继续说:"他尴尬不已,费尽周折,但在各方压力下,他终于鼓起勇气拿起一把柳叶刀,沿着胸腔左侧特别是在他认为应当可以看到主动脉的地方切了下去。事实证明,他在解剖方面没有什么实际经验,以至于切到了骨头上。"②

在医学上,盖伦也称其同事为了抬高自己贬低对手而做各种堕落之事,这有助于解释他在讲述自己的工作时为何常常语气尖

---

① 参见《早期希腊科学》,第 105 页。
② 基于 C. Singer, Galen, *On Anatomical Procedures*, Oxford University Press, 1956 中的译文。

刻而自负。虽然他对疾病的原因和治疗的观点大体上非常传统，但他很少承认自己诊断错误，更少承认没能治愈。他称自己的诊断技巧使他赢得了一个代表魔力的名号。虽然脉诊的使用可以追溯到普拉克萨哥拉斯和希罗菲洛斯（见上文），但针对他在行占卜术（*mantikē*）的指控，盖伦不得不为自己使用脉诊辩护。和希波克拉底学派的作者们一样，他经常强调医生与占卜者、医生与纯粹的药贩子（*pharmakopōlēs*）以及医生与外行之间的区别。但我们发现他坚持梦在诊断中的价值，并且承认（尽管喜欢尽量淡化）猜测在诊断和治疗中所起的作用。生物科学中的许多研究都是医生做的。但是显然，人们不仅为这些研究提供了不同的辩护——实用的和哲学的——而且理性的医术本身应当包括什么，这在公元前2世纪仍然是一个争论不休的问题，就像在公元前5世纪那样。

第十章 古代科学的衰落

关于古代科学从什么时候开始以及为什么开始衰落,这个问题就像本书中的其他许多问题一样,既复杂又富有争议。例如,康福德(Cornford)表达了一种极端的观点,他写道:"(在对事物本性的研究中)所有最重要和最具原创性的工作都是在公元前600年到公元前300年这三个世纪里完成的。"[1]即使在公元前200年以后,在一个极具创造力的世纪结束时,仍然有重要的工作问世。例如在天文学领域,公元前2世纪有希帕克斯,尽管在他与托勒密之间几乎没有什么著名人物,但《至大论》中提到了比提尼亚的阿格里帕(Agrippa of Bithynia)和亚历山大里亚的梅内劳斯(Menelaus of Alexandria)在公元1世纪所做的观测,梅内劳斯还写过一部《球面几何》,在三角学史上很重要。在医学史和生物学史上,从埃拉西斯特拉托斯到盖伦之间的时期所作研究的证据不仅来自于盖伦本人的著作,而且来自于鲁弗斯和索拉努斯现存的著作。无论如何,任何认为希腊科学在公元前3、前2世纪停滞不前的观点都必须考虑托勒密和盖伦,他们必须被列为古代世界最伟大的科学家。

---

[1] 'Greek natural philosophy and modern science' in F. M. Cornford, *The Unwritten Philosophy and other essays*, Cambridge University Press, 1950, p. 83.

第十章 古代科学的衰落

必须重申,古代科学包括多种类型的作者的贡献,其中有哲学家、数学家、天文学家、医生,甚至还有建筑师和工程师。忽视这些区别而谈论全球范围内古代科学的衰落,就像谈论其起源和早期发展一样,具有潜在的误导性。我们的第一项任务是简要考察在公元200年之后,在自然研究的三个主要分支即(1)自然哲学(包括物理学和宇宙论),(2)数学和天文学,以及(3)生物学和医学中,有哪些迹象表明有持续的研究存在,特别是有哪些证据表明存在着原始的科学思想。公元2世纪末以后,这些学科的历史在某些方面有所不同,但在每一种情况下,认为研究戛然而止的假说都是站不住脚的。

先以自然哲学为例。到了2世纪末,伊壁鸠鲁主义和斯多亚主义等伟大的希腊化哲学已经有所衰落。虽然仍有人自称伊壁鸠鲁学派或斯多亚学派,但这两个学派在公元200年以后都没有产生任何重要的思想家。无论如何,伊壁鸠鲁学派的目标是原封不动地保存其创始人的思想,而最后一位重要的斯多亚学派哲学家是皇帝马可·奥勒留(121—180)。然而,这些学派衰落时,另一些学派却在发展壮大。公元3世纪见证了柏拉图主义的重生,在普罗提诺(205—270)那里,新柏拉图主义有了一位层次很高的原创性哲学家。他的主要兴趣在神学和形而上学,对于物理思辨史并不那么重要。但后来的新柏拉图主义者,特别是扬布里柯(Iamblichus)和普罗克洛斯,使柏拉图的学说中与物理学有关的方面得以复兴。

出生于叙利亚的扬布里柯生活在公元3、4世纪之交,他集神秘主义者和理性主义者于一身——尽管在这一点上,他并不比前苏格拉底哲学家恩培多克勒等人更另类。扬布里柯对神力——神圣事物的运作——的信仰在《论奥秘》(*On the Mysteries*)中尤为突出。另一方面,在《论一般数学科学》(*On the Common Mathematical Science*)中,他探讨了数学在科学中的应用。[①] 他评论说(第二十三章),毕达哥拉斯学派重视数学,并以多种不同方式将其用于宇宙研究:"他们基于在数学中什么可能、什么不可能来思考宇宙结构中什么可能、什么不可能,并且按照可公度数来理解天的旋转及其原因。"他指出(第三十二章),数学不仅提供了理解天体运动的关键,而且提供了理解整个自然现象的关键:

> 数学有时也习惯于处理物理上[②]可感知的事物,比如用几何学、算术、和音乐以及其他诸如此类的东西来处理四元素。由于数学在本性上优先,而且是从比自然物的原则优先的原则中派生出来的,因此,数学由在先的原因构造了它的三段论证明。……于是我认为,我们用数学方式来处理自然和生成世界之中的一切事物。

这里,在主张整个自然研究的数学化方面,扬布里柯远远超越了柏拉图,甚至超越了任何古代作者。诚然,这还只是一种理想,他愿意引用几乎任何将数应用于可感现象的例子来支持其一般论

[①] 尼科马库斯(Nicomachus of Gerasa)等新毕达哥拉斯主义者也表达了类似的观点,他在公元1世纪末写了一本很有影响的《算术导论》(*Introduction to Arithmetic*)。

[②] 原文为"数学上",疑为"物理上"之误。——译者

第十章 古代科学的衰落

点。但即使"用数学方式来处理自然之中的一切事物"的想法只有等到现代才能实现,而且其实现方式会让扬布里柯感到惊讶,这段文字也仍然具有重要意义,因为它是古代作者对于这种理想所作的最明确的表述。

公元5世纪末,拜占庭的普罗克洛斯成为雅典柏拉图学园的领袖,和大多数新柏拉图主义者一样,他首先是形而上学家。但在一部失传的著作中(辛普里丘记述了它的论证),他为柏拉图的几何原子论辩护,反驳了亚里士多德等人的批评。比如有人反对柏拉图说,他的理论不允许土变成其他简单物,因为土是由不同于构成其他三种元素的三角形所构成的。① 为了解决这个难题,普洛克洛斯坚持区分纯净的土和土类物质。他认为,纯净的土不会变成其他元素,它本身是不可改变的。而"土类物质却会发生改变,因为它们受到了气和水的污染"。不过,他超越了柏拉图的明确教导,特别在他对其他三种元素之间发生变化的分析中,他允许——柏拉图没有允许,至少没有明确允许——构成简单物的三角形可以暂时中止存在。例如,从气变成水分为两个阶段,在合成水的二十面体的过程中,气的原始八面体中的一些三角形暂时既不以火也不以气存在。

在诸如此类的观点上,普罗克洛斯澄清并修改了柏拉图的学说。他的首要动机是诠释和捍卫柏拉图。但在此过程中,他并未局限于诠释,而是用自己的论证参与了关于物质的定量理论与定性理论之间的争论。虽然他并没有给这个问题带来新的经验证

---

① 参见《早期希腊科学》,pp. 74 f。

据，但其作品并不是对柏拉图理论的重复，而是对它的详细阐述。

在接下来那个世纪继续讨论物理问题的证据来自亚里士多德的两位评注家——异教的新柏拉图主义者雅典的辛普里丘和基督徒亚历山大里亚的约翰·菲洛波诺斯（John Philoponus of Alexandria）。辛普里丘撰写关于《物理学》和《论天》的评注，乃是出于对亚里士多德在大多数物理问题上的权威的尊重，但却为支持和反对亚里士多德学说的之前和当时的论证提供了非常充分的资料。他自己显然也研究过一些问题。一个例子是气在它自身的位置上是否有重量这个问题。亚里士多德在《论天》（311b8 ff）中说，"除了火，一切事物在它自己的位置上都有重量，甚至连气也是如此"，并以充气囊比空的囊更重作为证据。在对这段文字的评注中（710 14 ff），辛普里丘提到托勒密曾经反驳过亚里士多德，并试图通过同样的充气囊实验来证明，气在它自己的介质中没有重量。"托勒密不仅反驳了亚里士多德关于充气囊比未充气时更重的观点，而且坚持认为充气囊实际上变得更轻了。"辛普里丘接着说："在尽可能准确地对此做了试验之后，我发现充了气和未充气的囊的重量是一样的。"

在这个案例中，试验已经有人建议，而且在他之前似乎就已经做过。和许多古代实验一样，它并没有给出决定性的结果。[①] 但这段文字表明，辛普里丘不仅试图为亚里士多德的著作中提到的

[①] 亚里士多德、托勒密和辛普里丘所得出的不同结果也许不仅仅是由于试验时的疏忽。决定充气囊重量的一个因素是其中包含的二氧化碳比例，而这个比例会根据它是充满了呼出的空气还是大气中的空气而变化。

问题提出新的论证,有时还会对这些问题做出经验性的研究。

一般来说,辛普里丘会支持亚里士多德的立场,而比他年纪稍长的同时代人约翰·菲洛波诺斯则持续对亚里士多德的学说做出双管齐下的攻击,批评亚里士多德物理学的许多核心论点既前后不一致,又不符合事实。菲洛波诺斯还大量引用前人特别是斯特拉托和希帕克斯的作品。不过,虽然菲洛波诺斯肯定不是最早攻击亚里士多德物理学一些基本论题的作者,但他的论著乃是迄今为止对这些论题所做的最全面的古代反驳。

菲洛波诺斯的兴趣包括宇宙论、神学、逻辑学以及关于自然的所有研究,他在动力学领域的工作非常出色。其论证的有效性可见于他对"回旋"(antiperistasis)理论的批评。该理论认为,抛射体是通过它后面空气的压力来保持运动的,也就是说,抛射体前面的空气会绕到后面来推动抛射体。[①] 菲洛波诺斯先是反驳说,空气根本没有理由绕到抛射体后面。以弓射出的箭为例,他问道:

> 那么,为什么被箭推动的空气不是朝着推动的方向移动,而是像某些人所要求的那样掉头折返呢?此外,这些空气在折返的过程中为什么没有散到空中,而是精确地撞击到箭的缺口端,再次推动箭并附于其上呢?这种观点完全不可信,更像是虚构的。(《关于亚里士多德〈物理学〉的评注》,639 30 *ff*)[②]

---

① 亚里士多德本人拒绝了这种形式的学说,但他仍然认为,在受迫运动中,抛射者将引起运动的力量传递给了抛射体后面的介质(空气或水)。

② 基于 M. R. Cohen and I. E. Drabkin, *A Source Book in Greek Science* (second edition), Cambridge, Mass., Harvard University Press, 1958 中的译文。

后来他又问,传递给抛射体的初始推动力是否可以用同样的方式来解释:

> 当一个人用力投掷一块石头时,是不是通过推动石头后面的空气,才迫使石头朝着与其自然方向相反的方向移动?抑或投掷者也给石头传递了推动力?如果他没有……,那么石头与手相接触,或者弓弦与箭的缺口端相接触,又有什么益处呢?(641 13 ff)

这使他想到了一个思想实验,将一支箭或一块石头安装在一根棍子上,然后尝试在棍子后面用"无数机器"发动大量空气来移动它:

> 事实上,即使你把箭或石头放在某一毫无厚度的线或点上,并且尽全力发动抛射体后面的空气,抛射体也不会移动一肘尺的距离。(641 23 ff)

菲洛波诺斯得出的重要的正面结论是,介质远远不像亚里士多德主义者所认为的那样对于运动必不可少,介质的作用是抵抗运动。受迫运动不可能由抛射体后面空气的压力所引起。恰恰相反,"有必要假设抛射者将某种无形的推动力赋予了抛射体"。他正确地得出结论说,没有什么东西可以阻止推动力在虚空中发生传递。"显然,若把违反自然的运动或受迫运动赋予一支箭或一块石头,那么在虚空中产生同样程度的运动要[比在充满介质的地方]容易得多。"

对"回旋"理论的反驳涉及一个思想实验。菲洛波诺斯在讨论亚里士多德关于自由落体的重量与速度之间关系的学说时,谈到了他似乎亲自做了的实际试验。他认为,亚里士多德的观点暗示,在同一介质中,运动所需的时间将与运动物体的重量成反比。"但这是完全错误的,"他说(683 16 ff),"实际观察可以比任何论证更有力地证明这一点",然后(就像一千年后伽利略所做的那样),他举了两个不同重量的物体从同一高度落下的证据:

> 如果从同一高度释放两个重量相差很大的物体,那么我们就会发现,运动所需时间之比并不取决于重量之比,时间差其实很小。

菲洛波诺斯对亚里士多德的动力学作了毁灭性的批判。亚里士多德坚持"自然"运动与"受迫"运动在种类上的区别,而菲洛波诺斯则破坏了这种区分。亚里士多德认为介质对于运动是必需的,而菲洛波诺斯则表明,介质完全是对运动物体的阻碍。很难判断他的推动力理论究竟有多大程度上得益于希帕克斯的思想,但菲洛波诺斯似乎比之前的任何作者都更清楚地表明,传递给运动物体的是一种非物质的力。不仅如此,他还用观察数据和审慎的实验来支持自己的理论观点,并且明确表示他更喜欢经验证据而不是语言论证。

然而,尽管菲洛波诺斯揭示了亚里士多德动力学理论中的一些错误,但他并没有成功地把动力学建立在坚实的基础上。特别是，他没有意识到，物体在虚空中的速度不受其重量的影响。他正确地认为，重量只是支配物体在介质中下落速度的因素之一。他反对亚里士多德的观点，认为速度并不与介质的密度成反比，而是由两部分组成，一部分随运动物体的重量而变化，另一部分则随介质的密度而变化。但伊壁鸠鲁等人认为，物体在虚空中运动的速度并不随重量而变化，而菲洛波诺斯则拒绝接受这一观点，这一次他错误地认为，在虚空中，重量仍然是决定落体速度的变量之一。

这里没有足够篇幅来讨论菲洛波诺斯在其他物理学分支中的工作，但我们必须谈谈他的一些更一般的宇宙论学说。同样，他本人思考的出发点常常是批评亚里士多德，比如以太学说以及天界与地界的区分——在这方面，亚里士多德的观点已经遭到包括他的直接继承者塞奥弗拉斯特在内的很多人的质疑。菲洛波诺斯对这个问题的处理结合了理论思考和经验思考。比如他声称，天文学已经表明行星的运动并不简单，他从观察到的行星颜色差异推断出它们的构成一定有差异。但如果天体的物质以不同的形式存在，那么按照亚里士多德的理论，天界不可能不发生变化。

因此，菲洛波诺斯否认天界与地界有任何种类上的不同。天界并非由一种作着特殊的自然圆周运动的第五元素所组成，而是由火组成的。亚里士多德否认天界存在着热、冷、干和湿，而菲洛波诺斯却坚称这些性质存在。辛普里丘引用他的话说："由于它是可见的，所以它肯定也是可触的，既然可触，就无疑具有可触的性质，如硬、软、滑、糙、干、湿等，还有包含所有这些的热和冷。"诚然，和亚里士多德以及后来的亚里士多德主义者一样，他受到了神学因素的影响：他有一个论证乃是基于他自己的观点，即只有神才是全能的。但他用自己的物理论证来回应物理论证，揭示了亚里士多德学说中的不一致之处，并且极力主张关于宇宙本质统一性的相反观点。

我们所讨论的例子表明，宇宙论和物理学研究的某些分支在公元2世纪以后仍然存在了很长时间。新柏拉图主义者重新发现并且扩展了科学的数学化概念，而菲洛波诺斯对亚里士多德哲学的批评不仅是派生的，不仅是破坏性的，而且在某些方面极具原创性和创造性，即使没有提供新的全面的物理体系。

公元2世纪以后的数学和天文学史大致遵循着类似的模式。评注和概要再次为思想提供了主要载体。尤其是欧几里得的《几何原本》成为众多版本和评注的主题，但是编撰这些版本和评注的学者（包括4世纪初的亚历山大里亚的帕普斯，4世纪末的亚历山大里亚的西翁[Theon of Alexandria]，6世纪的普罗克洛斯和辛普里丘）不仅对文本进行注释，有时还会引入自己新的思想和论点。例如，普罗克洛斯是试图证明欧几里得平行公设的人之一（见上文）。但更重要的是，在评注和历史之外还完成了一些原创性的数学工作。亚历山大里亚的丢番图（Diophantus of Alexandria）大约生活在公元3世纪中叶，他的《算术》（*Arithmetica*）并非关于之前文本的评注，却是一部杰作。这部著作与希腊代数史的关系，就类似于欧几里得的《几何原本》与希腊几何学的关系。《算术》包含了公元3世纪之前的很多知识，但丢番图不仅将之前的知识系统化，而且还补充了很多知识。

天文学的进展比数学更差。简单地说，先进的天文学，包括托勒密《至大论》中的许多内容，对于古代晚期问世的那种通俗手册来说太过先进了。然而,《至大论》的评注或概要是帕普斯和西翁写的,而普罗克洛斯则写了《天文学假说概要》(Outline of the Astronomical Hypotheses)——关于天文学理论的介绍——以及对《占星四书》的释义,也许还有评注。显然,天文观测仍在继续进行。事实上,普罗克洛斯的《天文学假说概要》用了大量篇幅来描述如何制造各种天文仪器,而菲洛波诺斯则写了一部关于平面星盘构造的著作。然而,所作的观测无疑更多是出于调整历法等实际目的,或与占星学信仰有关,而不是希望推动对天文学理论问题的研究。普遍的情绪是放弃——这在部分程度上无疑是由于托勒密本人承认这些问题很困难(见上文),人们对于发现天体运动的真相感到一种绝望。比如尽管普罗克洛斯对托勒密体系给出了清晰的描述,但他对当时天文学理论的评论是:"这些假说根本没有任何可能性,有些假说远远偏离了神圣事物的简单性,还有一些假说则由更为晚近的天文学家所编造,认为天体的运动仿佛由一部机器所驱动"(《关于〈蒂迈欧篇〉的评注》III 56 28 ff)。在《论宇宙的构造》(On the Construction of the World, III 3)中,菲洛波诺斯表明这些天文学家的假说是未被证明的,没有人能够成功地证明这些假说,也永远不会成功。在接下来的一章,他先是提到了天体运转的不同周期和岁差,然后说:

> 谁能说出这些事物的原因呢?再也没有人能够说出星星的数目、它们的位置和秩序以及它们的星等和颜色的差别。我们只能说,神已经按照需要把一切安排好了,既不多也不少。总的来说,我们几乎不知道什么事物的原因。因此,如果

给不出明显事物的自然原因,人们就不应继续追问不明显事物的原因。

最后我们谈谈生物学和医学。从某个方面来说,与数学或天文学相比,这些学科的地位较为不利。算术、几何、初等天文学和音乐一起组成了"四艺",它们连同"三艺"(语法、逻辑和修辞)共同构成了希腊罗马教育的基础课程。但在另一方面,医学研究比其他科学分支更有优势。医生总是需要的,没有迹象表明,医疗行业在盖伦之后在人数或声望上有所下降。医学院校继续蓬勃发展,使大量医学知识得以代代相传。

公元2世纪以后,和天文学等领域一样,越来越多的医学著作采用了评注、摘要或历史的形式,盖伦很快和希波克拉底一样成为医生的典范。例如,在公元4世纪中叶,奥里巴修斯(Oribasius,和盖伦一样出生在帕加马)编写了一部庞大的医学百科全书《医学集成》(*Medical Collection*),共分七十卷,约有三分之一流传至今。他在致朋友和赞助人皇帝尤利安(Julian)的序言中解释了这部著作的计划和目的:

您在赞扬了我的第一部概要之后,又命我从所有最好的医生那里搜寻和收集所有最重要的东西,以及所有那些对实现医学的目标本身有贡献的东西,撰写第二部概要。对此我完全同意,并会尽我所能做到这一点,相信这样的收集会非常有用。……我只会从最好的作者那里进行收集,不会漏掉我最初只从盖伦那里获得的任何资料,因为他是所有写过同一主题的作者中最优秀的,他使用了最为精确的方法和定义,就像遵循希波克拉底学派的原则和观点的人那样。

后来其他医学作品背后也有类似的意图。在公元 6 世纪,阿米达的埃提乌斯(Aetius of Amida)和特拉雷斯的亚历山大(Alexander of Tralles)编纂了类似的著作,其中后者编的更具原创性,公元 7 世纪的埃伊纳的保罗(Paul of Aegina)也是如此。事实上,埃伊纳的保罗在其著作的前言中提到了奥里巴修斯的著作,认为过于庞大,所以他自己编写了一部更为简短和便于使用的概要。

在盖伦之后,大多数医学作者的主要工作是对医学知识进行总结和系统化,随着时间的推移,他们的总结变得愈发简洁。但如果认为医学学问变成了纯粹的书本学问,那是错误的。手册的编纂者既有学者,也有医生。还有一些证据表明,偶尔会实施解剖,尽管这是为了医学教育,而不是为了原创性的研究。比如不早于公元 7 世纪的西奥菲洛斯·普罗托斯帕塔里奥斯(Theophilus Protospatharius)常常劝告读者既要请教"实践解剖的解剖学家",又要亲自进行解剖,而且要"在许多标本上经常这样做"(《论人体构造》[*On the Construction of the Human Body*],IV 1,V 4 and 11)。诚然,解剖仅仅被用来确证事实,他并非把解剖当作一种研究方法,以做出新的发现。然而,西奥菲洛斯似乎并不只是重复他在盖伦的著作中读到的内容。公元 6 世纪以后,解剖仍然会不时地进行。

快速浏览一下主要证据便足以推翻这样一种观点,即所有形式的科学研究在公元 200 年以后戛然而止。后来对科学思想做出

第十章 古代科学的衰落

重要原创性贡献的作者数量很少——尽管我们不应忘记,只是在公元前4、前3世纪,某一代人当中的重要科学家才不是屈指可数的。虽然我们考虑的大多数作者只是次要的,但必须把3世纪的丢番图、5世纪的普罗克洛斯和6世纪的菲洛波诺斯排除在外。

不过显而易见的是,大约从公元200年开始,主要的努力越来越被用来保存知识,而不是试图增加知识。正如我们已经看到的,评注是科学写作的主要载体,虽然也有许多例外,但是对所评注的文本往往采取一种不加批判的态度。这种对之前作者的崇拜的积极方面是使许多原本可能消失的科学知识流传下来——在知识一直面临失传的危险时,这种成就并非微不足道。但由此保存下来的乃是希腊科学的成果:学术评注传统无法保证或至少没有保证希腊科学的方法和目标在持续的研究活动中得以维持。保持着研究精神的与其说是学者和评注者,不如说是炼金术士、工程师、草药师和药典作者。

公元200年以后的科学思想因主题而异,但总体情况是原创性在下降,尽管特定领域的杰出个人曾经遏制甚至暂时扭转了这种下降趋势。但我们能在多大程度上理解造成这种情况的因素呢?重要的社会、经济和政治变迁无疑与这个问题有关,尽管我们不知道它们能在多大程度上为此提供解答。人们常常将公元2世纪相对繁荣的科学状态与罗马世界在"好皇帝"统治下的相对平静和繁荣联系在一起。然而,对盖伦著作的解读表明,即使在这种有利的政治气候下,科学家所处的环境对于不受干扰的研究来说可能也远非理想:盖伦曾饱经战争、瘟疫、饥荒、腐败和阴谋。恰恰相反,尽管公元3世纪比公元2世纪更加动荡,但是像哲学家普罗提诺和数学家丢番图这样的个人仍然能够从事思想研究。古代科学思想的历史是极少数个人思想的历史，这一点怎样强调都不为过。试图对促进或阻碍研究的因素进行归纳总结就更加危险，因为这些因素的数量太少。我们当然可以挑选出希腊罗马世界历史上的一些转折事件，比如公元330年罗马帝国的分裂和迁都君士坦丁堡，公元410年阿拉里克（Alaric）洗劫罗马，公元537年围困罗马，公元642年阿拉伯人占领亚历山大里亚，等等。起作用的社会经济因素包括人力短缺、农业衰退、缺乏交流和官僚机构臃肿不堪。但必须承认，在估计诸如此类的情况对于个人工作的影响时，我们在很大程度上只能凭借猜测。

然而，在这些一般性的提醒之后，也许可以说，我们问题的某些方面也许提供了一条更富有成效的研究线索。特别是，宗教研究有助于理解自然研究的思想背景。这里的主要议题是基督教的兴起和最终胜利的影响，有些人认为基督教是对科学发展的最大障碍，还有一些人则同样强烈地否认基督教对科学思想的进程有任何影响。这里有两个基本的预备性观点：第一，早期基督教作者在对待"自然"的态度等许多重要问题上存在分歧；第二，早期基督教的许多信念绝不是全新的。我们先来谈第二点。相信灵魂不朽，对身体和整个物质世界的相对贬低，以及相信神迹的可能性，所有这些都可以与异教的宗教或希腊哲学并行不悖。希腊科学从一开始就与各种各样的魔法、迷信和非理性主义共存。使基督教显得与众不同的并非与之相联系的某些教义，而是这些教义最终得到了国家前所未有的认可和支持。

基督教作者对于自然研究的态度各不相同。例如，在公元3

世纪初的奥利金(Origen)看来,不应完全拒斥希腊科学,对基督教而言,希腊科学至少有一部分内容可以作为预备性的研究。他在《致格列高利的信》(*Epistle to Gregory*,第一章)中写道:

> 我希望您也能从希腊哲学中汲取许多适合作为基督教的一般性或预备性研究的东西,从几何学和天文学中汲取对于诠释《圣经》可能有用的东西。

奥古斯丁(Augustine,354—430)则更为谨慎。他非常尊重柏拉图和柏拉图主义传统,但他谈到了对知识的好奇心的危险,对解剖提出了特别谴责(《忏悔录》[*Confessions*] X 35),他明确指出,详细的自然科学知识是不相干的:

> 我们也不必担心基督徒会对元素的力量和数目,天体的运动、秩序和蚀,天界的形态,动物、灌木和石头的种类和性质过分无知。对于基督徒来说,相信受造万物(无论天上的还是地上的,无论可见的还是不可见的)的原因是仁慈的造物主,他是唯一的真神,就够了。(《信、望、爱手册》[*Enchiridion*] III 9)

但其他作者,特别是拉丁教父德尔图良(公元 200 年左右)和拉克坦修(Lactantius,公元 4 世纪初),却对自然研究表达了更加公开的敌对态度,尽管我们还可以把属于希腊传统的亚历山大里亚的印度旅行者科斯马斯(Cosmas Indicopleustes,公元 6 世纪)包括在内。仅以德尔图良为例,他认为希腊哲学家剽窃了旧约先知的思想,然后作了歪曲,因此写了好几部著作对希腊哲学家进行驳斥。德尔图良批评他们意见不确定,彼此之间总是意见不一致。他认为哲学是对基督教信仰的威胁,并断然拒绝:

> 雅典与耶路撒冷有何相干?学园与教会有何相干?异教徒与基督徒有何相干?我们的教导来自所罗门门廊,他亲自教导我们,主应在人心的纯朴中寻求……耶稣基督之后我们不需要好奇心,福音之后我们也不需要进行研究。当我们相信的时候,我们不愿相信更多的东西。因为我们首先相信一点,即没有其他什么事情是我们应该相信的。(《论反异端之策》[On Prescriptions against Heretics]第七章)

早期基督教作者普遍认同的一点是,最深刻的真理不是来自观察,也不是来自理性,而是来自神的启示。对于信徒来说,经验研究是不必要的,这会分散他们对宗教实践的注意力,也可能成为危险异端的源头。与其他基督教信念和态度不同,如果严格遵守这一教义,就意味着科学研究的终结。诚然,认为真理依赖于神的启示,这种观点并不局限于基督教。但正是基督教的成功,使这一教义获得了前所未有的重要性和影响力。

此外,在基督教被接受为皇帝的官方宗教之后,异教的哲学家和科学家不仅要面对不利的舆论环境,有时还要面对法律制裁。最著名的例子是公元529年查士丁尼(Justinian)下令关闭雅典学园和禁止异教徒教学:如果没有受洗,他们可能会被流放和没收财产。然而,尽管查士丁尼常常被认为由此给了异教学问以致命一击,但这夸大了其措施的有效性。当然,这对辛普里丘等人产生了立竿见影的影响,辛普里丘和其他主要的新柏拉图主义者一起离开雅典,投奔波斯国王库斯劳(Chosroes),希望他是一位柏拉图所说的哲学王。然而,在东方待了三年时间之后,辛普里丘似乎回到了雅典。虽然没收财产的行动已经开始,但有证据表明,[①]学园以某种形式幸存了下来。当然我们也听说过其他异教哲学家继续在其他城市教书,比如公元6世纪下半叶在亚历山大里亚教书的奥林匹奥多罗斯(Olympiodorus)。

法律措施在控制人们的思想方面一直如其发起者所希望的那样成功。基督教如何在包括公元4世纪的皇帝叛教者尤利安在内的异教皇帝的迫害中幸存下来,便是这一点的有力证明。教会掌权后能否彻底根除科学研究是令人怀疑的,即使它一直希望这样做。我们已经看到,在公元6世纪,帮助科学延续下去的人之一菲洛波诺斯就是(我们不知道他是皈依为,还是生来就是)基督徒。然而,尽管无论是德尔图良等人的慷慨陈词,还是查士丁尼的法律,都没有完全根除自然研究,但它们都预示着一个越来越敌视自然研究的时代的降临。那些致力于我们所谓科学的人一直都是微不足道的小人物,在每一个时期都遭到其同时代大众的漠视。但是在古代晚期,基督教的胜利既象征着又加剧了一种本已不利的舆论环境的恶化。

---

① 关于最近对证据的重新评价,参见 A. Cameron, 'The Last Days of the Academy at Athens', *Proceedings of the Cambridge Philological Society*, vol. 195, 1969, pp. 7 *ff*。

随着基督教会的出现,古代社会的宗教在体制上得以确立,而科学从未以这种方式得到确立。正如我们所看到的,科学研究只从国家统治者那里得到了零星的不确定的支持;这仍然是一个普遍的事实,即使存在着一些例外,尤其是亚历山大里亚的缪斯宫,它一直存在到公元5世纪。诚然,像亚历山大里亚的医学学校(它也延续到拜占庭时期)这样的学校以及像学园、吕克昂这样的高等学术机构很早就为那些对科学问题感兴趣的人提供了活动中心。但尽管这些学校很重要,其主要存在理由是教育性的。它们的生存取决于这种职能,无论其成员是否从事原创性的科学研究,它们都继续履行着这一职能。我们不妨与宗教进行对比。大约从公元250年起,教会的权力和财富迅速增长,直到渐渐成为后来罗马帝国经济困难的一个主要因素。正如琼斯(A. H. M. Jones)所说:

> 在经济上,教会是帝国有限资源的一个额外负担,而且分量在不断增加。数量庞大的教士和僧侣大部分时间都在闲聊,靠供奉、捐赠和国家补贴过活。①

此外,教会很快就会成为最有声望和最赚钱的职业。我们已经指出,虽然大多数从事科学研究的人都有私人收入,但许多人都靠当医生或教师谋生。然而在公元6世纪,再次引用琼斯的话来说,阿纳斯塔西奥波利斯主教的薪水是安提诺奥波利斯公众医生

---

① A. H. M. Jones, *The Later Roman Empire* 284－602, Blackwell, Oxford, 1964, vol. 2, p. 933.

第十章 古代科学的衰落

薪水的6倍，是迦太基修辞学或语法学教授薪水的5倍。古代作者，无论是基督徒还是异教徒，常常否认有任何经济报酬的动机：他们认为，金钱没有美德和荣誉重要。但无论我们对这些说法作何评价，从公元3世纪开始，教会中的职业都能完全满足这两个标准。

正如我们所看到的，公元200年以后的科学活动不是戛然而止，而是逐渐衰落。对能否发现现象真正原因的怀疑，以及对之前作者权威的尊重，当然不是希腊思想的新特征。早在希腊科学之初，这些就可见于比如公元前6世纪的诗人-哲学家克洛丰的克塞诺芬尼（Xenophanes of Colophon）的一句话——"没有人知道，也永远不会知道，关于诸神和我所说的一切究竟是否为真"（残篇34），以及早期的毕达哥拉斯学派对其学派创始人的尊敬。但是在古代晚期，人们听到了一种绝望的声音。例如在天文学领域，普罗克洛斯和菲洛波诺斯记录了托勒密的思想，但他们不仅对托勒密的假说表示怀疑，而且对解释天体运动的可能性也表示怀疑。这两个人在其各自的时代都是科学最重要的代表。从一开始，希腊科学的主要驱动力就是好奇心，即为知识本身而求知。但是在古代晚期，研究精神所面临的挑战首先是相信过去那些伟大作者的卓越智慧，其次是越来越强烈地感到不可能真正理解自然现象的原因，第三是一些人的直接攻击，比如我们所提到的那些基督教作者，他们更喜欢启示而不是理性和感觉，把信仰置于知识之上。

随着时间的推移，即使连保存过去知识的愿望也衰退了。高等教育机构一直延续到拜占庭时期。然而，一代代传承的学问被削弱和扭曲了。早在公元2世纪，盖伦就曾抱怨说，其同时代人对于古人所知道的许多事情一无所知：

> 我发现,古人已经完美证明的许多事情,现在许多人因为无知而并不理解——事实上是因为他们懒惰,甚至没有尝试去理解这些事情。(《论自然能力》第三卷第十章)

此后,评注本和删节本对于传播科学知识和缩小科学知识的范围起着决定性的作用。我们已经提到一个例子。盖伦本人的作品是奥里巴修斯卷帙浩繁的《医学集成》的主要来源,但 3 个世纪以后,埃伊纳的保罗认为这部作品太过冗长,遂编写了一部较短的医学知识概要。原本可能作为学科基本指南的节选本或删节本,最终却取代了原作本身。

罗马西方知识水平的下降要比希腊东方快得多。在西方,流传下来的知识大都包含在手册中,这些手册的流行主要归功于它们记录的奇事。普林尼的《自然志》(约公元 75 年)和奥鲁斯·格里乌斯(Aulus Gellius)的《阿提卡之夜》(*Attic Nights*,公元 2 世纪)之后是索利努斯(Solinus)的《奇事录》(*Collection of Remarkable Facts*,公元 3、4 世纪)。关于亚里士多德逻辑学和初等数学的一些基本知识是通过波埃修(Boethius,公元 5 世纪末)传播的。柏拉图宇宙论的一些思想是通过卡尔西迪乌斯(Chalcidius,约公元 400 年)关于《蒂迈欧篇》的拉丁文评注保存下来的。大杂烩式的信息也包含在马克罗比乌斯(Macrobius,如《西庇阿之梦评注》[*Commentary on the Dream of Scipio*])和马提亚努斯·卡佩拉(Martianus Capella,《菲劳罗嘉与墨丘利的婚姻》[*The Marriage of Mercury and Philology*])等作者的通俗作品中。波埃修等人直接使用了一些希腊资料,而手册的编纂者则往往越来越依赖于其他手册，我们发现同样的奇异故事被一个又一个作者不断重复。公元7世纪西方的知识水平很低，这一点可以从这样一个事实中得到证明：被誉为那个时代最有学问的人的塞维利亚的伊西多尔(Isidore of Seville)认为，星星是被太阳照亮的。(《论事物的本性》[On the Nature of Things]，第二十四章)

而在东方，保存下来的希腊科学要多得多。学术传统维持着对古代科学文本的认识，即使学术评注者本人并不试图从事原创性的科学研究。我们对希腊科学的了解大多来自这个传统，例如，阿波罗尼奥斯的很多东西得以保存，要归功于他在公元6世纪的编者欧托基奥斯(Eutocius)。阿拉伯人攻陷亚历山大里亚(642年)之后，医学、生物学、天文学和数学的知识在阿拉伯世界传播开来，大约从9世纪中叶开始，出现了天文学家兼几何学家萨比特·本·库拉(Thabit ben Qurra)和博学的金迪(Al-Kindi)等阿拉伯学者，他们也参与了关于各种自然科学问题的争论。

这里我们无法讨论阿拉伯人的贡献和科学知识传回西方的历史。但有必要指出，首先，希腊科学知识从未完全消失，其次，科学研究的重生不仅涉及对希腊学术的重新发现，而且还涉及对最伟大的希腊科学家原初目标和方法的回归。在自然哲学方面一直没有受到挑战的亚里士多德、托勒密和盖伦的权威，在适当的时候被推翻了，更重要的是，权威这一概念本身必须重新评价。但拒绝权威而支持一手的观察和研究，毕竟符合最早的希腊科学家的精神。古代科学与16、17世纪现代科学的开端之间的连续性与间断性同样重要。我已经提到，哥白尼的《天球运行论》在形式、方法和内容上有哪些东西归功于托勒密。"现代人"对"古代人"的矛盾心理在与《天球运行论》同年（1543年）问世的另一部作品即维萨留斯的《论人体构造》(De Humani Corporis Fabrica)中表现得更为明显。维萨留斯对盖伦的钦佩之情和他揭露并谴责盖伦错误的热情程度是一样的，尽管众所周知，他曾多次重复盖伦的错误。但重要的是，维萨留斯的批评本身是他重新发现并扩展盖伦本人曾经使用的解剖方法的结果。第三个更加复杂的例子是对柏拉图和毕达哥拉斯学派的兴趣的复兴，伽利略和开普勒在研究物理学和宇宙论中的数学秩序时，都把他们看成古代的楷模和权威。

对一千多年的希腊科学进行总结评价和对希腊文学进行评价一样没有可能。不过，我们可以在结语中考察一下我们的一些研究发现。从某种意义上讲，可以认为希腊科学是失败的。在古代世界，确保科学持续发展所需的条件并不存在，也从未被创造出来。当然，也有医生、建筑师和工程师认识到他们理论研究的某些方面具有实际的重要性，但他们的努力是未经协调的，而且并未系统地尝试探索科学的实际应用。关于科学可能的存在理由，认为科学具有实际用途，这种观点虽然并非完全阙如，却不得不为另一种观点让路，那就是认为自然研究有助于知识和理解，而知识和理解本身就是有价值的。古代自然科学有很大一部分从未完全从哲学中解放出来，但这样说就是从一种现代立场而不是从古代立场出发了。对古人来说，哲学通常把物理学或自然研究当作其三个主要分支之一，而这种研究的主要动机是字面意义的哲学上的，即"爱智慧"。因此我们发现一些医生和建筑师都说自己的研究与哲学相似，如果这在部分程度上是因为哲学具有优越的社会地位和声望，那么这也反映出他们认为自己的主要目标就是知识。与其说科学是达到目的的手段，不如说科学就是目的本身。致力于学习或"沉思"是至高的幸福生活。知识本身就是回报，因此，人们较少关注将知识应用于实际目的所可能带来的好处。

在古代道德哲学家的著作中，将物质看得低于道德和思想的倾向是很普遍的。我们也许会怀疑他们的观点在多大程度上是整个古代社会的典型，但没有任何持续的努力去证明科学研究可能带来更大的物质繁荣，这是古代观点与19、20世纪观点最显著的区别之一。但古代科学不仅反映了古代价值观，而且至少在三个方面，科学本身并不是道德中立的：首先是柏拉图的观点（《蒂迈欧篇》47bc），他认为，沉思天体的有序运动有助于我们规范自己灵魂的无序运动，后来的作者则以更简单的形式重复了这一观点。例如，托勒密认为天文学改善了人的品格；其次，有些作者并不一定声称科学使人变得更好，而是坚称自然是有秩序的、美的和善的（不论他们是否也假定了一个智慧和仁慈的神负责自然的设计）；第三，即使在那些最强烈地反对世界是设计的产物的人当中，也有一些人基于广义上的道德理由来为自然研究辩护。比如伊壁鸠鲁学派和与其对立的斯多亚学派都认为，了解自然现象对于确保心灵的宁静是必要的，没有这种宁静，人就不可能真正幸福。

但如果自然研究常常与道德哲学联系在一起，甚至是道德哲学的一部分，那么这种概括就像其他许多概括一样需要加以限定。我们碰巧有关于伊壁鸠鲁学派、早期斯多亚学派以及托勒密和盖伦等人观点的充分证据来表明自然研究在价值体系中的位置。然而，在其他许多情况下，我们并没有关于这一点的确切信息或可靠信息。物理学、数学和生物学被认为是一种全面哲学的一部分。但它们可以而且经常作为独立的学科被人研究,研究者不必承诺任何总体的宇宙论或伦理学论点。尤其是许多最优秀的数学工作,都是由阿基米德和阿波罗尼奥斯这样的人完成的。没有理由认为,他们像斯多亚学派和伊壁鸠鲁学派那样把自己的科学研究看成一种系统哲学的一部分。

此外,还有一些人刻意与哲学家划清界限,尽管不是出于道德原因,而是出于认识论或方法论的原因。早在亚里士多德之前,就有医生把哲学家的研究方法当成纯粹的思辨而拒之门外,[①]后来的医学理论家,特别是"经验论派",有时也这样做。批评哲学家过分依赖抽象的论证,是关于理性与感觉、论证与经验所起作用的持续争论的一部分,这种争论贯穿于许多古代科学家的工作中。比如斐洛曾在谈到弹道学研究时指出,"仅仅通过理性和力学方法是不可能完全解决所涉及的问题的⋯⋯许多发现只有通过试验才能做出",而菲洛波诺斯在讨论落体运动时也声称,他自己的观点"可以通过实际观察到的东西来更好地确立,而不是通过任何形式的论证来确立"。

古代科学家工作的社会思想框架在某些基本方面不同于现代科学家。科学或科学家本身在古代思想或古代社会中并没有公认的地位。研究者扮演着医生、建筑师或教师等不同的社会角色。关于"自然研究"的分歧不仅涉及不同人的动机和哲学忠诚,而且直接涉及所要研究的问题的类型。对某些人来说,自然在任何地

[①] 参见《早期希腊科学》,pp. 59 ff.。

方都是有目的的，而另一些人则质疑目的论和目的因，或者直接拒绝它们，同时仍然寻求可以表达为一般法则的秩序和规律性。

然而，尽管存在许多重要差异，但古人的工作与我们所说的科学仍然存在相关性。在光学、静力学、天文学和解剖学等领域，古人取得了某些正面的成果（固然只是这些学科中的初等内容），这为后来的科学家奠定了可靠的基础。但更重要的是创造、详细阐述和例证了自然研究本身的模型。两个关键的方法论原则——用数学来研究自然现象，以及审慎的经验研究——可以追溯到以亚里士多德为顶峰的希腊早期。而本书所讨论的后期，则主要提供了将这些原则用于实践的例子。欧几里得的《几何原本》是公理化演绎系统的主要典范。静力学和流体静力学中的阿基米德，以及天文学中的阿波罗尼奥斯和托勒密，代表着用数学方法来讨论物理问题的最成功的尝试。至于研究的观念，我们在埃拉西斯特拉托斯那里看到了一则相关的有力陈述，而在塞奥弗拉斯特、斯特拉托、希罗菲洛斯和希帕克斯等其他可能被提到的人当中，托勒密和盖伦为"志"（$historia$）的实践提供了优秀范例。这两个人不仅制定了广泛的观察计划，而且还做了审慎的试验，比如托勒密对光学的研究，盖伦对神经系统以及其他生命功能的研究。

人们常常批评希腊科学的致命缺点是没有意识到实验的重要性。但这是一种过于简单化的说法。的确，对实验方法的使用仅限于某些问题和个人，但物理学的数学化也可以说是如此。在这方面，这个原则也是众所周知的，而且事后看来不难发现，应用这个原则的机会被错过了。在这两种情况下，古代科学与现代科学的方法无论在程度上有多大差别，在种类上都没有根本区别。但古代科学中的这两种缺点反映并加剧了我刚才提到的更基本的组织缺陷，即保证科学持续发展所需的条件在古代世界根本不存在。从事科学研究的人相对孤立，这阻碍了对方法论思想的系统应用，而且始终威胁着大多数科学领域中研究的连续性。比如我们知道，从公元前2世纪的希帕克斯到公元6世纪的菲洛波诺斯和辛普里丘，动力学研究并没有产生什么重大成果——尽管总体来说，这两位作者都提供了关于前人工作的详细信息。光学、植物学和胚胎学也经历了长期停滞（在某些情况下，公元前4、前3世纪所做的工作从未被超越），除了初等数学、天文学和医学，大多数其他研究分支也是如此。此外，即使是同一代人，那些对自然研究的不同方面感兴趣的人之间也缺乏交流，这可以通过比较伊壁鸠鲁对天文学问题的陈述和同时代的一些理论来加以说明。考虑到科学家的工作条件，古代科学的一些最重要的理论、发现和方法有时被忽视或没有得到有力的跟进，这并不令人惊讶。然而，古人的一些最重要的思想在古代遭到忽视，并不会削弱这些思想本身的价值。在本章所概述的衰落中，古代科学的社会思想基础变得更加薄弱。但日后科学研究在西方的复兴是一次真正的重生，不仅因为伟大的古代科学家的工作被重新发现，更是因为古代科学的研究精神和它所提供的方法模型得到了恢复。

参考书目选编

一、原始文献：原文和英译

1. 总论

  A Source Book in Greek Science, edited by M. R. Cohen and I. E. Drabkin(second edition, Cambridge, Mass., Harvard University Press, 1958). 该书不包含宇宙论，但在其他方面则全面选择了最重要段落的译文，以及一份有用的参考书目。

2. 亚里士多德之后的吕克昂

  (1)塞奥弗拉斯特。带有译文的版本：W. D. Ross and F. H. Fobes, *Theophrastus Metaphysics* (Oxford, Clarendon Press, 1929); E. R. Caley and J. F. C. Richards, *Theophrastus On Stones* (Columbus, Ohio, Ohio State University, 1956); Sir Arthur Hort, *Theophrastus Enquiry into Plants*, 2 vols, Loeb edition(Cambridge, Mass., Harvard University Press; London, Heinemann, 1916); R. E. Dengler, *Theophrastus De Causis Plantarum*, *Book One* (Philadelphia, 1927). 除此之外最新的科学著作全集是 Teubner 版(Leipzig, ed. F. Wimmer, 1854-62)。

  (2)斯特拉托：*Straton von Lampsakos*, edited by F. Wehrli as vol. 5 of *Die Schule des Aristoteles* (2nd ed, Basel, Schwabe, 1969). H. B. Gottschalk, *Strato of Lampsacus: some texts* (in *Proceedings ef the Leeds Philosophical and Literary Society*, Literary and Historical Section, vol XI (1964-6), Part VI, 1965)中有一些文本的翻译。

3. 伊壁鸠鲁学派和斯多亚学派

(1) 伊壁鸠鲁和卢克莱修：*Epicuro Opere*, ed. G. Arrighetti(Torino, Einaudi, 1960); *Epicurus*(with translation), C. Bailey(Oxford, Clarendon Press, 1926); *Lucretius*(with translation), C. Bailey, 3 vols(Oxford, Clarendon Press, 1947).

(2) 斯多亚学派：*Stoicorum Veterum Fragmenta*, 4 vols, ed. H. von Arnim(Leipzig, Teubner, 1905 - 24). S. Sambursky, *The Physics of the Stoics*(London, Routledge and Kegan Paul, 1959)中翻译了许多与斯多亚学派物理学有关的内容。

4. 希腊化时期的数学和天文学

除了 T. L. Heath 编的阿里斯塔克(见下文)，关于希腊化时期重要数学家和天文学家的最新的内容全面的版本见 Teubner(Leipzig)丛书：欧几里得(ed. I. L. Heiberg and H. Menge, 1883 - 1916)，阿基米德(second edition, I. L. Heiberg, 1910 - 15)，阿波罗尼奥斯(ed. I. L. Heiberg, 1891 - 3)和希帕克斯(*In Arati et Eudoxi Phaenomena*, ed. C. Manitius, 1894)。在大多数情况下，最佳翻译仍然出自 T. L. Heath 之手：*The Thirteen Books of Euclid's Elements*, 3 vols(Cambridge, University Press, 1908); *Aristarchus of Samos*(with text, Oxford, Clarendon Press, 1913); *The Works of Archimedes*(Cambridge, University Press, 1912; Dover Books(no date)); *Apollonius of Perga*(Cambridge, University Press, 1896, W. Heffer, 1961)。另见 E. J. Dijksterhuis, *Archimedes*(Copenhagen, Munksgaard, 1956)和 D. R. Dicks, *The Geographical Fragments of Hipparchus*(University of London, Athlone Press, 1960; New York, Oxford University Press)。

两卷的洛布版 *Greek Mathematical Works*, ed. I. Thomas(Cambridge, Mass., Harvard University Press; London, Heinemann, 1939 - 41)和 T. L. Heath, *Greek Astronomy*(London, Dent, 1932; New York, AMS Press, Inc.)中也有一些译文节选。

5. 希腊化时期的生物学和医学

目前还没有关于希罗菲洛斯和埃拉西斯特拉托斯残篇的令人满意的版本。K. F. H. Marx, *De Herophili celeberrimi medici vita*(Göttingen,

1840)收集并评注了希罗菲洛斯的一些残篇。J. F. Dobson,'Herophilus of Alexandria' and 'Erasistratus', *Proceedings of the Royal Society of Medicine*, no. 18, 1924-5, pp 19—32 and no. 20, 1926-7, pp 825—32 中有一些译文选段。我们的两个最重要的古代资料来源是塞尔苏斯(参见 W. G. Spencer, *Celsus De Medicina*, 3-vol Loeb edition, Cambridge, Mass., Harvard University Press; London, Heinemann, 1935-8)和盖伦(见下文)。

6. 应用力学和技术

维特鲁威有一个洛布版(F. Granger, *Vitruvius on Architecture*, 2 vols, Cambridge, Mass., Harvard University Press; London, Heinemann, 1931-4)和一个 Teubner 版(F. Krohn, 1912), 希罗有一个 Teubner 版(W. Schmidt and others, 1899-1914: 第一卷还包含希罗的《气动力学》)。

许多重要内容的翻译可参见 A. G. Drachmann, *Ktesibios, Philon and Heron, A Study in Ancient Pneumatics*(Copenhagen, Munksgaard, 1948), A. G. Drachmann, *The Mechanical Technology of Greek and Roman Antiquity*(Copenhagen, Munksgaard, 1963)和 E. W. Marsden, *Greek and Roman Artillery, Technical Treatises*(Oxford, Clarendon Press, 1971)。

7. 托勒密

原文:*Claudii Ptolemaei Opera quae exstant omnia*, 3 vols(但仍不完整), ed. I. L. Heiberg and others(Leipzig, Teubner, 1898-1952); *L'Optique de Claude Ptolémée*, ed. A. Lejeune(Louvain, Publications universitaires de Louvain, 1956)。

英译:R. Catesby Taliaferro, *Ptolemy, The Almagest*(Chicago, Encyclopedia Britannica, 1952); F. E. Robbins, *Ptolemy, Tetrabiblos*, Loeb edition(Cambridge, Mass., Harvard University Press; London, Heinemann, 1940)。

8. 盖伦

原文:最近的内容全面的版本是 C. G. Kühn, *Claudii Galeni Opera Omnia* 20 vols in 22(Leipzig, Cnobloch, 1821-33)。它逐渐被 Corpus Medicorum Graecorum edition(various editors, Leipzig, Teubner, 1914 年开始)所取代。一些论著也被编入 *Claudii Galeni Pergameni Scripta Mino-*

ra, 3 vols, ed. J. Marquardt and others(Leipzig, Teubner, 1884 – 1893)。

英译：最重要的英译是：C. Singer, *Galen, On Anatomical Procedures* (Oxford, University Press, 1956); *Galen, On Anatomical Procedures, The Later Books*, trans. W. L. H. Duckworth, ed. M. C. Lyons and B. Towers (Cambridge, University Press, 1962); A. J. Brock, *Galen, On the Natural Faculties*, Loeb ed. (Cambridge, Mass., Harvard University Press; London, Heinemann, 1916). M. T. May, *Galen, On the Usefulness of the Parts of the Body*, 2 vols(Cornell University Press, Ithaca, New York, 1968)。

9. 公元 200 年以后的科学

Teubner 版有几部较为重要的文本：Iamblichus, *De Communi Mathematica Scientia*(ed. N. Festa, 1891), Diophantus, *Arithmetica*(ed. P. Tannery, 1893), Proclus, *Hypotyposis Astronomicarum Positionum* (ed. C. Manitius, 1909) 以及 Philoponus, *De Opificio Mundi* (ed. W. Reichardt, 1897) and *De Aeternitate Mundi contra Proclum* (ed. H. Rabe, 1899). Pappus, *Collectio Mathematica* 曾有 F. Hultsch 编辑的版本(Berlin, Weidmann, 3 vols, 1876 – 8)。菲洛波诺斯和辛普里丘关于亚里士多德著作的评注参见柏林科学院版丛书 *Commentaria in Aristotelem Graeca*(Berlin, Reimer, 1882 – 1909)。

许多最重要内容的翻译可参见 S. Sambursky, *The Physical World of Late Antiquity*(London, Routledge and Kegan Paul, 1962)。另见 T. L. Heath, *Diophantus of Alexandria*(second edition, Cambridge, University Press, 1910, Dover books, 1964)。

二、二手文献

1. 总论

最重要的英文著作是：

S. Sambursky, *The Physical World of the Greeks* (trans. M. Dagut, London, Routledge and Kegan Paul, 1956; New York, Humanities Press, Collier-Macmillan(paper)1956).

O. Neugebauer, *The Exact Sciences in Antiquiry* (second edition,

Providence, R. I., Brown University Press, 1957; Harper torchbooks, 1962).

M. Clagett, *Greek Science in Antiquiry* [London, Abelard-Schuman, 1957; New York, Collier-Macmillan(paper)].

B. Farrington, *Greek Science* (revised one vol edition, London, Penguin Books, 1961; Baltimore, Md., Penguin Books).

另见：

G. Sarton, *A History of Science*, 2 vols (London, Oxford University Press; Cambridge Mass., Harvard University Press, 1953-59).

2. 亚里士多德之后的吕克昂

关于塞奥弗拉斯特的科学成就，还没有英文的全面研究（标准著作是 P. Steinmetz, *Die Physik des Theophrastos von Eresos*, Bad Homburg, Verlag M. Gehlen, 1964), 但原始文献 2 中引用的著作很有帮助。

关于斯特拉托，参见原始文献 2 中引用的 H. B. Gottschalk 的著作。

3. 伊壁鸠鲁学派和斯多亚学派

C. Bailey, *The Greek Atomists and Epicurus* (Oxford, Clarendon Press, 1928; New York, Russell and Russell).

S. Sambursky, *The Physics of the Stoics* (London, Routledge and Kegan Paul, 1959).

D. J. Furley, *Two Studies in the Greek Atomists* (Princeton, N. J., Princeton University Press, 1967).

4. 希腊化时期的数学和天文学

目前最好的关于希腊数学的一般研究仍然是 T. L. Heath, *A History of Greek Mathematics*, 2 vols (Oxford, Clarendon Press, 1921)。

除了 T. L. Heath, *Aristarchus of Samos* 和 O. Neugebauer, *The Exact Sciences in Antiquity*, 以下研究对于希腊化时期的天文学非常基本：

O. Neugebauer, 'The History of Ancient Astronomy: Problems and Methods', *Journal of Near Eastern Studies*, no. 4(1945), pp 1—38.

'The equivalence of eccentric and epicyclic motion according to Apollonius', *Scripta Mathematica*, no. 24(1959), pp 5—21.

B. L. van der Waerden, *Science Awakening*〔trans. A. Dresden, Groningen, Noordhoff, 1954;New York, Oxford University Press, 1961;John Wiley and sons(paper)〕.

关于希腊天文学仪器,参见:

D. R. Dicks, 'Ancient astronomical instruments', *Journal of the British Astronomical Association*, no. 64(1954), pp 77—85.

D. J. de S. Price, 'Precision instruments: to 1500' in *A History of Technology*, vol. 3, ed. C. Singer and others (Oxford, Clarendon Press, 1957), pp 582—619.

5. 希腊化时期的生物学和医学

L. Edelstein, *Ancient Medicine* (Baltimore, Johns Hopkins Press, 1967)中包含着讨论解剖学发展和希腊医学学派等内容的文章。另外两篇重要的文章是:

O. Temkin, 'Greek medicine as science and craft', *Isis*, no. 44(1953), pp 213—25.

L. G. Wilson, 'Erasistratus, Galen and the Pneuma', *Bulletin of the History of Medicine*, no. 33(1959), pp 293—314.

6. 应用力学和技术(另见原始文献 6 中引用的著作)

A. G. Drachmann, *Ancient Oil Mills and Presses* (Copenhagen, Levin and Munksgaard, 1932).

C. Singer, E. J. Holmyard, A. R. Hall, T. I. Williams(ed.), *A History of Technology*, vols. 1-3(Oxford, Clarendon Press, 1954-57).

R. J. Forbes, *Studies in Ancient Technology*, 目前已出九卷,其中一些是再版(Leiden, Brill, in progress since 1955)。

L. A. Moritz, *Grain-Mills and Flour in Classical Antiquity* (Oxford, Clarendon Press, 1958).

M. I. Finley, 'Technical innovation and economic progress in the ancient world', *Economic History Review*, 2nd ser., no. 18(1965), pp 29—45.

E. W. Marsden, *Greek and Roman Artillery*, *Historical Development* (Oxford and New York, Clarendon Press, 1969).

7. 托勒密

关于托勒密天文学的最佳概述见 O. Neugebauer, *The Exact Sciences in Antiquity*(见二手文献 1)的附录 1。

另见：

L. O. Kattsoff, 'Ptolemy and scientific method', *Isis*, no. 38(1947), pp 18—22.

T. S. Kuhn, *The Copernican Revolution* (Cambridge, Mass., Harvard University Press, 1957).

8. 盖伦

目前还没有关于盖伦的优秀概述。但可参见：

G. Sarton, *Galen of Pergamon* (Lawrence, Kansas, University of Kansas Press, 1954).

D. Fleming, 'Galen on the motions of the blood in the heart and Lungs', *Isis*, no. 46(1955), pp 14—21.

R. E. Siegel, *Galen's system of physiology and medicine* (Basel and New York, S, Karger, 1968); *Galen on sense perception* (Basel and New-York, S. Karger, 1970).

9. 公元 200 年以后的科学

A. C. Crombie, *Augustine to Galileo*, 2 vols (second edition, London, Heinemann, 1959; Peregrine Books(paper)1969).

S. Sambursky, *The Physical World of Late Antiquity* (London, Routledge and Kegan Paul, 1962); 'Conceptual developments and modes of explanation in later Greek scientific thought' in *Scientific Change*, ed. A. C, Crombie(London, Heinemann, 1963), pp 61—78; 'Plato, Proclus, and the limitations of science', *Journal of the History of Philosophy*, no. 3 (1965), pp 1—11.

W. H. Stahl, *Roman Science* (Madison, University of Wisconsin Press, 1962).

10. 方法论

L. Edelstein, 'Recent trends in the interpretation of ancient science', *Journal of the History of Ideas*, no. 13(1952), pp 573—604, reprinted *in Roots of Scientific Thought* (ed. P. P. Weiner and A. Noland, New York, Basic Books, 1957), pp 90—121.

A. Wasserstein, 'Greek scientific thought', *Proceedings of the Cambridge Philological Society*, no. 188(n. s. 8)(1962), pp 51—63.

G. E. R. Lloyd, 'Experiment in early Greek philosophy and medicine', *Proceedings of the Cambridge Philological Society*, no. 190(n. s. 10)(1964), pp 50—72.

索　　引

（所标页码为原书页码，即本书"亚里士多德之后的希腊科学"部分边码）

Academy,学园,3,89,156,169—70
acceleration,加速,16
Aenesidemus,埃奈西德谟,89
Aetius of Amida,阿米达的埃提乌斯,164
Agrippa of Bithynia,比提尼亚的阿格里帕,154
air,气、空气,8,10,17—18,118,59,81—4,103,138,140—1,156—9
aithér,以太,28,59,115,161
Al-Battani,巴塔尼,130
alchemists,炼金术士,166
Alexander of Tralles,特拉雷斯的亚历山大,164
Alexander the Great,亚历山大大帝,1—2
Alexandria,亚历山大里亚,3—8,34,40,49—50,75,77,86—7,99,113,136,154,157,162,166,168—70,173
Al-Kindi,金迪,173
anaesthetics,麻醉剂,147
analogy,类比,29,79,143,149
analysis,分析,46
anastomōseis,通道,83,149
anatomy,解剖学,77—9,85,138,143—52,165,177
animals,动物,9,14—15,75,143

Anonymus Londinensis,匿名作者伦迪南西斯,85
Antigonids,安提哥纳王国,1
'antiperistasis',"回旋",158—60
apes,猿,88,143—4
Apollonius of Perga,佩尔吉的阿波罗尼奥斯,5,34,50—2,58,60—3,67,73,119,173,176—7
Arabs,阿拉伯人,129—30,166,173
Aratus,阿拉托斯,63
Arcesilaus,阿尔克西劳,89
Archimedes,阿基米德,5—6,34—6,40—50,52,54—6,68,73,92—5,100,133,176—7
architects,*architektones*,建筑师,4,6,91—2,96,112,137,154,174,176
Archytas,阿基塔斯,35,94
argument,论证,17,147,160,176
Aristarchus,阿里斯塔克,2,40—2,53—61
Aristotle,亚里士多德,2,8—12,17,19—20,22—4,28,33,37—9,53,58,60—1,75,77,79—81,84—5,95,103,114—16,128—9,137—8,152,156—62,173
arteries,动脉,78—9,81—5,140—1,148—52

artillery,火炮,4,92—3,96—9,111
Asclepiades,阿斯克勒皮亚德斯,138,146
astrolabe,armillary,浑天仪,119—20
astrology,占星学,72,130—1,163
astronomy,天文学,3—4,25—6,30,34,41—2,49—50,ch 5,91,93,113—31,135,154,162—4,167,173,175,177—8
Athens,雅典,8,21,26,156—7,169
atomism,原子论,19,21—5,30—1,156—7
Attalids,阿塔利德王朝,3,5
Augustine,奥古斯丁,168
Aulus Gellius,奥鲁斯·格里乌斯,172
authority,权威,61,138,157—60,171,173
automata,自动机,104—5,109
axioms,公理,37,39

Babylonians,巴比伦人,3,33
biology,生物学,30,ch 6,ch 9,145,163—5,173,175
blood,血,81—4,140—1,145,147—8
Boethius,波埃修,172
botany,植物学,8—9,12—15,178
brain,脑,78,84—5,140—1

calendar,历法,163
Callippus,卡利普斯,53,63
catapults,投石机,92,96—9
causation,因果关系,8,23—7,29—31,72—3,89—90,131,155—6,163
Celsus,塞尔苏斯,4,75—7,90
Chalcidius,卡尔西迪乌斯,172
chance,偶然,19,23,29
Christians,基督徒,75—6,157,167—71
Chrysippus of Cnidus,尼多斯的克吕西普,75
Chrysippus of Soli,索利的克吕西普,26,29

Cicero,西塞罗,41
Cleanthes,克里安提斯,26,58
commentaries,评注,137—8,157,162—6,172—3
'common opinions',"公理",37—9
Copernicus,哥白尼,115—16,126—7,129—30,173
Cornford,F. M,康福德,154
Cosmas Indicopleustes,印度旅行者科斯马斯,168
cosmology,宇宙论,9,22—4,27—9,155—62,172
Ctesibius,克特西比乌斯,95—7,100—1

definitions,定义,36—8,44
Democritus,德谟克利特,22—3,36
demonstration,证明,35,37,44—6,48,114,137,160,176
determinism,决定论,23—4,29—30
diagnosis,诊断,79—80,152—3
digestion,消化,80—1,83,142—3
Diocles,狄奥克勒斯,75
Diophantus,丢番图,162,165—6
dioptra,屈光仪,67—9
'direction',"方位",122,127
dissection,解剖,4,75—7,85—8,143—7,165,168
divination,占卜,30,130—1,152
doctors,医生,6,75,80,85,88—90,96,136,144,152—3,164,171,174,176
Dogmatists,教条论派,76,89
Drachmann,A. G.,德拉赫曼,104—5
dry/wet,干/湿,8,10,28,138—9,161
duodenum,十二指肠,77—8
dynamics,动力学,15—17,27,116,158—61,178

earth,土,地球,8,10—11,28,41—2,49—

索　引

50,53—61,115—18,125,138,156
eccentric circles, 偏心圆, 61—7, 73—4, 119—27
eclipses, 食, 21, 72, 168
elements, 元素, 8—10, 28, 137—9, 156—7, 161, 168
Empedocles, 恩培多克勒, 28, 155
Empiricists, 经验论派, 89—90, 176
engineers, 工程师, 4, 6, 41, ch 7, 154, 166, 174
Epicurus, 伊壁鸠鲁, 2, ch 3, 5 2, 72, 89, 155, 161, 175—6, 178
epicycles, 本轮, 61—7, 73—4, 119—27, 163
equant, 偏心匀速点, 123, l26
Erasistratus, 埃拉西斯特拉托斯, 4, ch 6, 138, 141—2, 148—9, 177
Eratosthenes, 埃拉托色尼, 4, 41, 49—50
ethics, 伦理学, 8, 15, 21, 23—5, 31, 115, 137, 175
Euclid, 欧几里得, 34—40, 44, 47—9, 52, 55, 96, 162, 177
Eudoxus, 欧多克索, 35—6, 39—40, 53, 55, 61—5, 94
Eutocius, 欧托基奥斯, 173
exhaustion, method of, 穷竭法, 36, 39, 44
experiment, 实验, 12, 17—19, 83, 85, 99, 133—5, 157—61, 177
eye, 眼睛, 78, 85

fate, 命运, 29
final cause, 目的因, 8—10, 19, 176
fire, 火, 8, 10—11, 15, 28, 138, 161
foetus, 胎儿, 149
foramen ovale, 卵圆孔, 149

Galen, 盖伦, 8, 28, 75, 77—88, I 13, ch 9, 154, 164—6, 172—5, 177

Galileo, 伽利略, 160, 174
geocentric theory, 地心说, 53, 58, 60—1, 115—18, 125, 129
geography, 地理学, 4, 31, 49, 52, 61, 113, 131
God, 神, 21, 27, 29, 31, 161, 163, 168
gravity, 重性, 15—17, 23, 160—1

handbooks, 手册, 162—3, 165, 172—3
happiness, 幸福, 2, 21, 174—5
harness, 挽具, 109—10
Harvey, 哈维, 78
heart, 心脏, 78, 82—5, 140—2, 145, 147—50
Heath, T. L., 希思, 45—6
Heisenberg, 海森伯, 24
heliocentric theory, 日心说, 41—2, 53—61, 73, 115, 118
Heraclides, 赫拉克利德, 53—4
Hero of Alexandria, 亚历山大里亚的希罗, 17—19, 68, 92, 96, 100—6, 109
Herophilus, 希罗菲洛斯, 4, 75—80, 88, 138, 152, 177
Hiero, 国王希罗, 6, 46, 93
Hipparchus, 希帕克斯, 3, 58, 60—5, 67—72, 113—14, 118—19, 122—3, 154, 158, 160, 177—8
Hippocrates of Chios, 希俄斯的希波克拉底, 35
Hippocrates of Cos, 科斯岛的希波克拉底, 138, 164
Hippocratic writers, 希波克拉底学派作者, 75, 81—2, 85, 90, 138
'horror vacui', "惧怕虚空", 81—2, 84
hot/cold, 热/冷, 8, 10—11, 18—19, 22, 28, 80, 85, 138—9, 161
humours, 体液, 79, 140
hydrostatics, 水静力学, 41, 46—8, 52, 73,

177
hypotheses,假说,37,54—7

Iamblichus,扬布里柯,155—6
impossible,reduction to,归谬法,39,48
instruments,仪器,67—9,100,117,119—20,163
irrationals,无理数,35—6
Isidore of Seville,塞维利亚的伊西多尔,173

Jones,A. H. M.,琼斯,170—1
Julian,尤利安,164,169
Justinian,查士丁尼,169—70

Kepler,开普勒,73,130,174
knowledge,知识,31,33,88—90,91,115,131,150—1,171,174—5

labour,劳力,107—8,111
Lactantius,拉克坦修,168
Leucippus,留基伯,22—3
lever,law of,杠杆定律,44,46,48,52
Library,Alexandrian,亚历山大里亚图书馆,3—4,49
liver,肝脏,77—9,140
Lobachewsky,罗巴切夫斯基,38
logic,逻辑学,8,15,21,37,39,52,136—7,158,164,172
Lucretius,卢克莱修,22,26
lungs,肺,83—4,149
Lyceum,吕克昂,3,ch 2,170

machines,机器,92,99—100,106
Macrobius,马克罗比乌斯,172
magic,魔法,12,102—3,152,155,167
man,人,75—9,86—8,143
Marcus Aurelius,马可·奥勒留,136,155

Marsden,E. W.,马斯登,97
Martianus Capella,马提亚努斯·卡佩拉,172
material cause,matter,质料因,质料,8,19,22—3,27,30—1,52,131,156—7
mathematics,数学,4—5,ch 4,56,63,72—3,80,90,91—2,95—6,114,131,136,154—6,162,172—3,175,177—8
mechanics,力学,33,44,46,73,ch 7
medicine,医学,6,ch 6,136—8,144,150—3,154,163—5,173,178
Menelaus of Alexandria,亚历山大里亚的梅内劳斯,118,154
metals,金属,11,28,111
metaphysics,形而上学,8—9,155—6
Methodists,方法论派,89,138
methods,方法,4,17—19,39—40,44—7,71—3,89—90,99,133—5,143—6,166,173,176—8
mills,磨坊,106—9,111
mixture,混合,27,30
Molière,莫里哀,142
moon,月亮,25—6,53,56,63,67,72,119—22,127—8,131
Moritz,L. A.,莫里茨,106
movement,运动,15—7,22—3,27,30—1,58—61,93,116—17,158—61
Museum,Alexandrian,亚历山大里亚的缪斯宫,3,5,7,170
music,音乐,33—4,49,52,80,113,132,156
mysteries,奥秘,151,155
myth,神话,21,25—6

nature,自然,本性,9,12—13,19,28,33,140,147,150—1,167,175—6
nerves,神经,77—8,83—5,140—1,146—7,177

索引

Neugebauer, O., 奥托·诺伊格鲍尔, 129—30
Newton, 牛顿, 130
Nicomachus of Gerasa, 尼科马库斯, 155
notation, mathematical, 数学符号, 42

observation, 观察, 12—13, 16, 49, 58—9, 61, 67—72, 84—5, 113—14, 117, 122, 135, 143, 147, 160, 163, 173, 177
Olympiodorus, 奥林匹奥多罗斯, 169
On Mechanics, 《机械学》, 46, 48
opposites, 对立面, 8, 10—11, 19, 28, 138—9, 161
optics, 光学, 33—4, 41, 52, 113, 132—5, 177—8
order, 秩序, 9, 21, 29, 115, 175—6
Oribasius, 奥里巴修斯, 164, 172
Origen, 奥利金, 167—8
ovaries, 卵巢, 79

Panaetius, 帕奈提乌斯, 26
Pappus, 帕普斯, 34, 46, 91—3, 101, 127, 162
parallax, 视差, 56
  stellar, 恒星视差, 57, 59—60
Parmenides, 巴门尼德, 38
pathology, 病理学, 15, 79—80, 84
patronage, 赞助, 1, 3—7, 77, 96, 99, 136—7, 164, 170
Paul of Aegina, 埃伊纳的保罗, 164, 172
Pergamum, 帕加马, 3, 5, 50, 136, 164
peristalsis, 蠕动, 80, 142
phainomena, *sōzein ta*, 拯救现象, 71—4, 117, 119, 129
Philo of Byzantium, 拜占庭的斐洛, 4, 19, 95—9, 111, 176
philology, 语文学, 3, 49, 137
Philoponus, 菲洛波诺斯, 19, 157—63,
165, 169—171, 176, 178
philosophy, 哲学, 2, 8, 21, 26, 32—3, 49, 51—2, 85, 88—90, 91, 94—6, 136—7, 154—5, 167—9, 174—6
physics, 物理学, ch 2, ch 3, 33, 49, 51—2, 58—61, 73, 91, 114, 117—18, 127—8, 137—41, 155—62, 174—7
physiology, 生理学, 80—5, 138—43, 145, 147
planetarium, 行星仪, 41, 92—3
planets, 行星, 53—5, 61—7, 72—3, 123—8, 161
Plato, 柏拉图, 2—3, 9, 28, 33, 52, 61, 94—5, 131, 140—1, 155—7, 168, 172, 174, 175
Pliny, 普林尼, 69, 72, 76, 100, 172
Plotinus, 普罗提诺, 155, 166
Plutarch, 普鲁塔克, 55, 57—8, 93—5, 111
pneuma, 普纽玛、精气, 27—31, 82, 84, 140—1
Posidonius, 波西多尼奥斯, 26, 31
postulates, 公设、假设, 37—9, 44, 47—8, 162
Praxagoras, 普拉克萨哥拉斯, 75, 79, 152
precession, 岁差, 69—71, 163
Proclus, 普罗克洛斯, 34, 67, 92, 101, 156—7, 162—3, 165, 171
Procopius, 普罗柯比, 107
professions, 职业, 6, 96, 136—7, 152, 171
profit motive, 利益动机, 96, 111, 137, 171
progress, material, 物质进步, 7, 112
proportion, 比例, 35—6
psychology, 心理学, 9, 15, 另见 soul, 灵魂
Ptolemaic dynasty, 托勒密王朝, 1, 3—5, 34, 49, 77, 85, 97
Ptolemy, 托勒密, 58—61, 63—5, 67, 69, 71—2, ch 8, 138, 154, 157, 162—3, 171, 173, 175, 177

pulleys,滑轮,92,95,99,106
pulse,脉搏,79—80,152
pumps,泵,96,100—1,106
Pyrrho,皮浪,89
Pythagoreans,毕达哥拉斯学派,36,51,53,155,171,174

reason,理性,27,29,89,99,139,171,176
reflection,反射,132—3
refraction,折射,133—5
religion,宗教,21,53,58,77,88,93,151,167—71
research,研究,4,11—12,26,30,86,88,97—9,112,144,147,153,165—6,169,173,177
respiration,呼吸,83—4,140,146
retrogradations,逆行,55,65—7,124—5
revelation,启示,168,171
Rome,罗马,6,136,166
Rufus,鲁弗斯,75—6,78,86,154

Sambursky,S.,桑伯斯基,31
scepticism,怀疑论,171
Sceptics,怀疑论者,89—90
scholarship,学术,1,3,157,165—6,173
screw,螺旋,95,99—101
screw-press,螺旋压力机,100—1,106
seasons,季节,61—5,119
sects,medical,医学派别,88—90
seed,种子,13—14,29
Seleucids,塞琉西王国,1
Seleucus,塞琉古斯,2—3,55,57
Seneca,塞涅卡,26
sensation,感觉,17,29,139,141,147,171,176
Sextus Empiricus,塞克斯都·恩披里柯,89—90
Simplicius,辛普里丘,16,62,157—8,

161—2,178
slaves,奴隶,77,107—8
Solinus,索利努斯,172
Soranus,索拉努斯,75,89,154
soul,灵魂,23—4,29,88,140,167
specific gravity,比重,11,47—8
spontaneous generation,自发产生,13—15
stars,星辰,54,57,60,72,163,173
    star-catalogues,星表,69,114
statics,静力学,41,46,48,52,73,177
stations,留,55,65—7
steam,蒸汽,103—4,106,109
Stoics,斯多亚学派,2,ch 3,52,71,89,155,175—176
stones,石、石头,11,28
Strabo,斯特拉波,31
Strato,斯特拉托,15—20,84,158,177
sun,太阳,53—8,63—5,67,72,119,125
superstition,迷信,21,26,167
surgery,外科,136,150—1
swerve,微偏,23—5
sympatheia,共感,28,30
synthesis,综合,46
Syracuse,叙拉古,6,40—1,93

technology,技术,15,41,ch 7
teleology,目的论,6,8—10,19,29,147,150—151,176
Tertullian,德尔图良,75—6,168,170
Thabit ben Qurra,萨比特·本·库拉,173
Theaetetus,泰阿泰德,35
Themison,泰米森,89,138
theology,神学,114,155,158
Theon of Alexandria,亚历山大里亚的西翁,162
Theophilus Protospatharius,西奥菲洛斯·普罗托斯帕塔里奥斯,165
Theophrastus,塞奥弗拉斯特,8—15,19—

20,161,177
Thessalus,泰萨洛斯,89,138
tides,潮汐,32,131
touchstone,试金石,11—12
treadmills,踏车,109—10
trigonometry,三角学,118,154
Tycho Brahe,第谷·布拉赫,130

uniform motion,匀速运动,61,72—4,126—7
ureters,输尿管,146
utility,功利、功用,91—3,99—101,105

valves, of heart,心脏瓣膜,82—3,85,147—8,150
veins,静脉,81—5,140—1,147—9
Vesalius,维萨留斯,143,173—4
vitalism,生机论,29,73,128
Vitruvius,维特鲁威,46—7,95—6,100—1,106,109,111,137
vivisection,活体解剖,

of animals,对动物的活体解剖,142,144—7,
of man,对人的活体解剖,4,75—7
void,虚空,17—8,22,25,27,159—61

water,水,8,10,28,138,156—7
water-clocks,水钟,41,92,96,100—1
water-organ,水风琴,109
water-wheel,水车,106—8
weight,重量,11,15—17,23,47,116,157,160—1
wind, power of,风力,108—9
wonder-working,产生奇妙效果的,92—3,101—5

Xenophanes,克塞诺芬尼,171

Zeno of Citium,基提翁的芝诺,2,26
Zeno of Elea,埃利亚的芝诺,38
zoology,动物学,11,15

译 后 记

劳埃德(G. E. R. Lloyd,1933—)爵士是英国剑桥大学古代哲学与科学教授,李约瑟研究所常驻资深学者。主要研究古代哲学、科学与医学的历史,近年来致力于寻求人类心灵的统一性,注重跨文化、跨学科比较,尤其是古希腊与中国在科学和哲学方面的比较,曾多次来华讲学。已出版近三十部著作,获得荣誉无数,包括英国科学院院士(1983年)、萨顿奖(1987年)、美国艺术与科学院荣誉外籍院士(1995年),等等。

2015年上半年,我在剑桥李约瑟研究所访学时曾有幸与劳埃德教授结识。正是在他办公室的一次长谈中,我谈到了本书的翻译事宜,他当即表示支持和鼓励。他才思敏捷、视角宏阔,好学不倦、笔耕不辍,思维缜密、待人和蔼,一派绅士贵族风范,令我深为感佩。

摆在读者面前的这本《希腊科学》是劳埃德教授早年出版的两本书《早期希腊科学——从泰勒斯到亚里士多德》(*Early Greek Science: Thales to Aristotle*,1970)和《亚里士多德之后的希腊科学》(*Greek Science after Aristotle*,1973)的合集。此前《早期希腊科学》已有中译,《亚里士多德之后的希腊科学》尚无中译本。这里把它们合在一起,以方便读者阅读,全面了解希腊科学。只是由于它们的版权分属国外两家出版社,联系起来颇费周折,不过在劳埃德教授的大力支持和帮助下,问题终于得到了解决。劳埃德教授的作品具有浓郁的古典学风格,注重史料,严谨清晰,要言不烦。虽然距离两书出版已有半个世纪,因此其中一些内容不可避免已经有些过时,但据我所知,《亚里士多德之后的希腊科学》似乎仍然是目前仅见的专门概述希腊化时期科学的英文著作,《早期希腊科学》也是国内所能看到的极少数专门讨论希腊科学的著作之一,就此而言,翻译它们的价值也是不言而喻的。感谢劳埃德教授百忙之中为此中译本作序。对于他的谆谆教导和提携鼓励,我将永远铭记于心。

张卜天

2020 年 2 月 9 日于清华大学科学史系

图书在版编目(CIP)数据

希腊科学/(英)杰弗里·劳埃德著;张卜天译.—北京:商务印书馆,2021(2022.6重印)
(科学史译丛)
ISBN 978-7-100-20295-4

Ⅰ.①希… Ⅱ.①杰… ②张… Ⅲ.①科学史—研究—古希腊 Ⅳ.①G321.984.9

中国版本图书馆 CIP 数据核字(2021)第 173775 号

权利保留,侵权必究。

科学史译丛
希腊科学
〔英〕杰弗里·劳埃德 著
张卜天 译

商 务 印 书 馆 出 版
(北京王府井大街36号 邮政编码100710)
商 务 印 书 馆 发 行
北京中科印刷有限公司印刷
ISBN 978-7-100-20295-4

| 2021年11月第1版 | 开本 880×1230 1/32 |
| 2022年6月北京第2次印刷 | 印张 11⅜ |

定价:66.00元

《科学史译丛》书目

第一辑(已出)

文明的滴定:东西方的科学与社会	〔英〕李约瑟
科学与宗教的领地	〔澳〕彼得·哈里森
新物理学的诞生	〔美〕I.伯纳德·科恩
从封闭世界到无限宇宙	〔法〕亚历山大·柯瓦雷
牛顿研究	〔法〕亚历山大·柯瓦雷
自然科学与社会科学的互动	〔美〕I.伯纳德·科恩

第二辑(已出)

西方神秘学指津	〔荷〕乌特·哈内赫拉夫
炼金术的秘密	〔美〕劳伦斯·普林西比
近代物理科学的形而上学基础	〔美〕埃德温·阿瑟·伯特
世界图景的机械化	〔荷〕爱德华·扬·戴克斯特豪斯
西方科学的起源(第二版)	〔美〕戴维·林德伯格
圣经、新教与自然科学的兴起	〔澳〕彼得·哈里森

第三辑(已出)

重构世界	〔美〕玛格丽特·J.奥斯勒
世界的重新创造:现代科学是如何产生的	〔荷〕H.弗洛里斯·科恩
无限与视角	〔美〕卡斯滕·哈里斯
人的堕落与科学的基础	〔澳〕彼得·哈里森
近代科学在中世纪的基础	〔美〕爱德华·格兰特
近代科学的建构	〔美〕理查德·韦斯特福尔

第四辑

希腊科学	〔英〕杰弗里·劳埃德
科学革命的编史学研究	〔荷〕H.弗洛里斯·科恩
现代科学的诞生	〔意〕保罗·罗西
雅各布·克莱因思想史文集	〔美〕雅各布·克莱因
通往现代性	〔比〕路易·迪普雷
时间的发现	〔英〕斯蒂芬·图尔敏
	〔英〕琼·古德菲尔德